工业机器人技术应用系列
职业教育“十三五”规划教材

FANUC 工业机器人仿真与离线编程

◎张玲玲　姜　凯　主　编

◎封佳诚　林　谊　陈志华　陈继涛　副主编

電子工業出版社
Publishing House of Electronics Industry
北京 · BEIJING

内容简介

本书以FANUC工业机器人为例，通过FANUC公司的机器人仿真软件ROBOGUIDE进行工业机器人基本操作、功能设置、在线编程、方案设计和验证的学习。本书主要内容包括认识、安装工业机器人仿真软件，构建基本仿真工业机器人工作站，机器人仿真基础操作，机器人轨迹离线编程，仿真视频录制，综合工作站的仿真，带行走轴和变位机的机器人系统创建等。

本书适合应用型本科院校及职业院校自动化相关专业学生使用，也可作为相关企业的培训用书，并适合从事工业机器人应用开发、调试的工程技术人员学习和参考。

图书在版编目（CIP）数据

FANUC工业机器人仿真与离线编程 / 张玲玲，姜凯主编. —北京：电子工业出版社，2019.5

ISBN 978-7-121-36438-9

Ⅰ. ①F… Ⅱ. ①张… ②姜… Ⅲ.①工业机器人—仿真设计—高等学校—教材 ②工业机器人—程序设计—高等学校－教材 Ⅳ. ①TP242.2

中国版本图书馆CIP数据核字（2019）第083149号

策划编辑：朱怀永
责任编辑：朱怀永
印　　刷：北京盛通数码印刷有限公司
装　　订：北京盛通数码印刷有限公司
出版发行：电子工业出版社
　　　　　北京市海淀区万寿路173信箱　邮编　100036
开　　本：787×1 092　1/16　印张：14.25　字数：364.8千字
版　　次：2019年5月第1版
印　　次：2025年2月第10次印刷
定　　价：43.80元

凡所购买电子工业出版社图书有缺损问题，请向购买书店调换。若书店售缺，请与本社发行部联系，联系及邮购电话：（010）88254888，88258888。

质量投诉请发邮件至zhy@phei.com.cn，盗版侵权举报请发邮件至dbqq@phei.com.cn。

本书咨询联系方式：（010）88254608，zhy@phei.com.cn。

前　言

PREFACE

目前，中国制造正面临着向高端转变，承接国际先进制造、参与国际分工的巨大挑战，而工业机器人技术正是我国由制造大国向制造强国转变的主要手段与途径。与此同时，人力成本的逐年上升也将刺激制造业对机器人的需求，因此“机器换人”已是大势所趋。国内外汽车、电子电器、工程机械等行业已经大量使用工业机器人自动化生产线，以保证产品质量、提高生产效率，同时避免了大量的工伤事故。全球诸多国家近半个世纪工业机器人的使用实践表明，工业机器人的普及是实现自动化生产、提高社会生产效率、推动企业和社会生产力发展的有效手段。

在本书中，通过解析项目案例，对 FANUC 公司 ROBOGUIDE 软件的操作、轨迹离线编程、综合工作站方案创建与验证、仿真视频录制等进行了全面的讲解。

本书内容以实践操作过程为主线，采用以图示为主的编写形式，通俗易懂，适合作为应用型本科院校和职业院校的工业机器人相关专业的教材，也适合从事工业机器人应用开发、调试的工程技术人员学习和参考，特别是已掌握 FANUC 机器人基本操作，需要进一步掌握工业机器人应用模拟仿真技能的工程技术人员参考。

对本书中的疏漏和不足之处，我们热忱欢迎广大读者提出宝贵的意见和建议。

编　者

2019 年 3 月

目录

CONTENTS

第 1 章

仿真软件的基本操作

1.1　安装仿真软件 ROBOGUIDE

ROBOGUIDE 仿真软件是发那科（FANUC）机器人公司提供的一款离线编程工具，它围绕一个虚拟的三维世界进行仿真操作，在这个三维世界模拟现实中的机器人和周边设备的布局，通过其中虚拟示教器操作，进一步来模拟机器人的运动轨迹。通过这样的模拟可以验证方案的可行性，同时获得准确的周期时间。ROBOGUIDE 仿真软件可以仿真多种应用，如搬运、弧焊、喷涂等应用。

任务目标：工业机器人的仿真编程基于 ROBOGUIDE 软件，要求学生建立仿真工作站，完成仿真程序编写。

ROBOGUIDE 软件操作界面是传统的 Windows 界面，由菜单栏、工具栏、状态栏等组成，如图 1-1 所示。

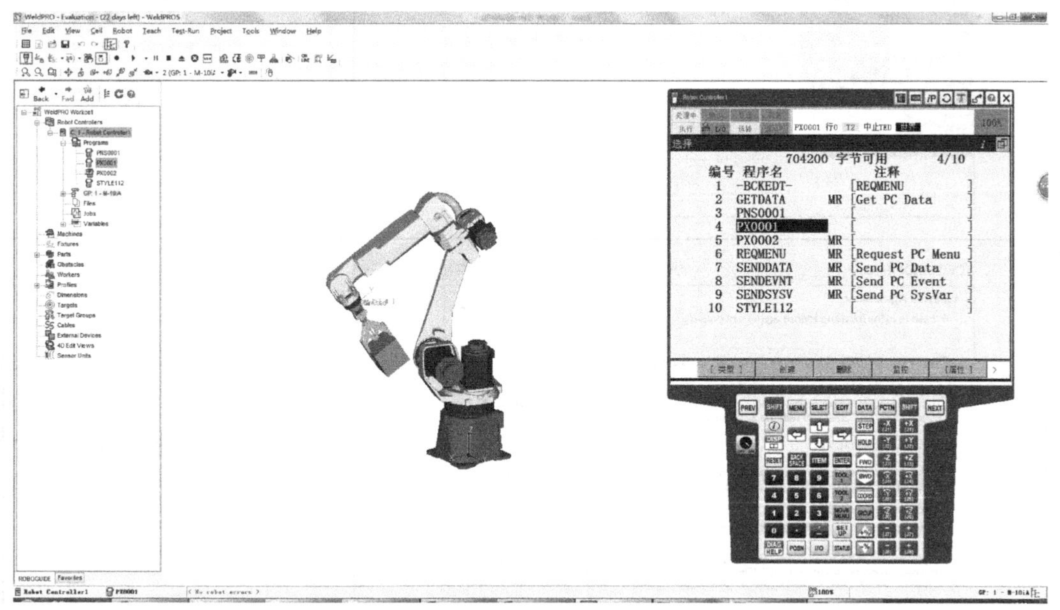

图 1-1　ROBOGUIDE 软件操作界面

本书中所用 ROBOGUIDE 软件版本号为 V8.3。正确安装 ROBOGUIDE 需要先运行 ROBOGUIDE V8.3 文件夹里的 setup 安装文件，安装时选择安装 WeldPRO、ROBOGUIDE 及 Sample Workcells，同时选择需要的虚拟机器人的软件版本。

安装 ROBOGUIDE 软件的具体步骤见表 1-1。

表 1-1　安装 ROBOGUIDE 软件的具体步骤

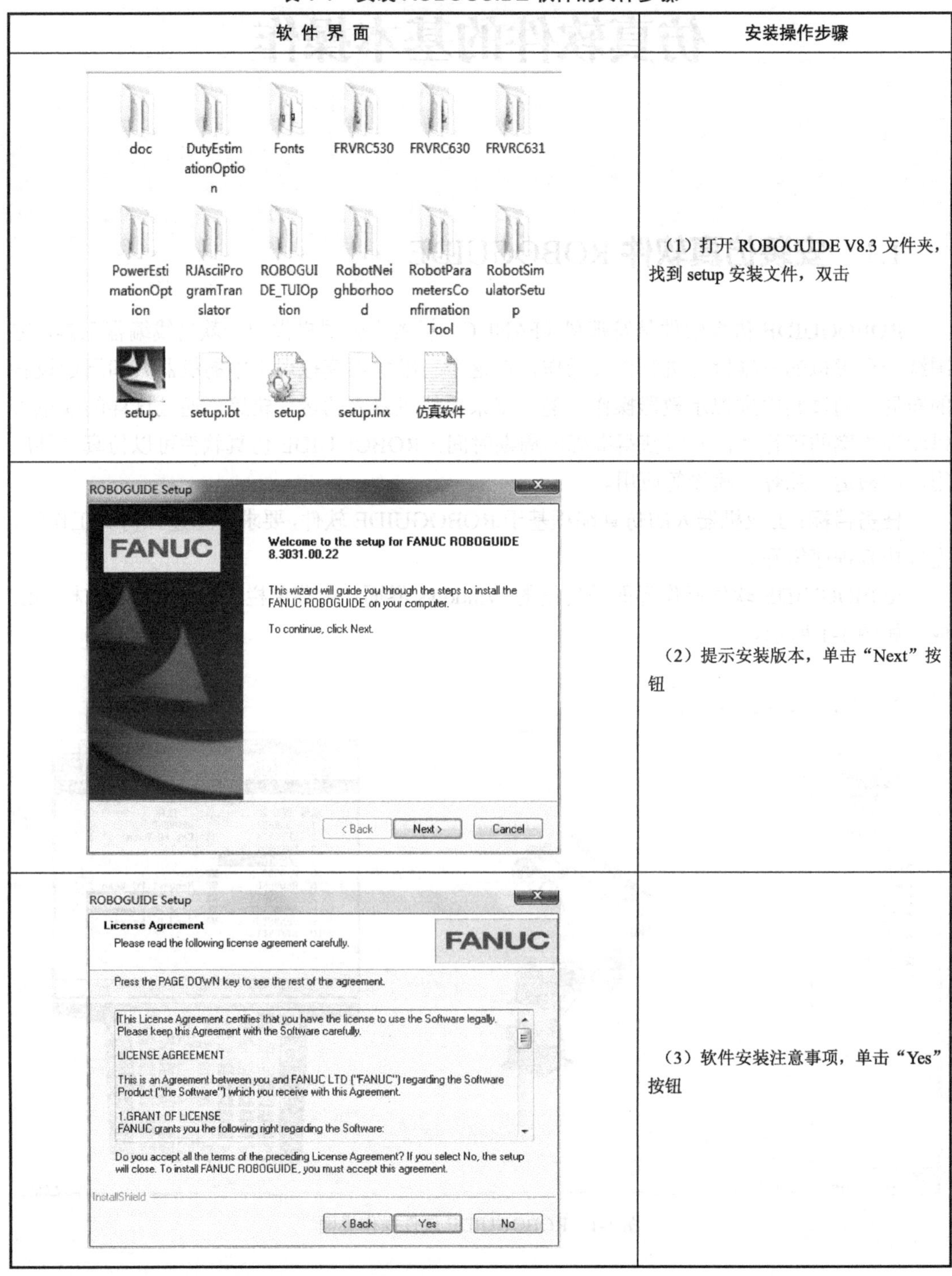

软 件 界 面	安装操作步骤
	（1）打开 ROBOGUIDE V8.3 文件夹，找到 setup 安装文件，双击
	（2）提示安装版本，单击“Next”按钮
	（3）软件安装注意事项，单击“Yes”按钮

续表

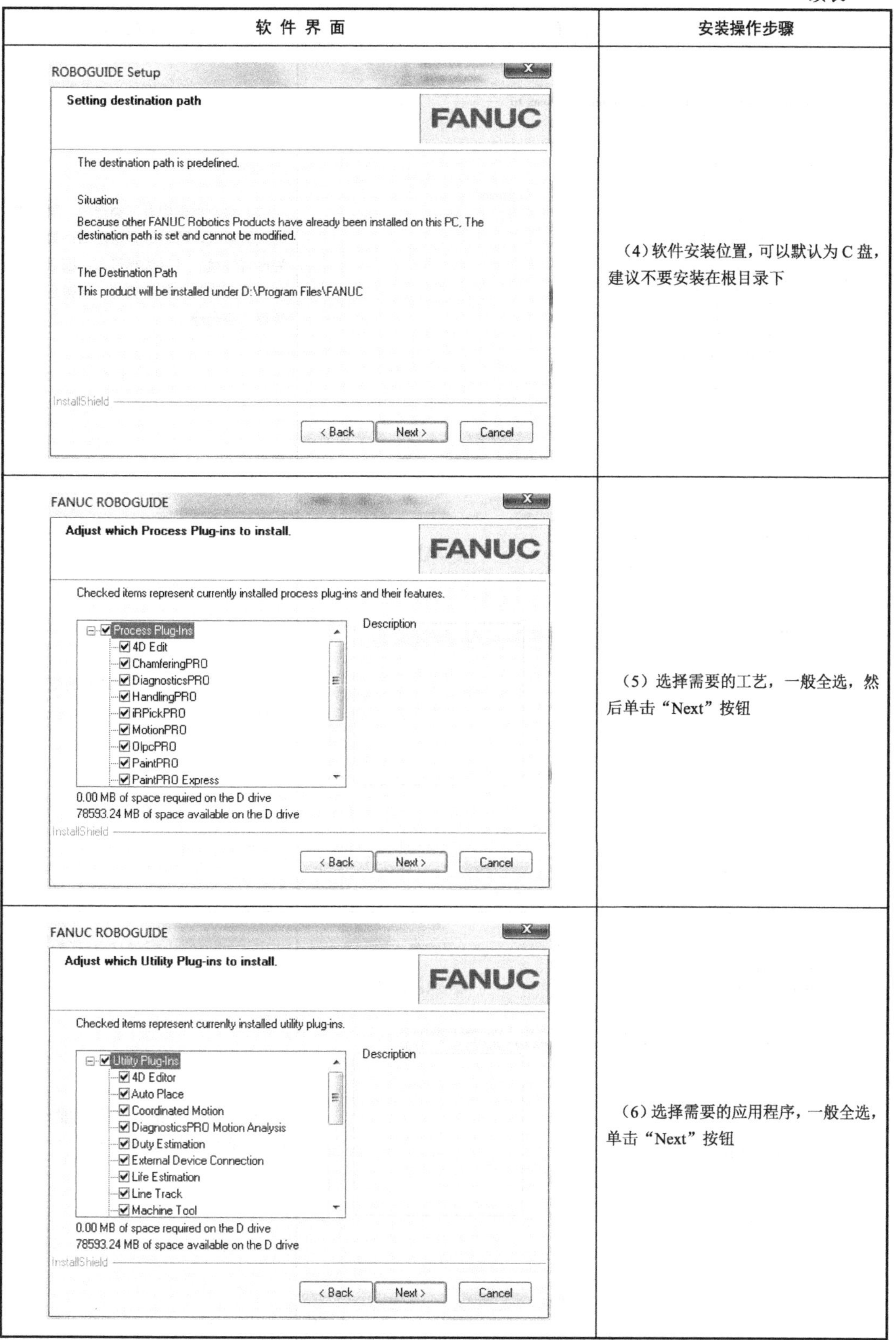

软 件 界 面	安装操作步骤
ROBOGUIDE Setup Setting destination path FANUC The destination path is predefined. Situation Because other FANUC Robotics Products have already been installed on this PC, The destination path is set and cannot be modified. The Destination Path This product will be installed under D:\Program Files\FANUC InstallShield < Back　Next >　Cancel	（4）软件安装位置，可以默认为 C 盘，建议不要安装在根目录下
FANUC ROBOGUIDE Adjust which Process Plug-ins to install. FANUC Checked items represent currently installed process plug-ins and their features. Process Plug-Ins 4D Edit ChamferingPRO DiagnosticsPRO HandlingPRO iRPickPRO MotionPRO OlpcPRO PaintPRO PaintPRO Express Description 0.00 MB of space required on the D drive 78593.24 MB of space available on the D drive InstallShield < Back　Next >　Cancel	（5）选择需要的工艺，一般全选，然后单击“Next”按钮
FANUC ROBOGUIDE Adjust which Utility Plug-ins to install. FANUC Checked items represent currenlty installed utility plug-ins. Utility Plug-Ins 4D Editor Auto Place Coordinated Motion DiagnosticsPRO Motion Analysis Duty Estimation External Device Connection Life Estimation Line Track Machine Tool Description 0.00 MB of space required on the D drive 78593.24 MB of space available on the D drive InstallShield < Back　Next >　Cancel	（6）选择需要的应用程序，一般全选，单击“Next”按钮

续表

软 件 界 面	安装操作步骤
	（7）该对话框中有三类选项，第一类为快捷方式，可以选择常用的；第二类为语言环境，可以选择日语、德语或英文；第三类为工件站类型，如搬运、焊接等，应全选
	（8）选择版本号，这里选择的是 V8.3 版本
	（9）对话框中列出了前面操作的结果，确认无误后单击“Next”按钮

续表

软 件 界 面	安装操作步骤
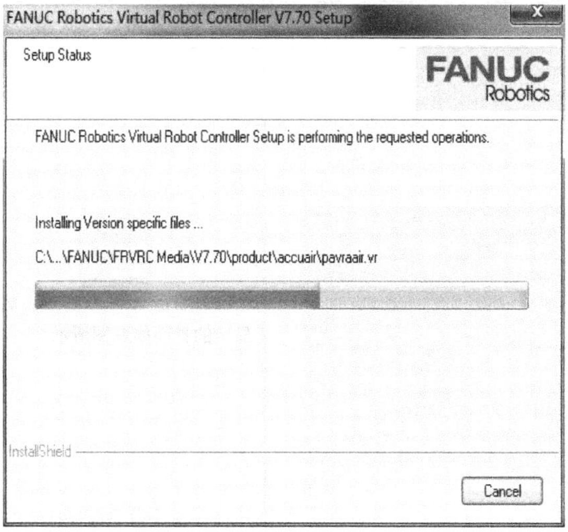 FANUC Robotics Virtual Robot Controller V7.70 Setup Setup Status FANUC Robotics FANUC Robotics Virtual Robot Controller Setup is performing the requested operations. Installing Version specific files ... C:\...\FANUC\FRVRC Media\V7.70\product\accuair\pavraair.vr InstallShield Cancel	（10）等待安装完成，若取消安装则单击“Cancel”按钮，计算机将删除之前安装的文件
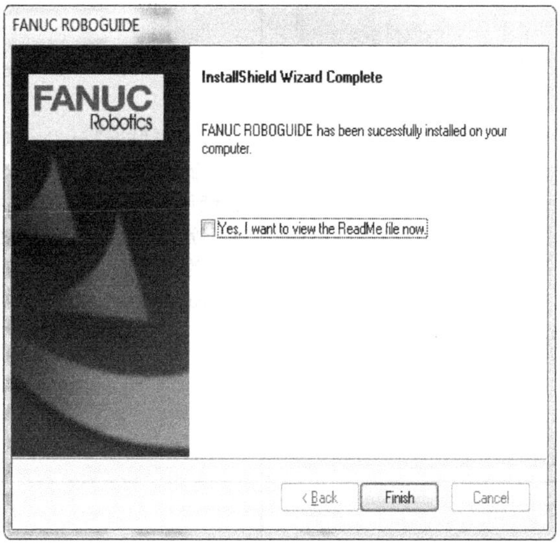 FANUC ROBOGUIDE FANUC Robotics InstallShield Wizard Complete FANUC ROBOGUIDE has been sucessfully installed on your computer. Yes, I want to view the ReadMe file now. < Back　Finish　Cancel	（11）安装已完成，单击“Finish”按钮，重启计算机后即可使用软件

软件安装完毕后需要注册，若未注册，则只可试用 30 天。

软件注册方法：打开 ROBOGUIDE 软件，在菜单栏中选择“Help”→“Register WeldPRO”命令，在弹出的对话框中输入从 FANUC 购买的注册码即可完成软件注册。

1.2　打开和新建工程文件

打开和新建工程文件

软件安装与注册完毕之后，就可以使用仿真软件 ROBOGUIDE 创建新的工程文件，搭建仿真工作站，进行机器人仿真分析。

任务目标：新建工程文件，在仿真界面中设定一个型号为 M-20iA 的机器人，完成机器人工作站搭建的第一步工作。

新建工程文件的具体操作步骤见表 1-2。

表 1-2 新建工程文件的操作步骤

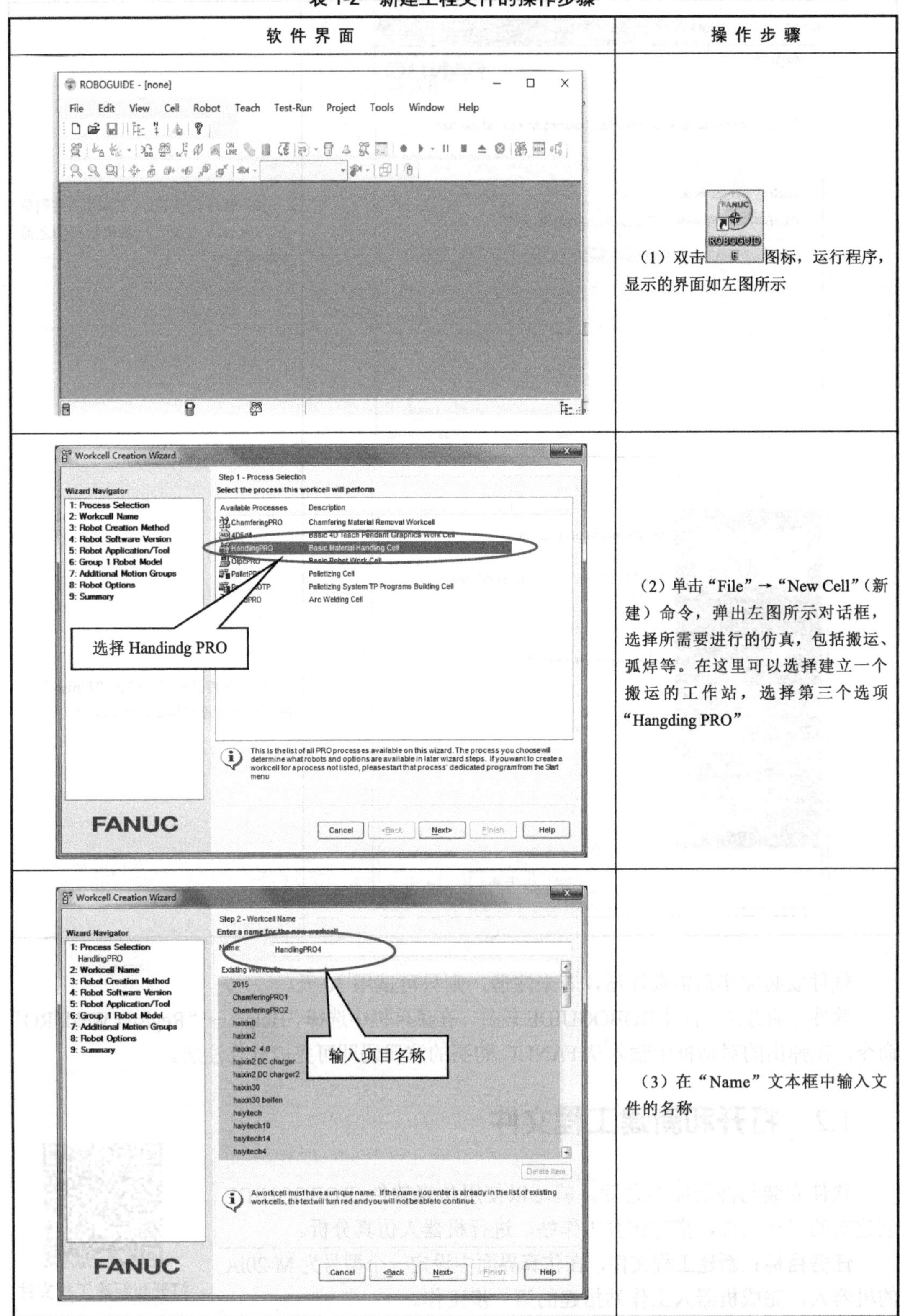

软件界面	操作步骤
	（1）双击图标，运行程序，显示的界面如左图所示
	（2）单击“File”→“New Cell”（新建）命令，弹出左图所示对话框，选择所需要进行的仿真，包括搬运、弧焊等。在这里可以选择建立一个搬运的工作站，选择第三个选项“Hangding PRO”
	（3）在“Name”文本框中输入文件的名称

续表

软 件 界 面	操 作 步 骤
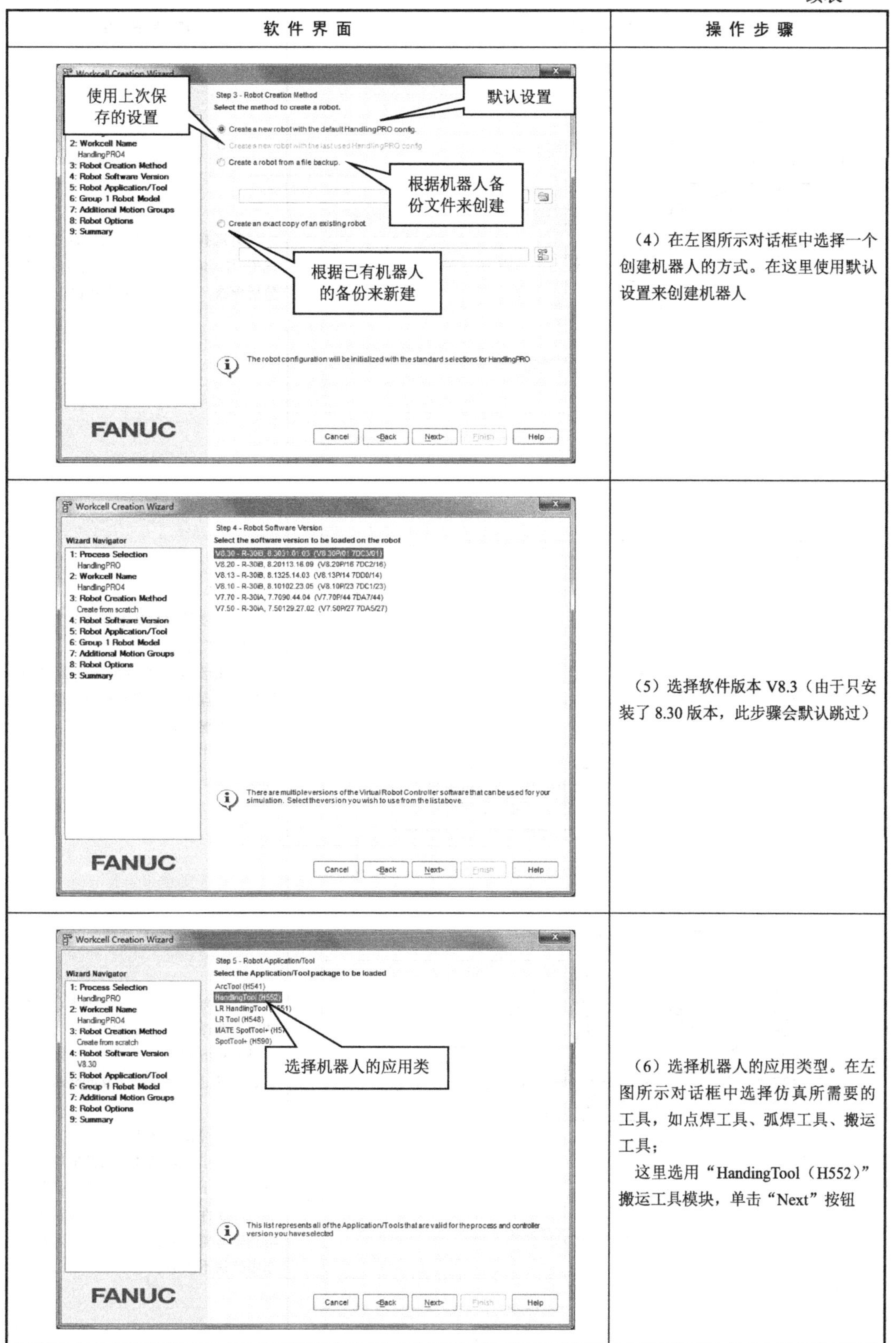	（4）在左图所示对话框中选择一个创建机器人的方式。在这里使用默认设置来创建机器人
	（5）选择软件版本 V8.3（由于只安装了 8.30 版本，此步骤会默认跳过）
	（6）选择机器人的应用类型。在左图所示对话框中选择仿真所需要的工具，如点焊工具、弧焊工具、搬运工具； 这里选用“HandingTool（H552）”搬运工具模块，单击“Next”按钮

续表

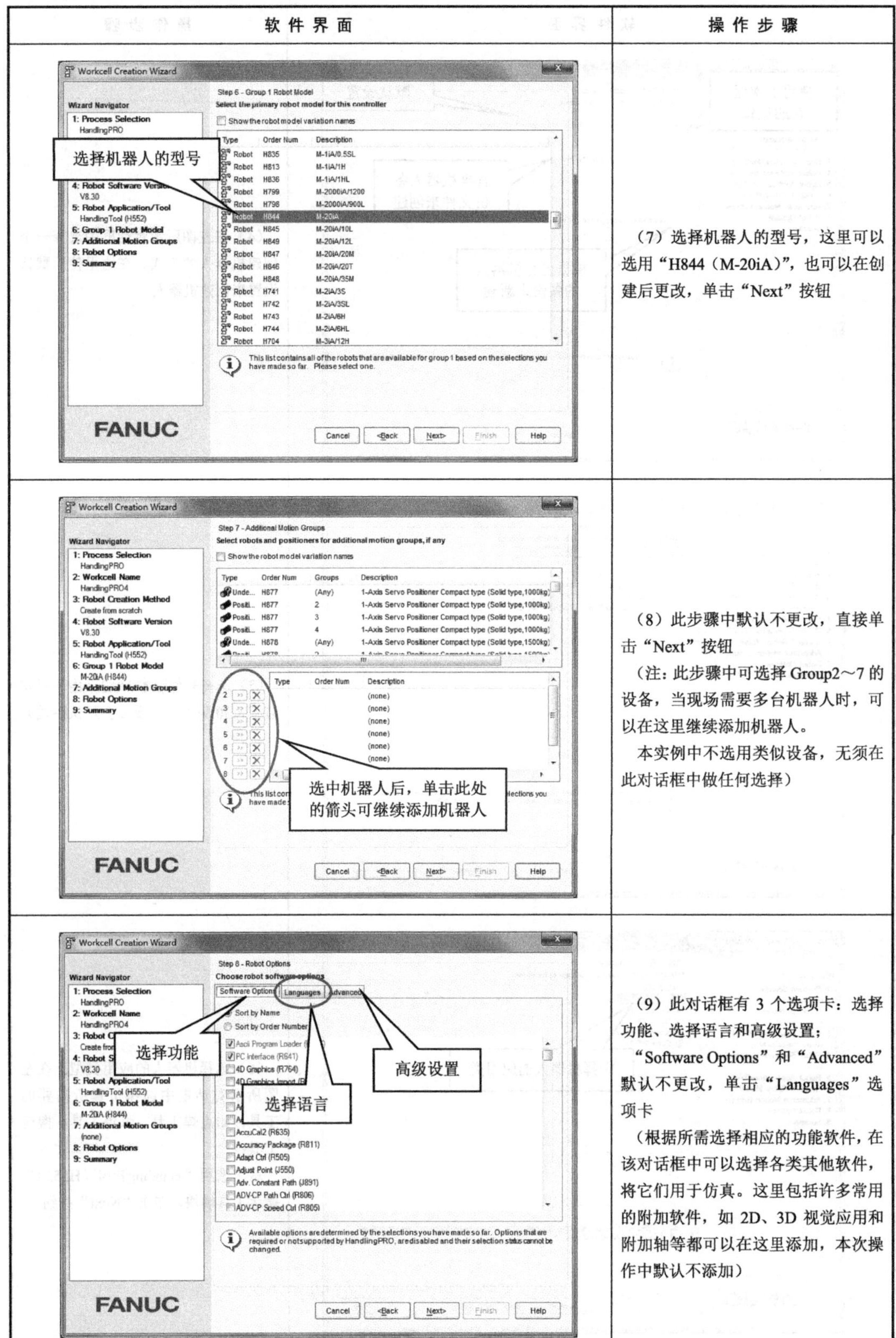

软 件 界 面	操 作 步 骤
	（7）选择机器人的型号，这里可以选用“H844（M-20iA）”，也可以在创建后更改，单击“Next”按钮
	（8）此步骤中默认不更改，直接单击“Next”按钮 （注：此步骤中可选择 Group2～7 的设备，当现场需要多台机器人时，可以在这里继续添加机器人。 本实例中不选用类似设备，无须在此对话框中做任何选择）
	（9）此对话框有 3 个选项卡：选择功能、选择语言和高级设置； “Software Options”和“Advanced”默认不更改，单击“Languages”选项卡 （根据所需选择相应的功能软件，在该对话框中可以选择各类其他软件，将它们用于仿真。这里包括许多常用的附加软件，如 2D、3D 视觉应用和附加轴等都可以在这里添加，本次操作中默认不添加）

续表

软件界面	操作步骤
	（10）语言选择，选择“Chinese Dictionary”复选框，单击“Next”按钮。 注： ①此处选择的语言为示教器界面语言； ②只能选择一种语言，否则会报错
	（11）在该对话框中列出了之前所有选择的内容，是一个总的目录。如果没有错误，单击“Finish”按钮即可。 如果需要修改可以单击“Back”按钮退回之前的步骤去做进一步修改
	（12）弹出提示类信息，单击“Cancel”按钮

续表

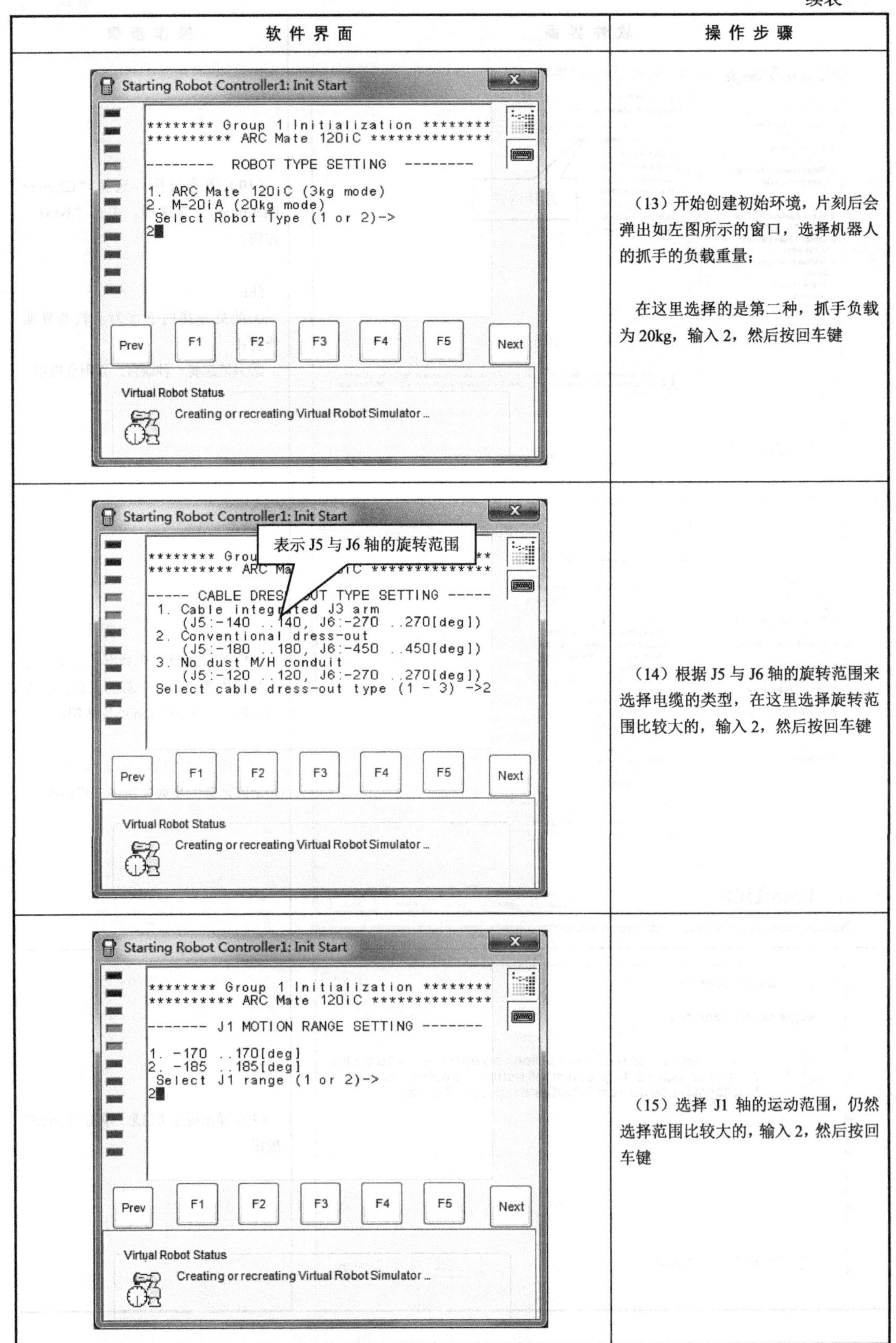

软件界面	操作步骤
	（13）开始创建初始环境，片刻后会弹出如左图所示的窗口，选择机器人的抓手的负载重量； 在这里选择的是第二种，抓手负载为20kg，输入2，然后按回车键
	（14）根据J5与J6轴的旋转范围来选择电缆的类型，在这里选择旋转范围比较大的，输入2，然后按回车键
	（15）选择J1轴的运动范围，仍然选择范围比较大的，输入2，然后按回车键

续表

软 件 界 面	操 作 步 骤
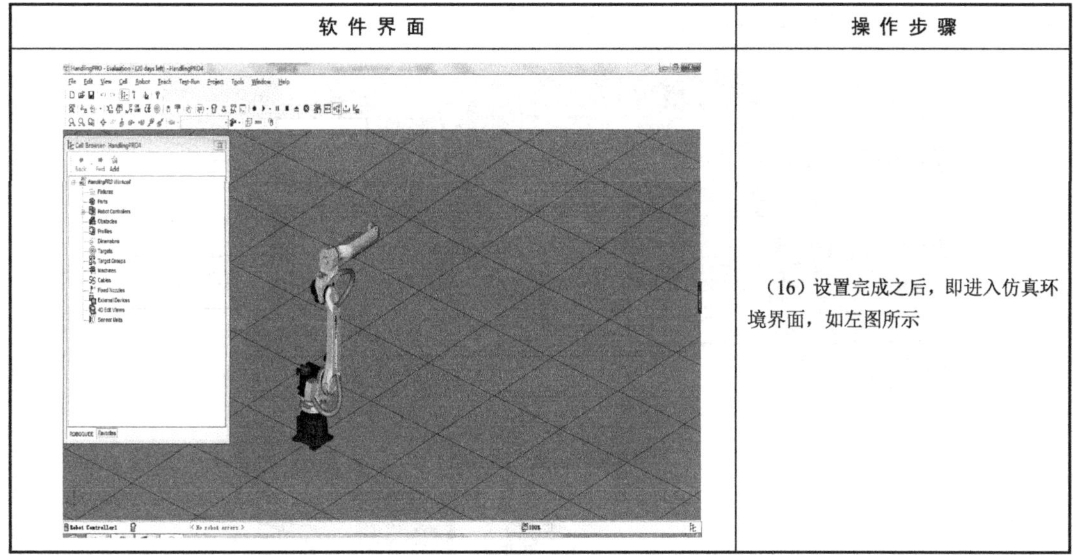	（16）设置完成之后，即进入仿真环境界面，如左图所示

1.3　认识 ROBOGUIDE 软件界面

新建一个工程文件后，进入到 ROBOGUIDE 软件界面，与其他软件一样，界面包括菜单栏、工具栏、状态栏和编辑界面等，要熟练地使用软件，必须先认识软件的工作环境。下面简单介绍软件界面的一些基本功能。

任务目标：根据提示熟悉软件的各界面及各按钮、命令的含义。

任务一：配置编辑界面

机器人的外围设置是通过单元窗口进行的，机器人的编辑界面如图 1-2 所示。

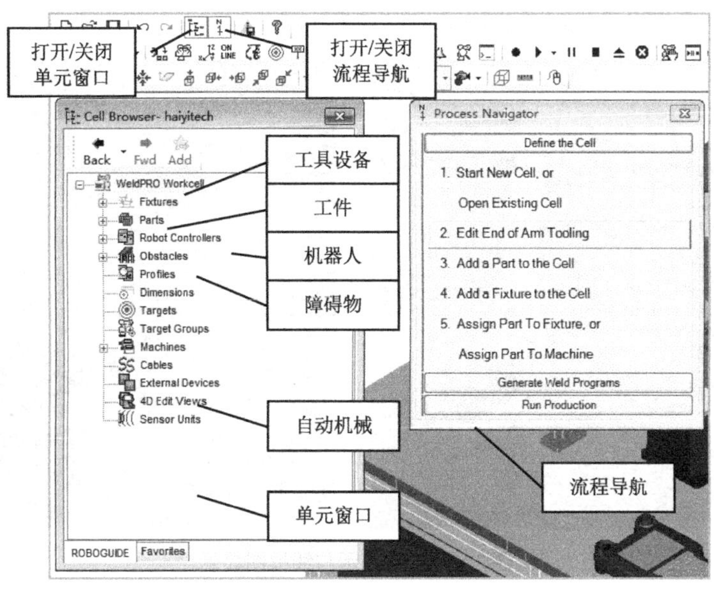

图 1-2　机器人的编辑界面

机器人工作站可以增加一些必要的设备，如安全护栏、运输带、数控机床等，图 1-3 所示为已添加完外围设备的机器人工作站。

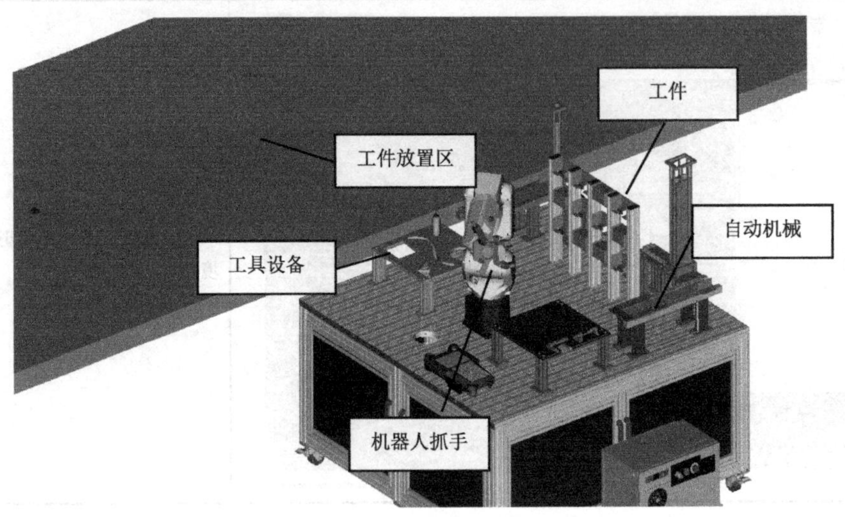

图 1-3　已添加完外围设备的机器人工作站

任务二：认识工具栏部分按钮的功能

Zoom In 3D World：实现工作环境放大；

Zoom Out：实现工作环境缩小；

Zoom Window：实现工作环境局部放大；

Center the View on the Selected Object：让所选对象的中心在屏幕正中间；

：这五个按钮分别表示俯视图、右视图、左视图、前视图、后视图；

View Wire-frame：这个按钮表示让所有对象以线框图状态显示（正常显示与线框图显示如图 1-4 所示）；

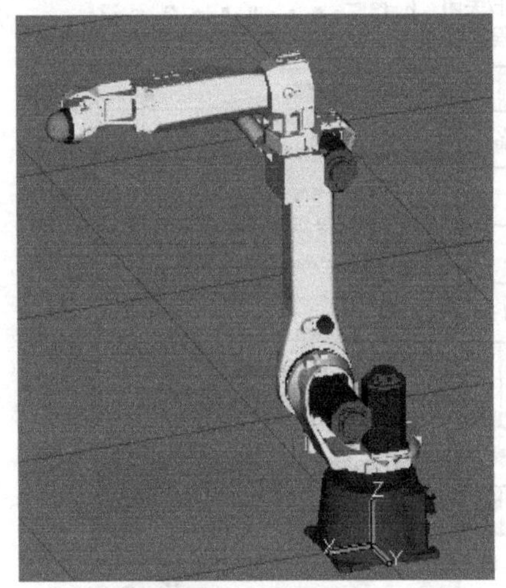

图 1-4　正常显示与线框图显示

Show/Hide Mouse Commands：单击这个按钮将出现如图 1-5 所示的黑色表格，表格中列出了通过鼠标操作的快捷菜单。

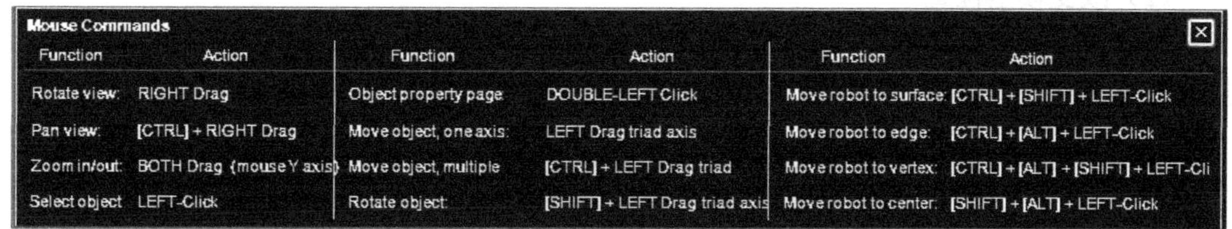

Mouse Commands

Function	Action	Function	Action	Function	Action
Rotate view:	RIGHT Drag	Object property page	DOUBLE-LEFT Click	Move robot to surface:	[CTRL]+[SHIFT]+LEFT-Click
Pan view:	[CTRL]+RIGHT Drag	Move object, one axis:	LEFT Drag triad axis	Move robot to edge:	[CTRL]+[ALT]+LEFT-Click
Zoom in/out:	BOTH Drag (mouse Y axis)	Move object, multiple	[CTRL]+LEFT Drag triad	Move robot to vertex:	[CTRL]+[ALT]+[SHIFT]+LEFT-Cli
Select object	LEFT-Click	Rotate object:	[SHIFT]+LEFT Drag triad axis	Move robot to center:	[SHIFT]+[ALT]+LEFT-Click

图 1-5　通过鼠标操作的快捷菜单

任务三：认识机器人属性对话框

展开单元窗口里“Robot Contriollers”前面的“+”，找到增加的机器人“GP：1-M-20iA”，双击，打开机器人属性对话框，如图 1-6 所示；或直接双击机器人本体，打开机器人属性对话框。

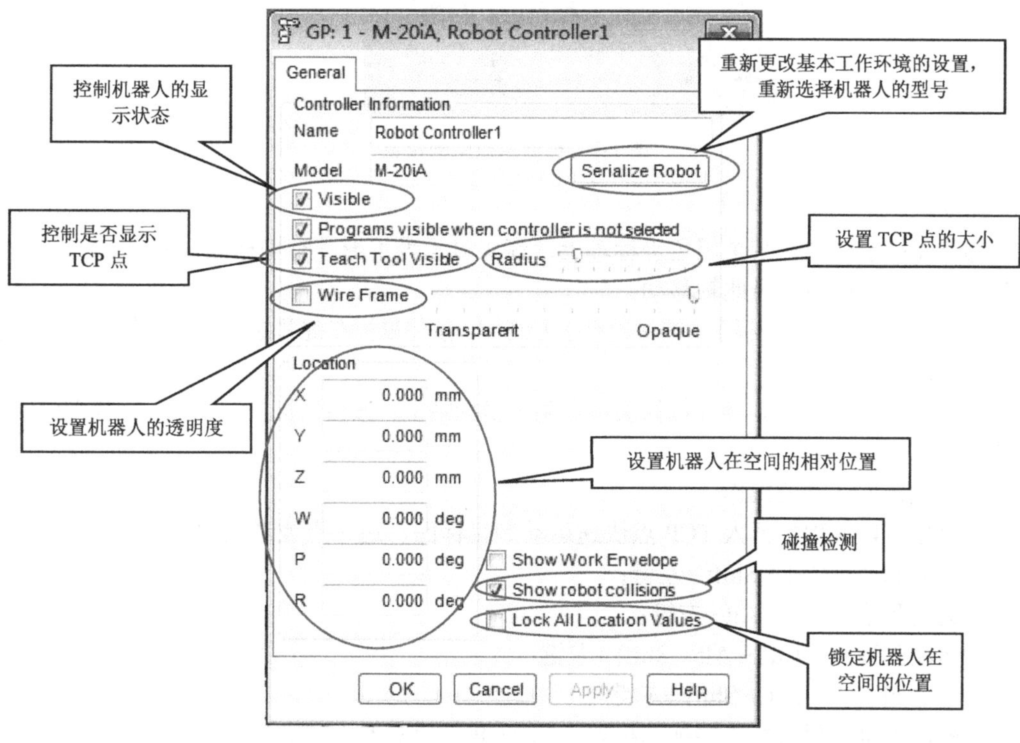

图 1-6　机器人属性对话框

任务四：仿真环境下的基本操作

在 ROBOGUIDE 仿真软件中可以对新建机器人的位置、大小、3D 显示等参数进行调整，通过调整可以使机器人的形态在仿真中更加协调，与外围设备的配合更加流畅，下面对相关操作进行介绍。

（1）鼠标基本操作

平移：滚动鼠标滚轮可以左右移动仿真模型；

旋转：按住鼠标右键可以旋转仿真模型；

放大缩小：滚动鼠标滚轮可以实现放大、缩小（向前放大，向后缩小）。

（2）改变模型位置

机器人模型的位置如图 1-7 所示，改变机器人模型的位置有两种方法：一种方法是直接修改其坐标参数，第二种方法是用鼠标直接拖曳。

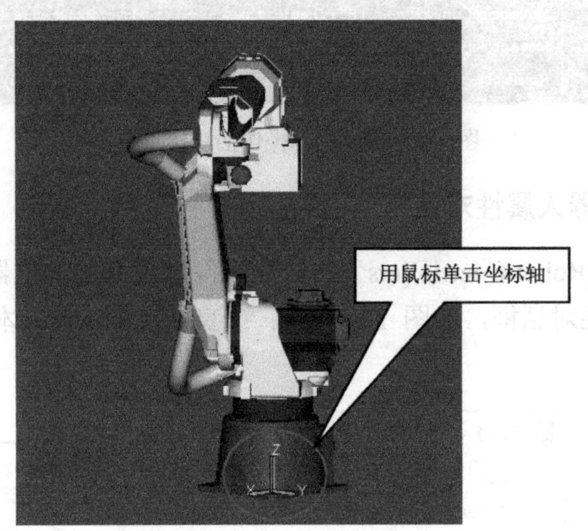

图 1-7　机器人模型的位置

移动：

①将光标箭头放在某个绿色坐标轴上，箭头显示为手形并有坐标轴标号 *X*、*Y*、*Z*，按住左键并拖动，模型将沿此轴移动；

②将光标箭头放在坐标上，按住键盘上 Ctrl 键，按住鼠标左键并拖动，模型将沿此轴移动。

旋转：

按住键盘上 Shift 键，将光标箭头放在某个坐标轴上，按住鼠标左键并拖动，模型将沿此轴旋转。

（3）机器人运动的操作

用鼠标可以实现机器人 TCP 点快速运动到目标面、边、点或者圆中心。

①运动到面：Ctrl + Shift +左键；

②运动到边：Ctrl + Alt +左键；

③运动到顶点：Ctrl + Alt + Shift +左键；

④运动到中心：Alt + Shift +左键。

另外，也可以用鼠标直接拖动机器人的 TCP 点使机器人运动到目标位置。

（4）机器人属性

双击界面中的仿真机器人，弹出机器人的属性对话框，如图 1-6 所示。

任务五：认识末端执行器属性对话框

双击机器人末端执行器，或双击“单元窗口”中的“UT：1（Eoat1）”，如图 1-8 所示，打开末端执行器属性对话框。

（1）一般属性（General）设定

工具一般属性设定如图 1-9 所示。

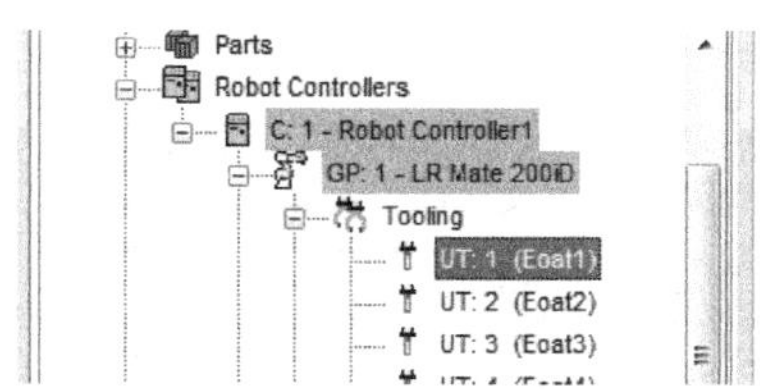

图 1-8　双击“UT：1（Eoat1）”

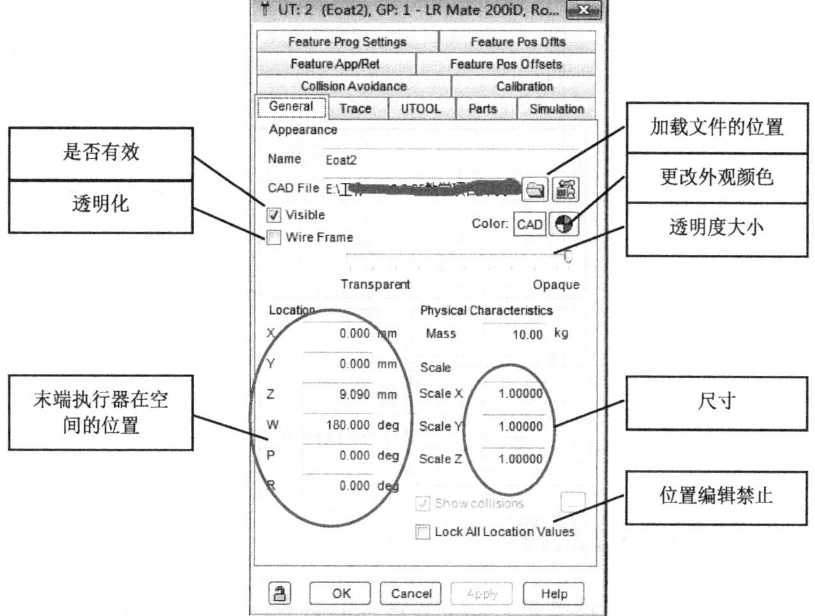

图 1-9　工具一般属性设定

（2）TOOL（工具）坐标设定

TOOL（工具）坐标设定如图 1-10 所示。

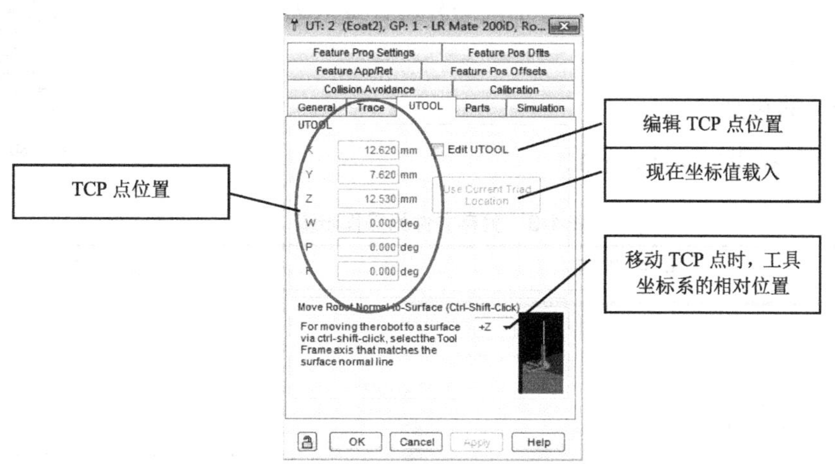

图 1-10　TOOL（工具）坐标设定

（3）工件加载属性设定

工件加载属性设定如图 1-11 所示。

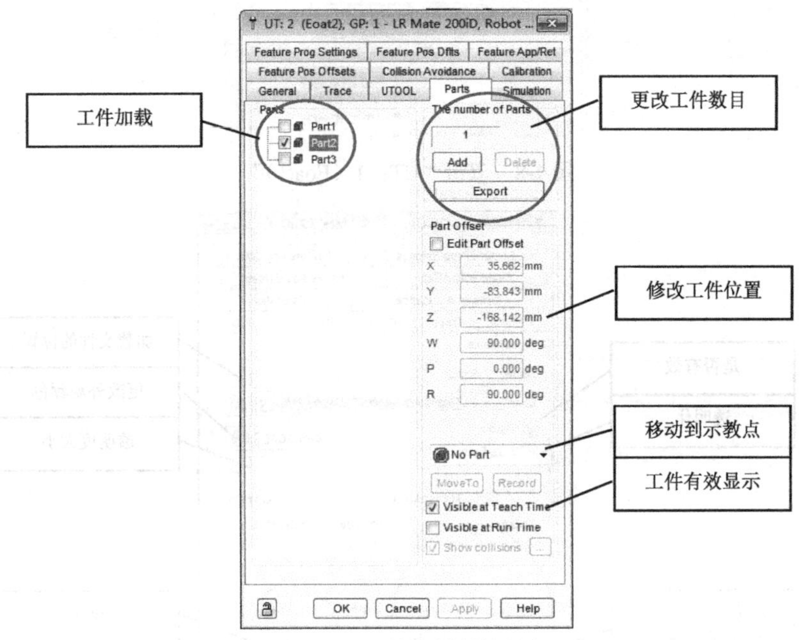

图 1-11　工件加载属性设定

1.4　保存和备份文件

已编辑的工程文件只有保存后，才能在需要时打开并对其进行相应的编辑操作，可以将文件另存，下面介绍 ROBOGUIDE 工程文件的保存、另存和打包。

任务目标：熟悉软件保存、另存和打包文件的操作。

保存 ROBOGUIDE 工程文件主要有 3 种方式：保存、另存、打包。保存时可直接单击“保存”按钮，下面对另外两种方式进行详解（比较常用的是“另存”功能）。

保存和备份文件

任务一：另存文件

另存文件的操作步骤见表 1-3。

表 1-3　另存文件的操作步骤

软 件 界 面	操 作 步 骤
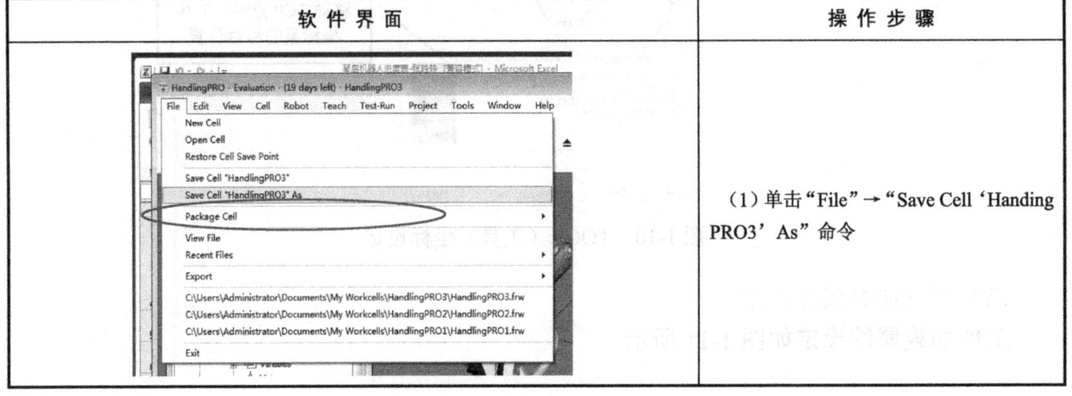	（1）单击“File”→“Save Cell ‘Handing PRO3’ As”命令

续表

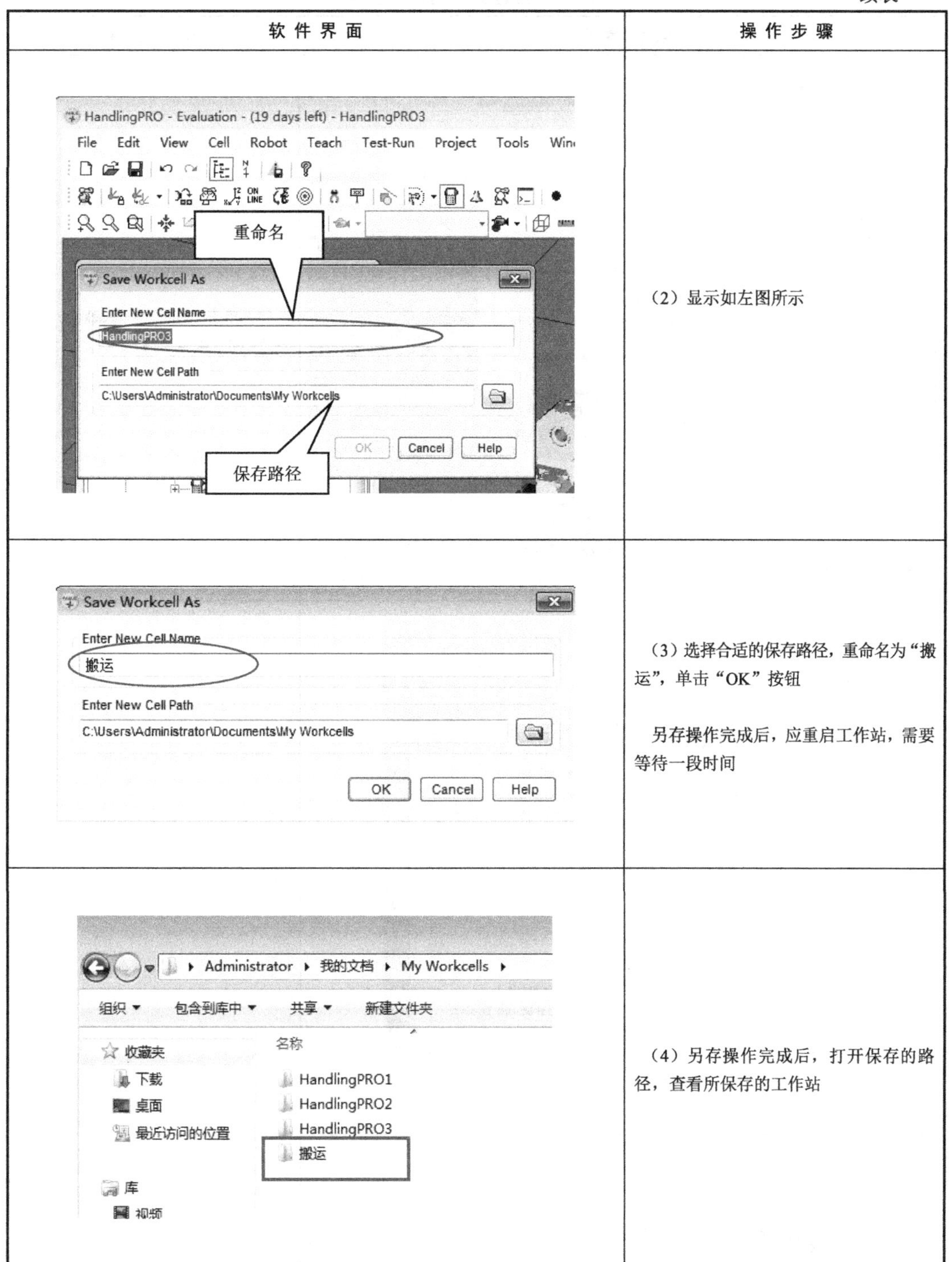

软 件 界 面	操 作 步 骤
	（2）显示如左图所示
	（3）选择合适的保存路径，重命名为“搬运”，单击“OK”按钮 另存操作完成后，应重启工作站，需要等待一段时间
	（4）另存操作完成后，打开保存的路径，查看所保存的工作站

任务二：打包文件

打包文件的操作步骤见表 1-4。

表 1-4　打包文件的操作步骤

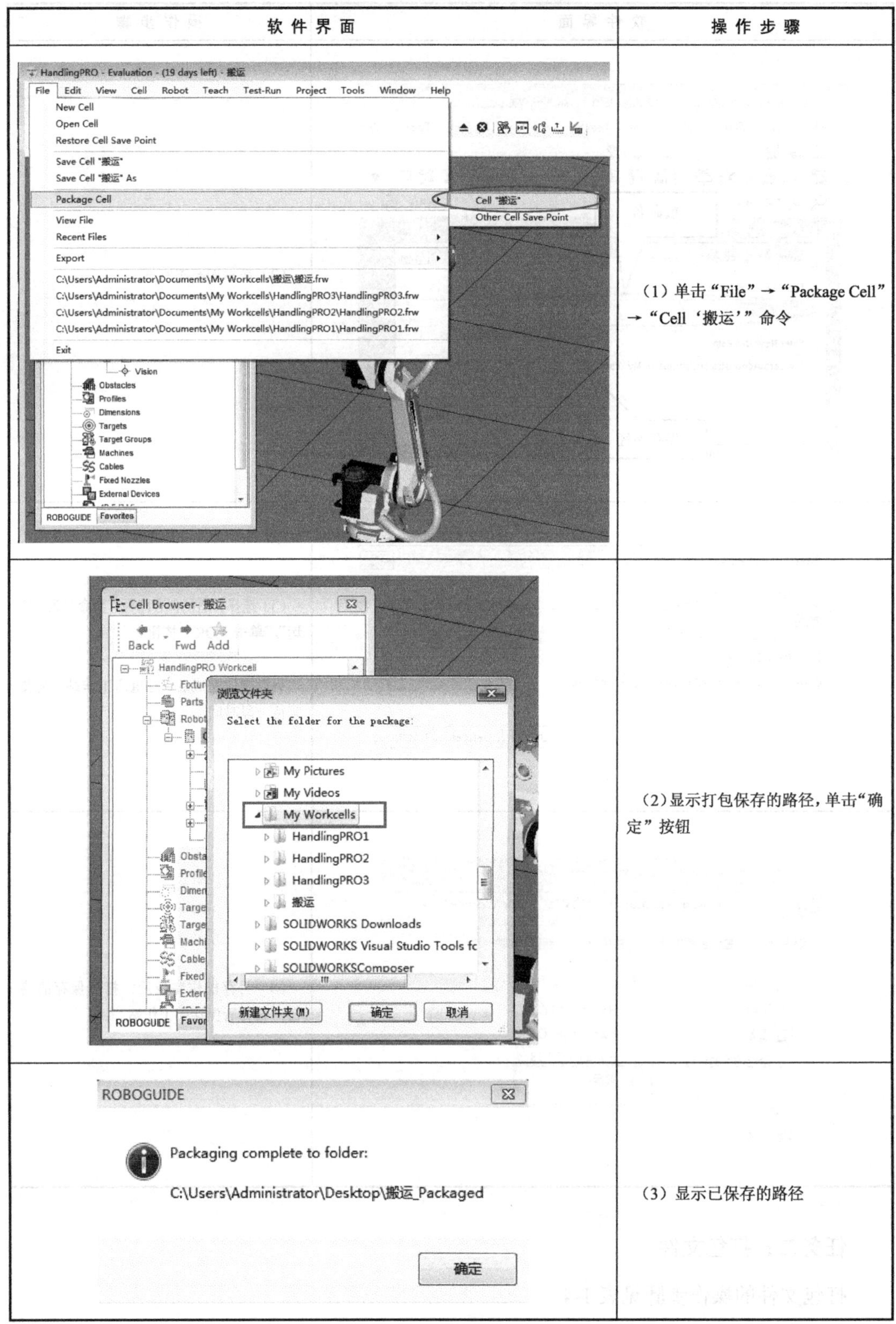

软 件 界 面	操 作 步 骤
	（1）单击“File”→“Package Cell”→“Cell‘搬运’”命令
	（2）显示打包保存的路径，单击“确定”按钮
	（3）显示已保存的路径

续表

软 件 界 面	操 作 步 骤
	（4）打开所保存的路径，查看所保存的工作站

1.5　设置机器人属性

设置机器人属性

使用 ROBOGUIDE 仿真软件的目的是虚拟仿真工作站的工作流程，为了使仿真的过程更加贴合机器人的实际运动过程，可以通过修改机器人的属性参数，调整机器人形态，达到更好的仿真效果。

任务目标：在 ROBOGUIDE 仿真软件中对新建机器人的位置、大小、3D 显示等参数进行调整，通过调整可以使机器人在仿真中的形态更加协调，与外围设备的配合更加流畅。

任务一：改变及还原模型位置

改变及还原模型位置有两种方法：一种方法是直接修改其参数，第二种方法是用鼠标直接拖曳。首先单击模型，显示绿色坐标系，然后进行移动或旋转操作，如图 1-12 所示。

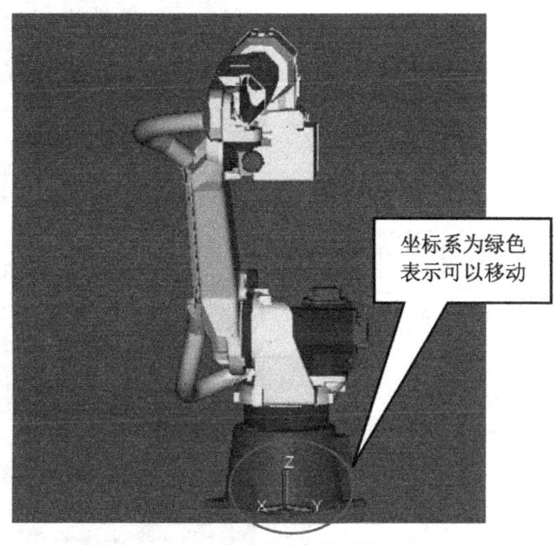

图 1-12　移动或旋转模型位置

移动：将光标箭头放在某个绿色坐标轴上，箭头显示为手形并有坐标轴标号 *X*、*Y*、*Z*，按住左键并拖动，模型将沿此轴移动。

旋转：按住键盘上 Shift 键，将光标箭头放在某个坐标轴上，按住左键并拖动，模型将沿此轴旋转。

此时，机器人的位置信息也相应发生改变，如图 1-13 所示。

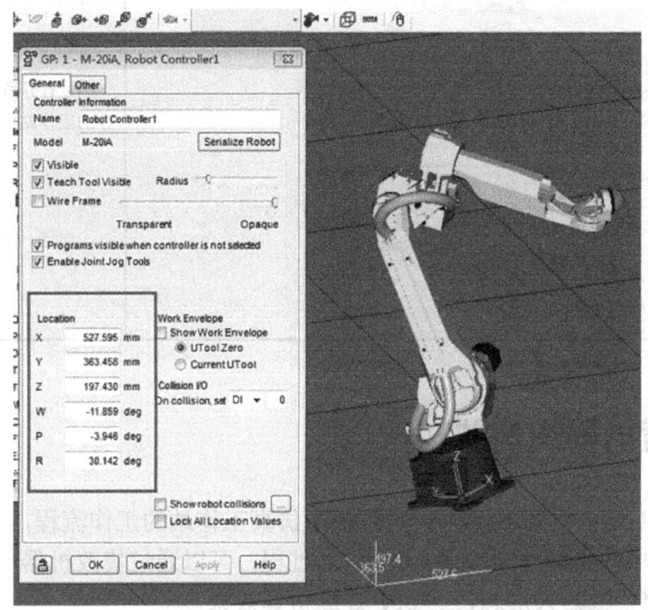

图 1-13　改变后的机器人位置信息

若将机器人还原为初始位置，需要还原机器人本体的位置和 TCP 点。

（1）还原机器人本体的位置，将所有数据改为 0，如图 1-14 所示。

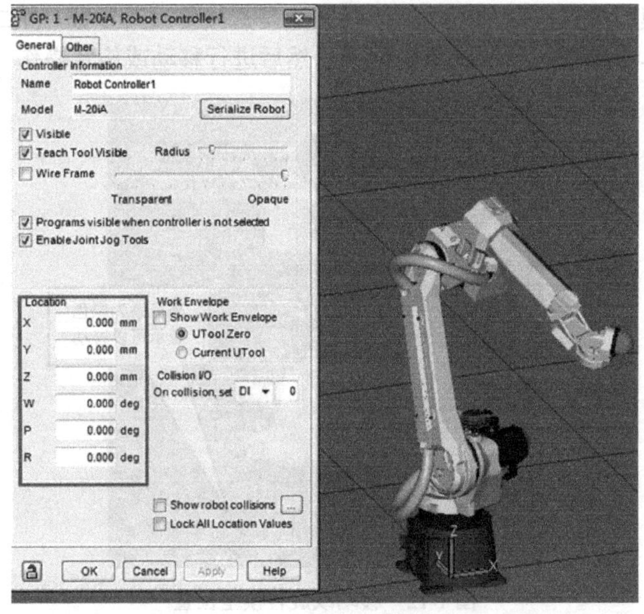

图 1-14　还原机器人本体的位置

（2）还原机器人 TCP 点，操作步骤如下。

①单击工具栏中的示教器按钮，单击“Current Position”按钮，如图 1-15 所示。

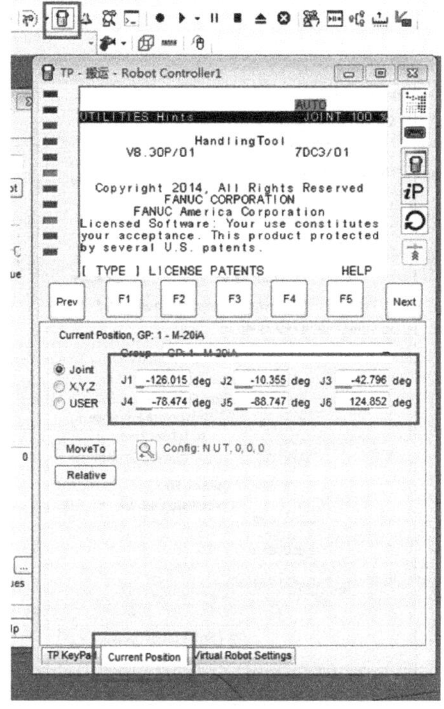

图 1-15　还原机器人 TCP 点

②将 6 组数据改为 0，单击“Move To”按钮，机器恢复初始状态，如图 1-16 所示。

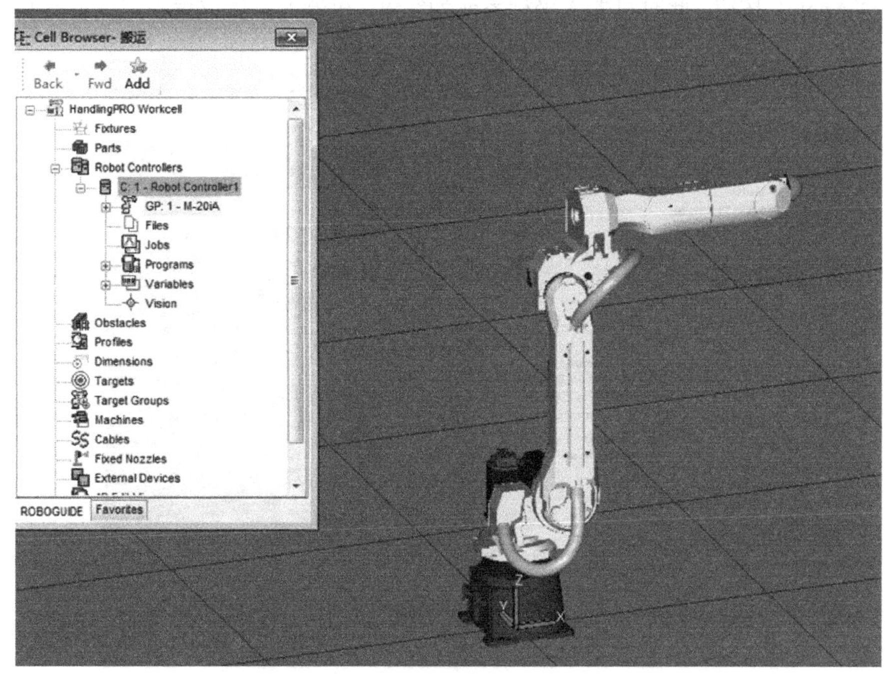

图 1-16　机器人恢复初始状态

任务二：固定模型位置

双击机器人本体，打开机器人属性对话框，选择“Lork All Location Values”复选框，如图 1-17 所示。

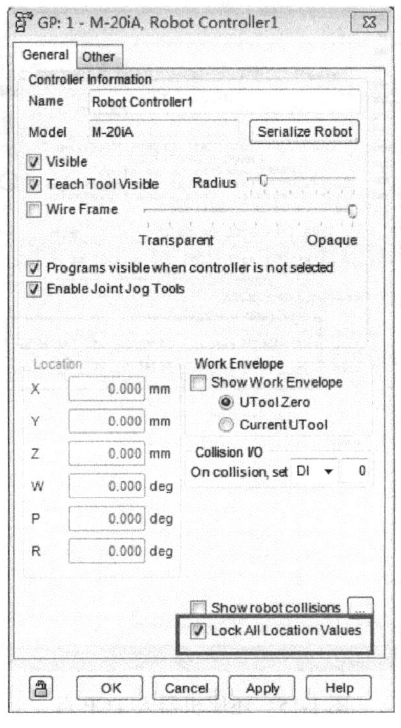

图 1-17　固定模型位置

单击“Apply”按钮，此时机器人坐标系变为红色，机器人整体位置固定，如图 1-18 所示。

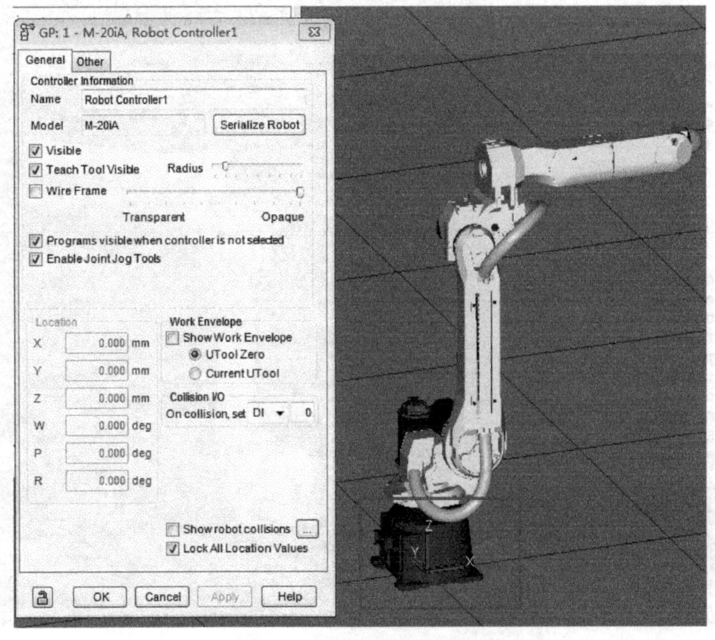

图 1-18　机器人整体位置固定

任务三：编辑 TCP 点大小

用鼠标拖动“Radius”滑块，可以更改 TCP 点大小，一般采用默认的设置即可，如图 1-19 所示。

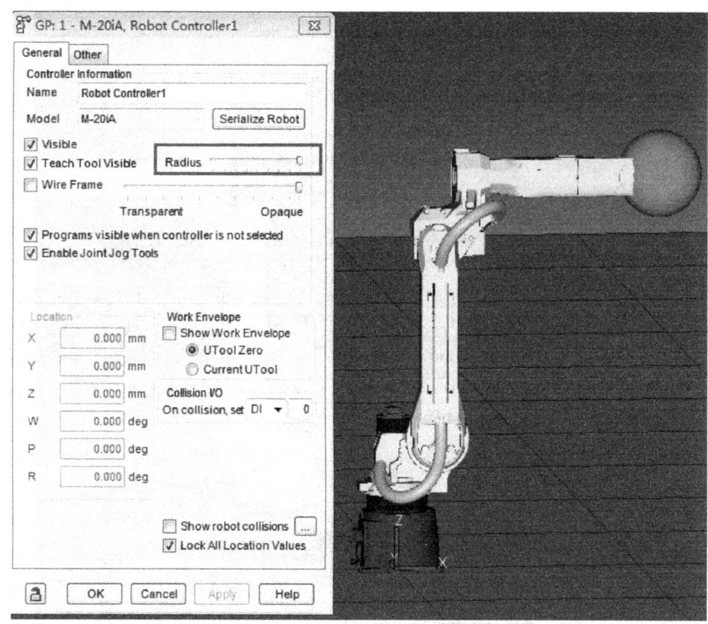

图 1-19　更改 TCP 点大小

任务四：机器人透明度

如图 1-20 所示，可调节机器人的透明度（一般选择实体显示）。

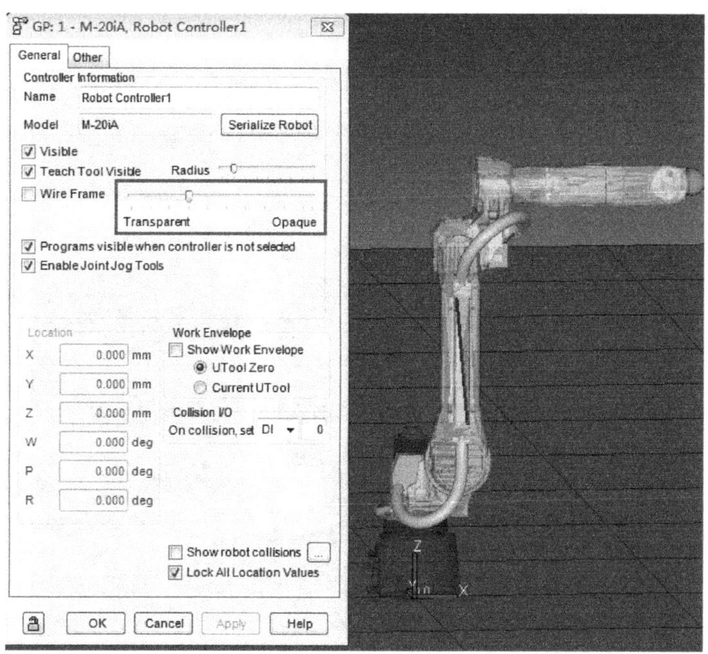

图 1-20　机器人透明度

任务五：机器人干涉提示

如图 1-21 所示，选中“Show robot collisions”复选框，当机器人与其他设备发生干涉时，机器人会变成红色，提示报警。

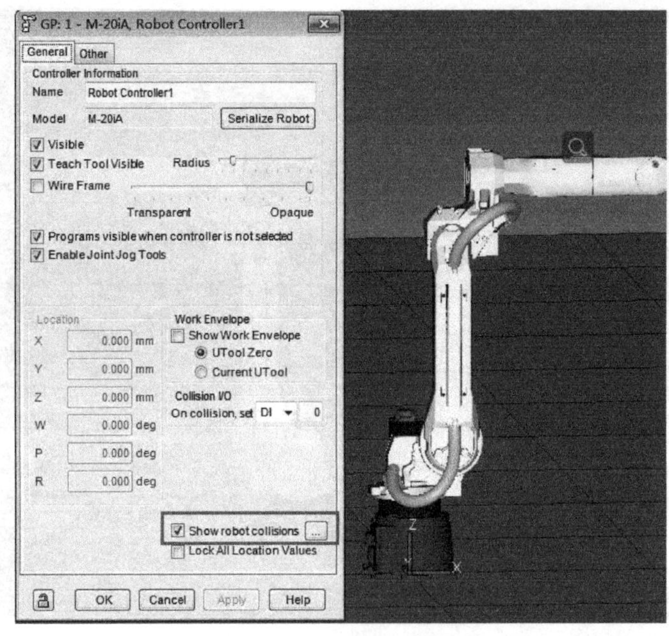

图 1-21 机器人干涉提示

任务六：重新设置机器人

如图 1-22 所示，单击“Serialize Rbobot”按钮，可以重新设置机器人。如图 1-23 所示，可以更改机器人的初始设置。

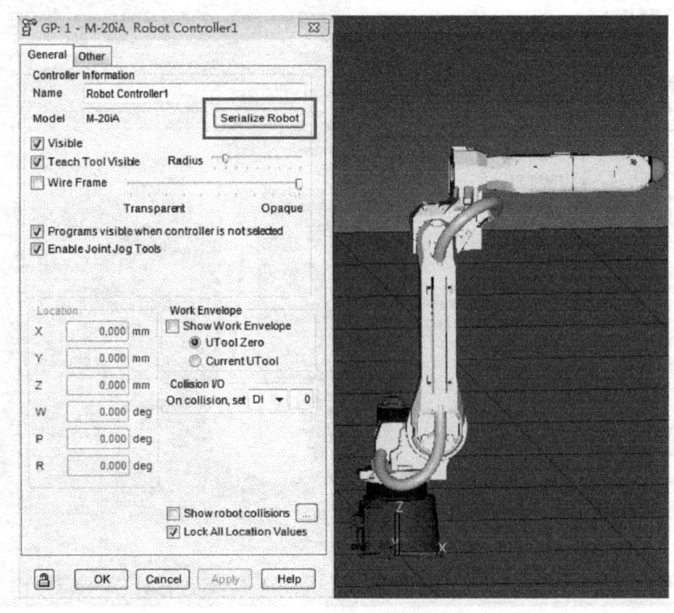

图 1-22 重新设置机器人

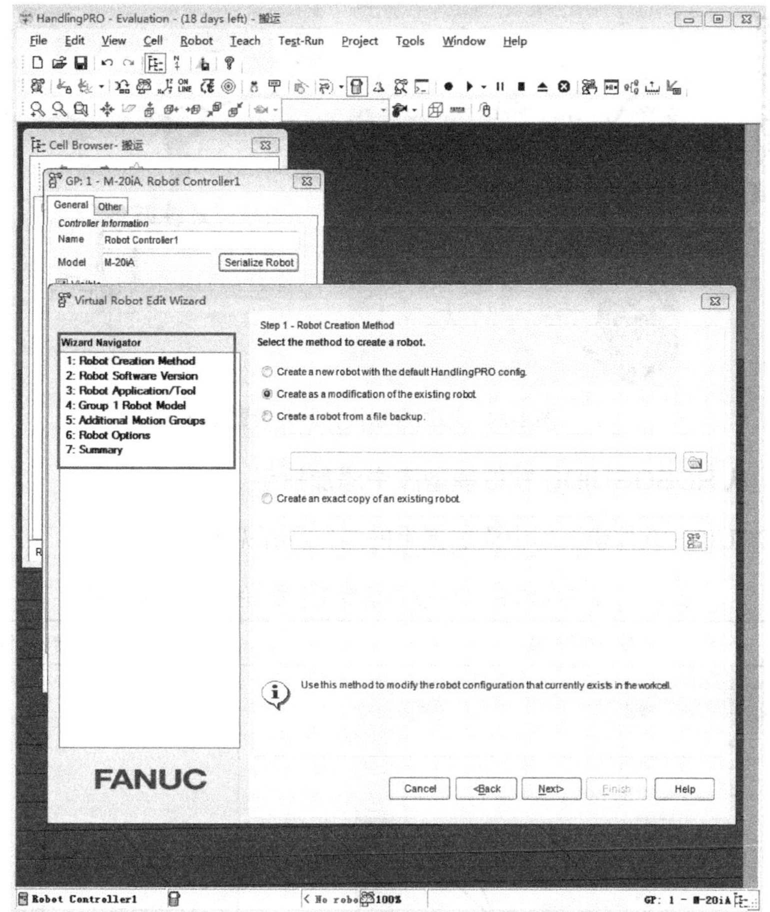

图 1-23　更改机器人的初始设置

1.6　创建工具并设置 TCP 点

知识储备： 工业机器人使用的途径就是利用安装工具来操作对象，如给机器人安装焊枪来焊接汽车外壳。焊接时，焊点不同，焊枪的位置和姿态不断改变，那么如何描述工具在空间中的位姿呢？显然，方法就是在工具上定义一个坐标系，然后描述该坐标系的原点位置和它三个轴的姿态，这样共需要六个自由度或六条信息来完整地定义该物体的位姿。

上面所提到的坐标系就是工具坐标系，用于描述工具或末端执行器在空间中的位置和姿势，工具坐标系原点简称 TCP（Tool Center Point）点。实际使用时，用户显然希望自己来定义 TCP 点，以便更好地操作对象。例如，焊接时，用户希望将 TCP 点定义到焊丝的尖端，那么程序里记录的位置便是焊丝尖端的位置，记录的姿态便是焊枪围绕焊丝尖端转动的姿态。

任务目标： 学习添加两种机器人末端执行器的方法，并将两个工具的 TCP 点设置到指定位置，如图 1-24 所示。

创建工具并设置
TCP 点

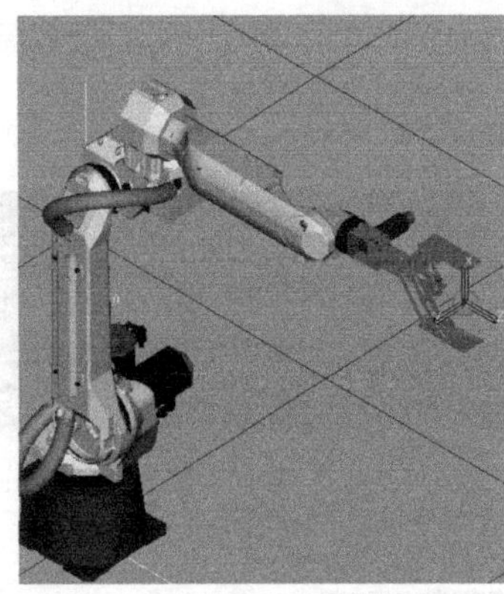

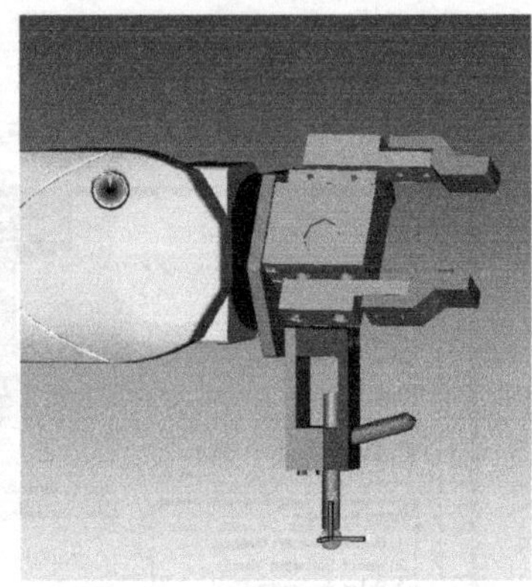

图 1-24　添加末端执行器并设置 TCP 点

任务一：从 ROBOGUIDE 软件模型库中添加抓手

从 ROBOGUIDE 软件模型库中添加抓手的操作步骤见表 1-5。

表 1-5　从 ROBOGUIDE 软件模型库中添加抓手的操作步骤

软 件 界 面	操 作 步 骤
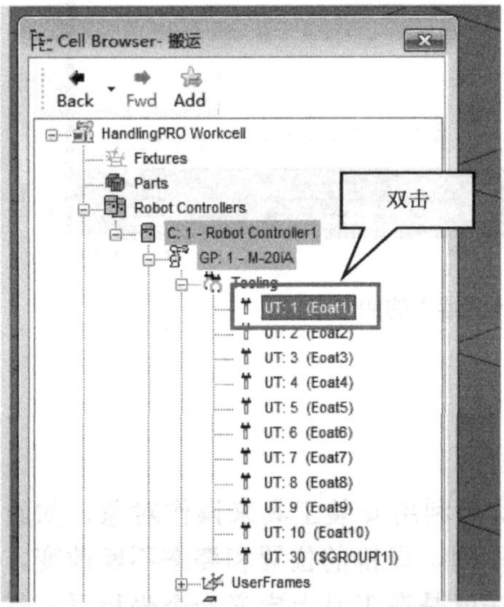 双击	（1）添加 Tooling（抓手）。在“Workcell”（工作站）中单击“Tooling”（抓手）前面的“+”号，双击“UT：1（Eoat1）”选项
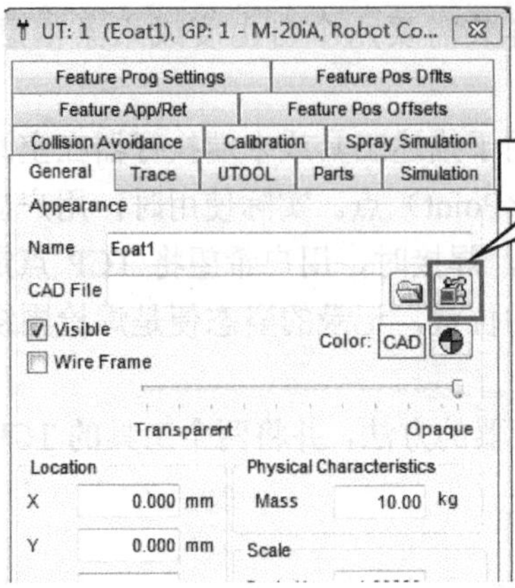 单击此图标	（2）在弹出的对话框中单击“CAD File”（CAD 文件）一栏最右边的图标

续表

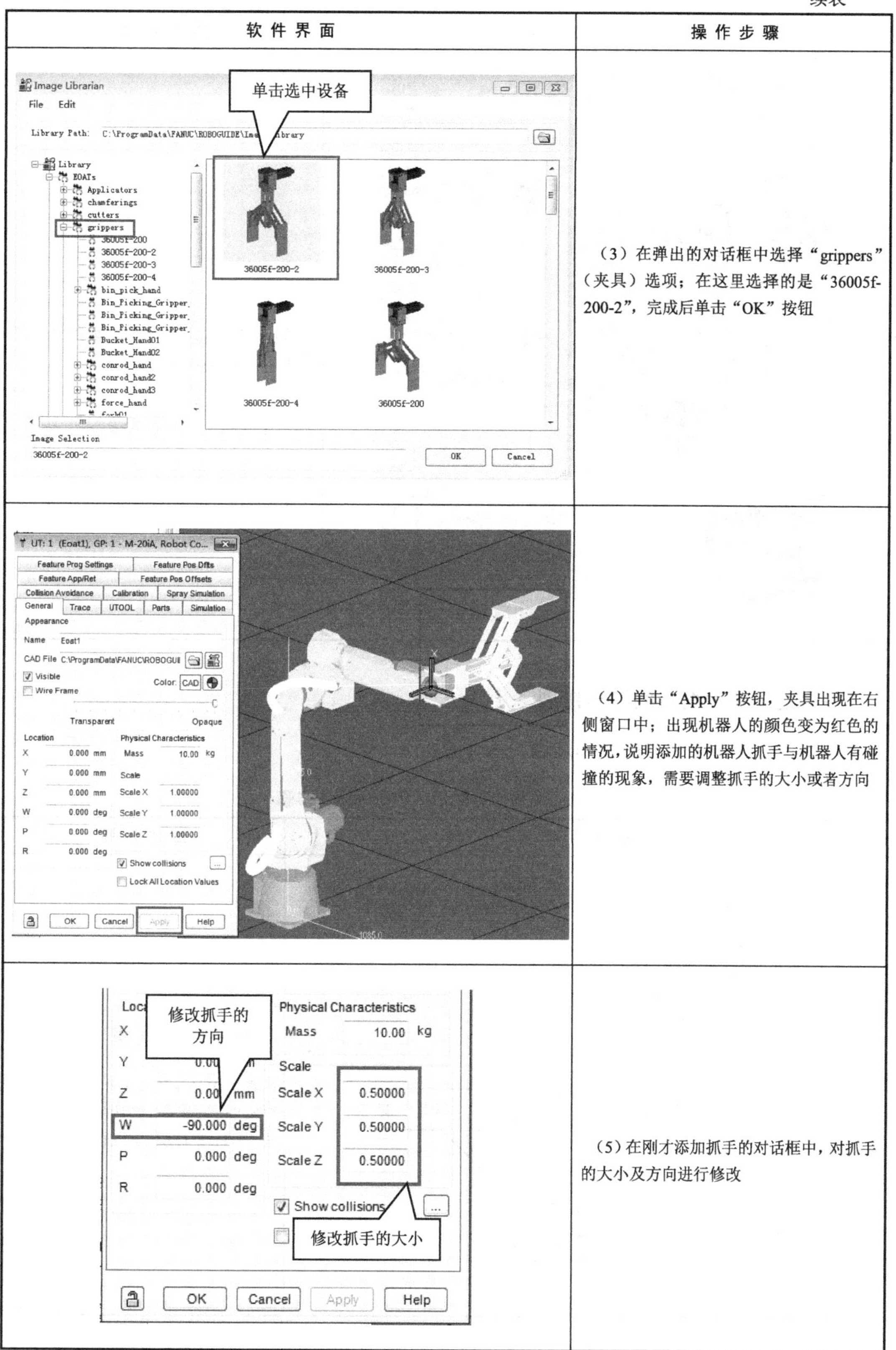

软 件 界 面	操 作 步 骤
	（3）在弹出的对话框中选择“grippers”（夹具）选项；在这里选择的是“36005f-200-2”，完成后单击“OK”按钮
	（4）单击“Apply”按钮，夹具出现在右侧窗口中；出现机器人的颜色变为红色的情况，说明添加的机器人抓手与机器人有碰撞的现象，需要调整抓手的大小或者方向
	（5）在刚才添加抓手的对话框中，对抓手的大小及方向进行修改

续表

软件界面	操作步骤
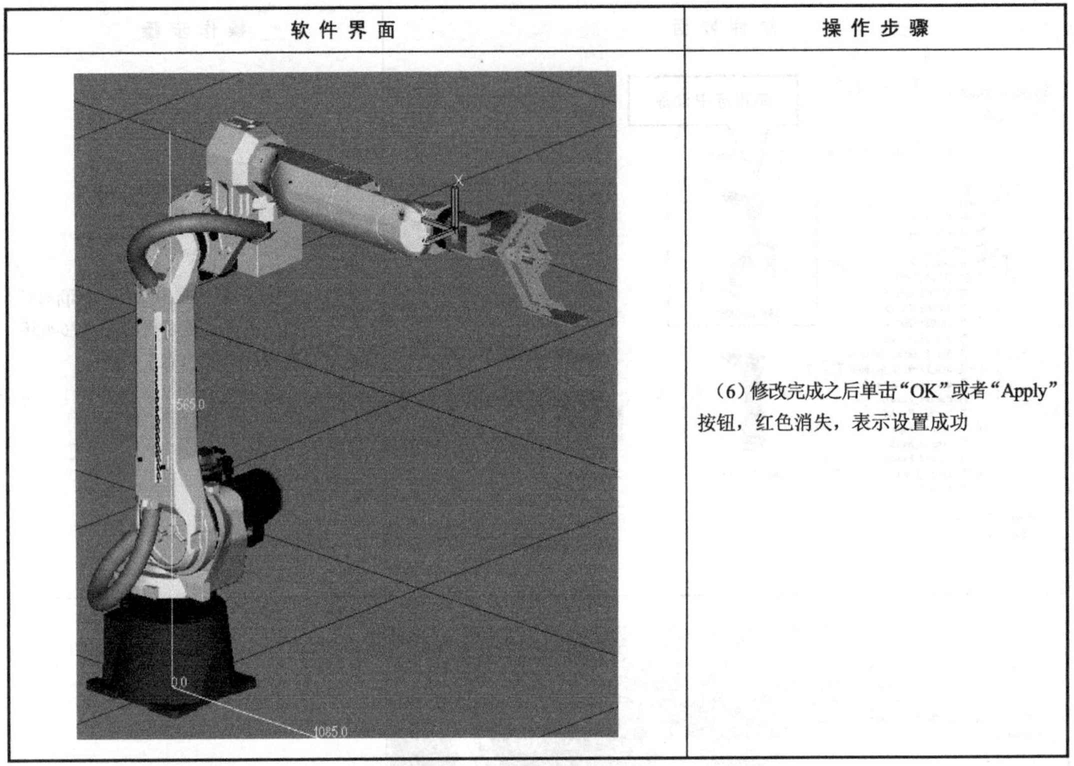	（6）修改完成之后单击“OK”或者“Apply”按钮，红色消失，表示设置成功

任务二：添加自备的抓手模型

添加自备的抓手模型的操作步骤见表 1-6。

表 1-6　添加自备的抓手模型的操作步骤

软件界面	操作步骤
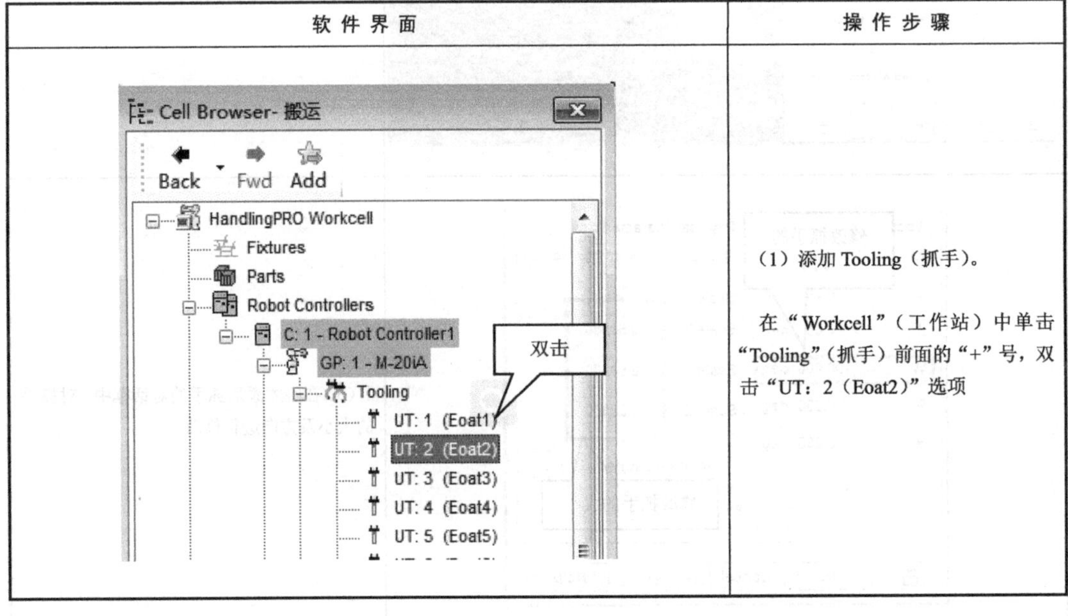	（1）添加 Tooling（抓手）。 在“Workcell”（工作站）中单击“Tooling”（抓手）前面的“+”号，双击“UT：2（Eoat2）”选项

续表

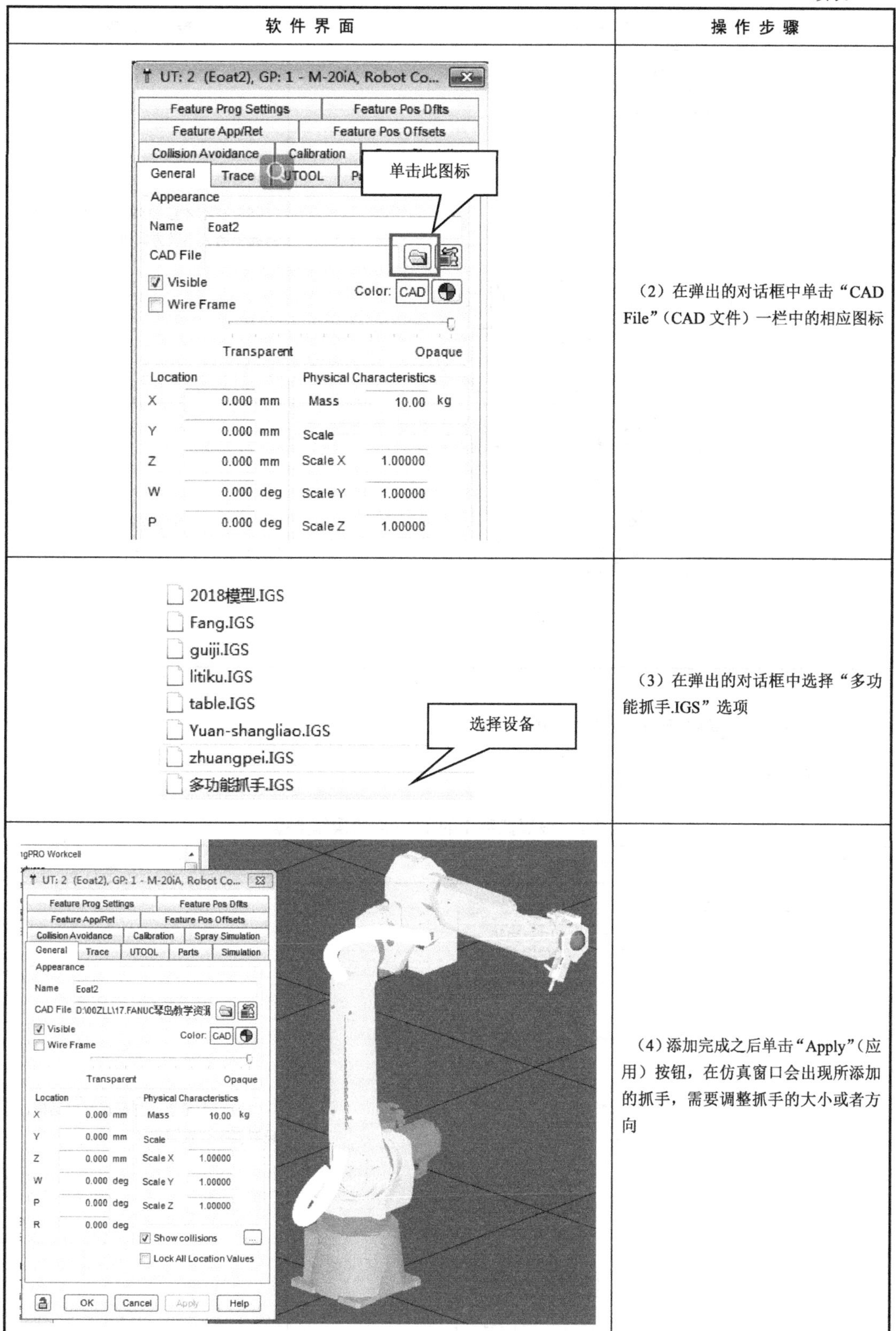

软件界面	操作步骤
	（2）在弹出的对话框中单击“CAD File”（CAD 文件）一栏中的相应图标
	（3）在弹出的对话框中选择“多功能抓手.IGS”选项
	（4）添加完成之后单击“Apply”（应用）按钮，在仿真窗口会出现所添加的抓手，需要调整抓手的大小或者方向

续表

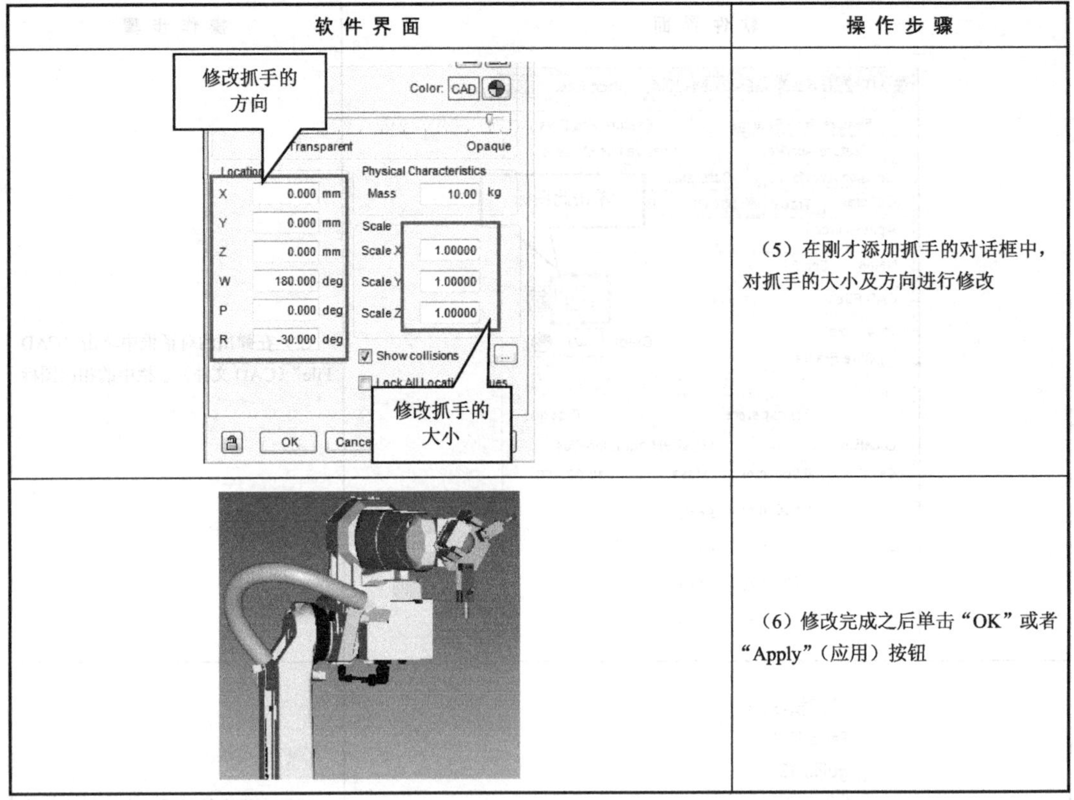

软 件 界 面	操 作 步 骤
（见上图）	（5）在刚才添加抓手的对话框中，对抓手的大小及方向进行修改
（见上图）	（6）修改完成之后单击“OK”或者“Apply”（应用）按钮

任务三：设置抓手 1 的 TCP 点

设置抓手 1 的 TCP 点的操作步骤见表 1-7。

表 1-7　设置抓手 1 的 TCP 点的操作步骤

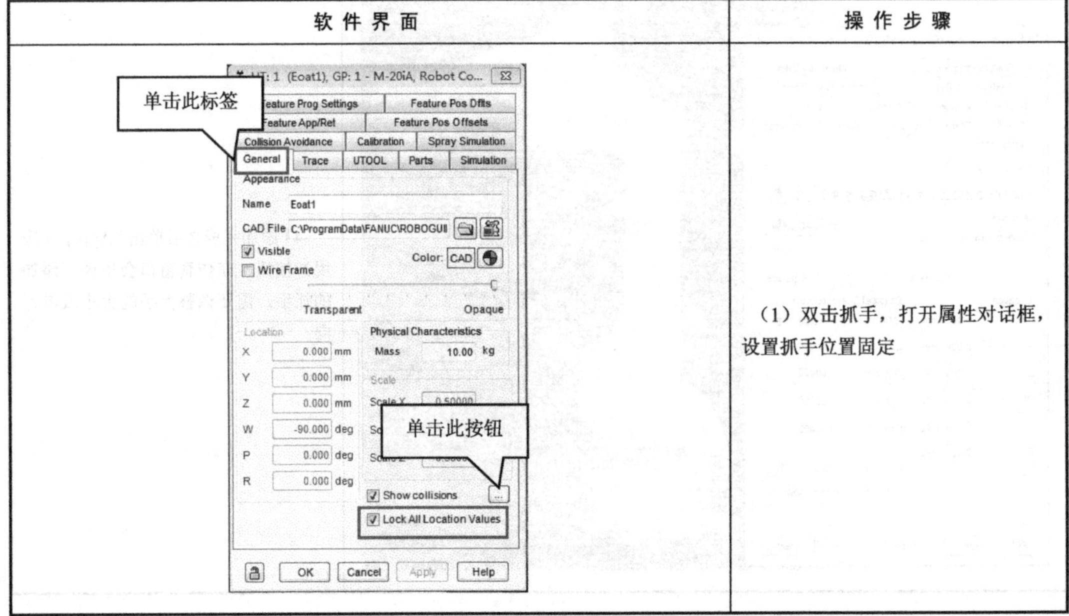

软 件 界 面	操 作 步 骤
（见上图）	（1）双击抓手，打开属性对话框，设置抓手位置固定

续表

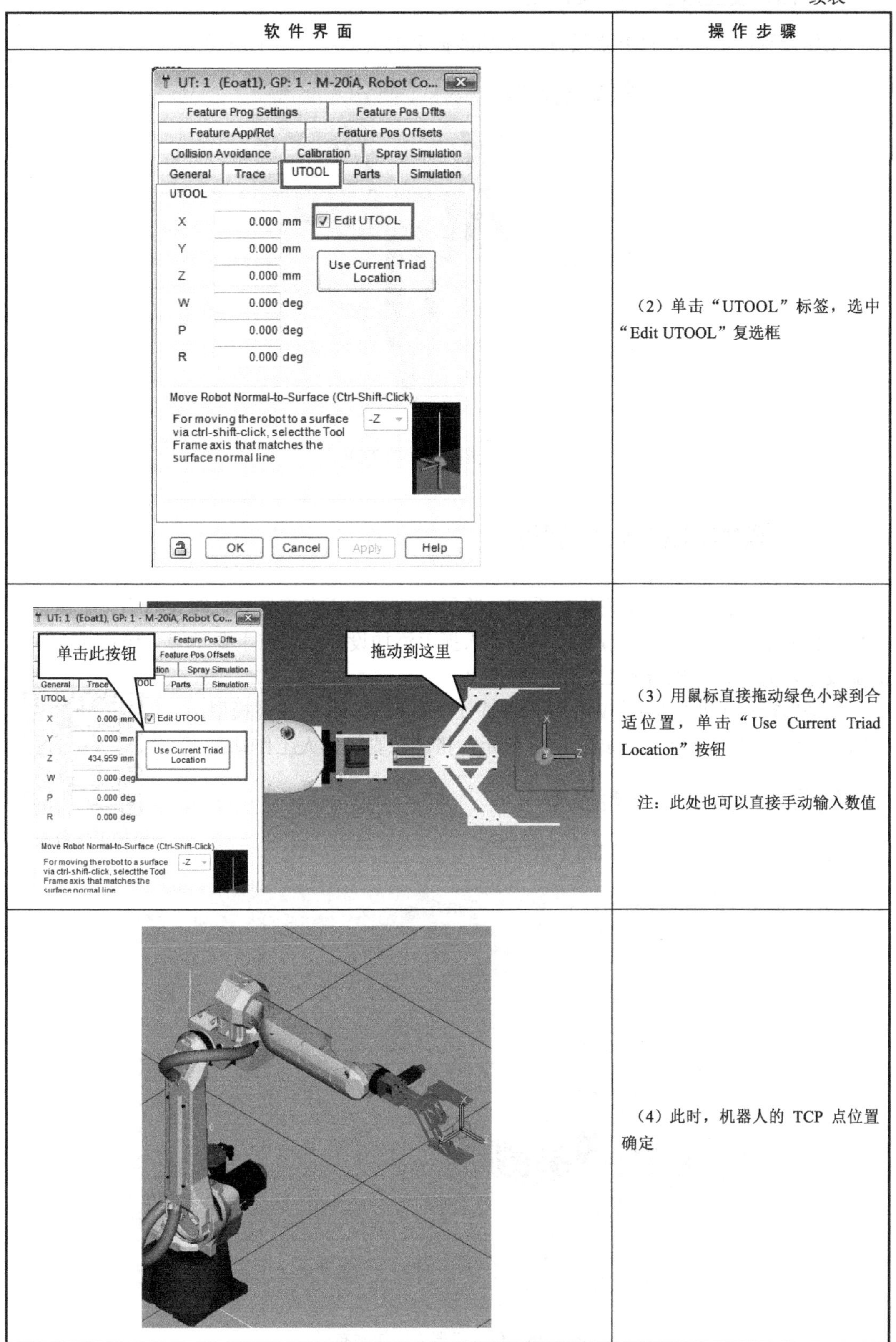

软 件 界 面	操 作 步 骤
	（2）单击“UTOOL”标签，选中“Edit UTOOL”复选框
	（3）用鼠标直接拖动绿色小球到合适位置，单击“Use Current Triad Location”按钮 注：此处也可以直接手动输入数值
	（4）此时，机器人的 TCP 点位置确定

任务四：设置抓手 2 的 TCP 点

操作步骤同上，将 TCP 点设置到多功能抓手的尖端，如图 1-25 所示。

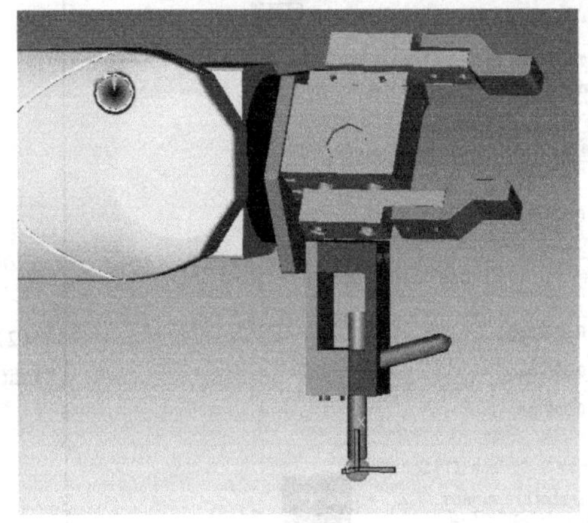

图 1-25　设置抓手 2 的 TCP 点

1.7　搭建机器人工作站

机器人工作站是一种集成化的系统，除了机器人外还应该具备机器人抓手、工作台、工件、控制器等部件，上一节学习了机器人抓手添加设置，本节主要学习工作台和工件的添加设置，完整仿真机器人工作站的搭建。

任务目标： 在机器人工作站中导入 2 个工作台模型和 4 个工件模型，并将工件添加到工作台上，如图 1-26 所示，搭建仿真机器人工作站。

添加工作台模型

1.7.1　添加工作台模型

仿真机器人工作站布局如图 1-26 所示。

图 1-26　仿真机器人工作站布局

任务一：添加软件自带的工作台模型

添加软件自带的工作台模型的操作步骤见表 1-8。

表 1-8　添加软件自带的工作台模型的操作步骤

软 件 界 面	操 作 步 骤
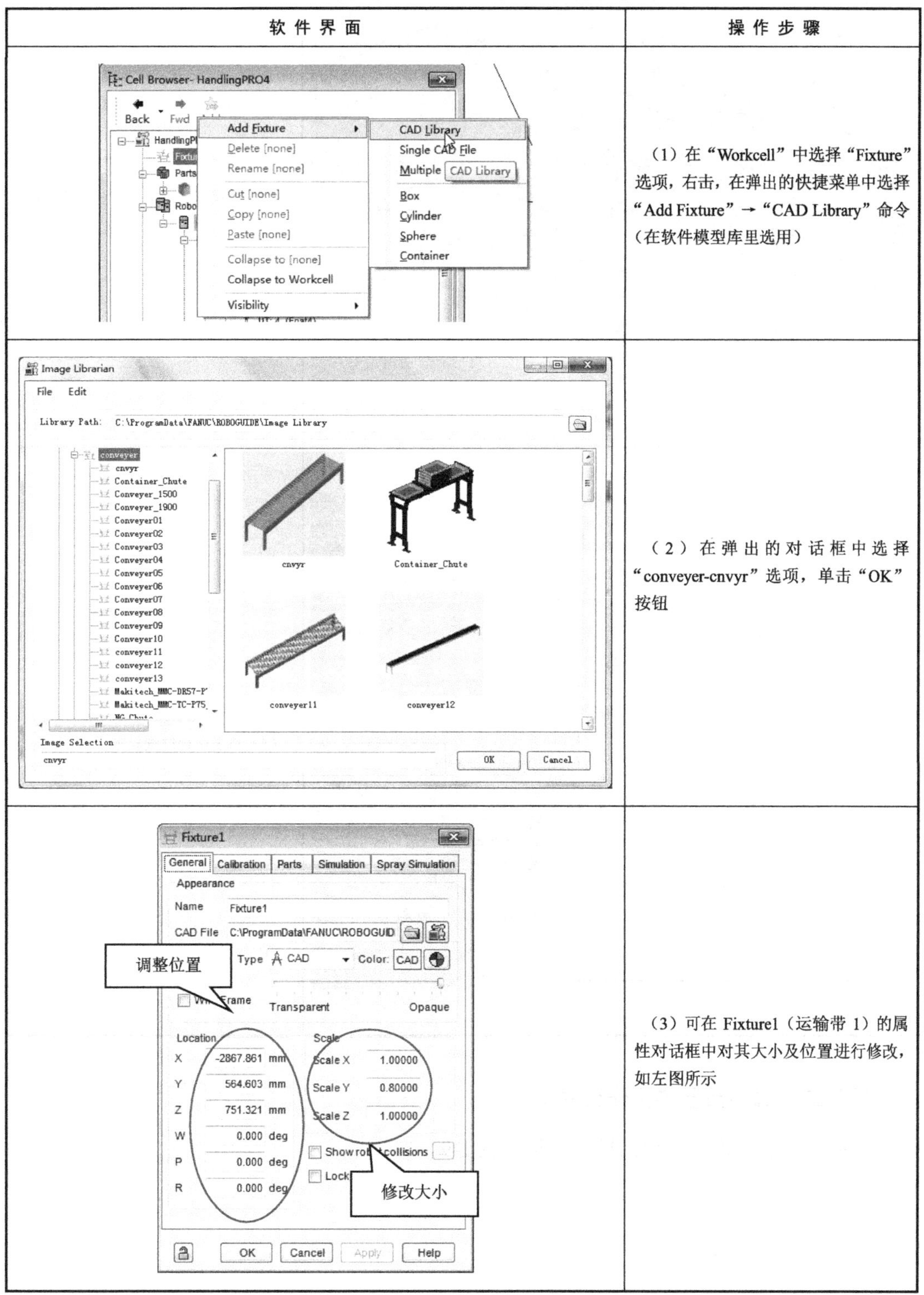	（1）在“Workcell”中选择“Fixture”选项，右击，在弹出的快捷菜单中选择“Add Fixture”→“CAD Library”命令（在软件模型库里选用）
	（2）在弹出的对话框中选择“conveyer-cnvyr”选项，单击“OK”按钮
	（3）可在 Fixture1（运输带 1）的属性对话框中对其大小及位置进行修改，如左图所示

续表

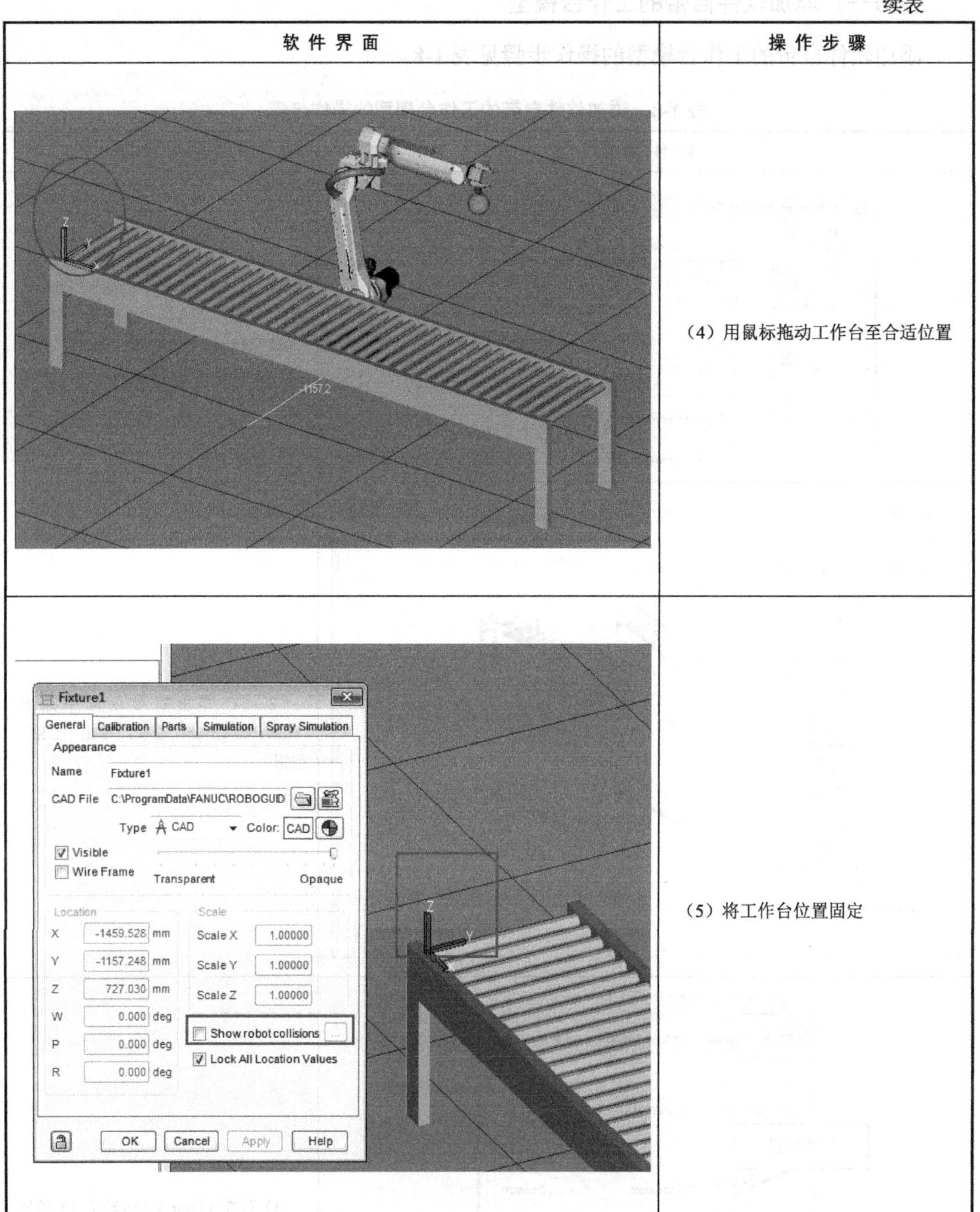

软 件 界 面	操 作 步 骤
	（4）用鼠标拖动工作台至合适位置
	（5）将工作台位置固定

任务二：添加自己的工作台模型

添加自己的工作台模型的操作步骤见表 1-9。

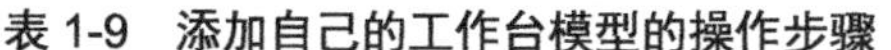

表 1-9　添加自己的工作台模型的操作步骤

软 件 界 面	操 作 步 骤
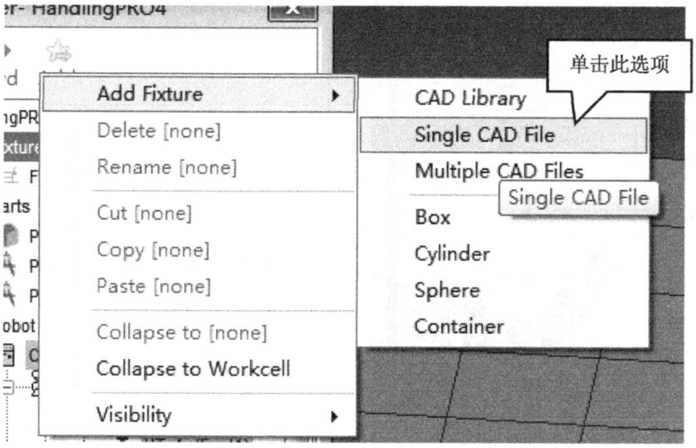	（1）添加一个 Fixture2（运输带 2），这里添加自己的模型
	（2）双击“实训桌.IGS”，添加此模型
	（3）模型（桌子）出现在仿真窗口中，须调整其摆放的方向及位置

续表

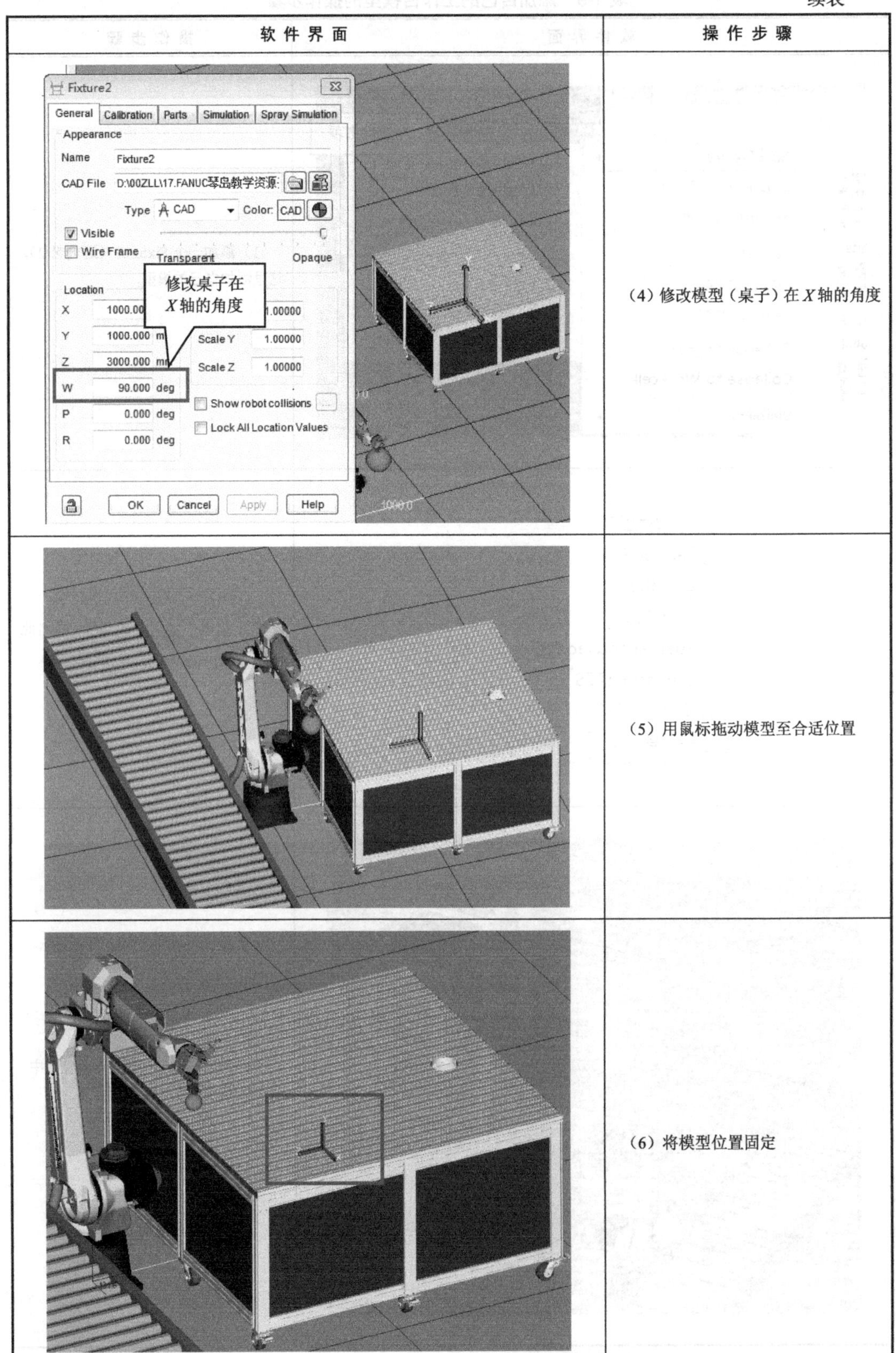

软 件 界 面	操 作 步 骤
	(4) 修改模型（桌子）在 *X* 轴的角度
	(5) 用鼠标拖动模型至合适位置
	(6) 将模型位置固定

1.7.2　添加工件模型

添加软件自带的工件模型 Box 和圆柱体

任务一：添加软件自带的工件模型 Box

添加软件自带的工件模型 Box 的操作步骤见表 1-10。

表 1-10　添加软件自带的工件模型 Box 的操作步骤

软 件 界 面	操 作 步 骤
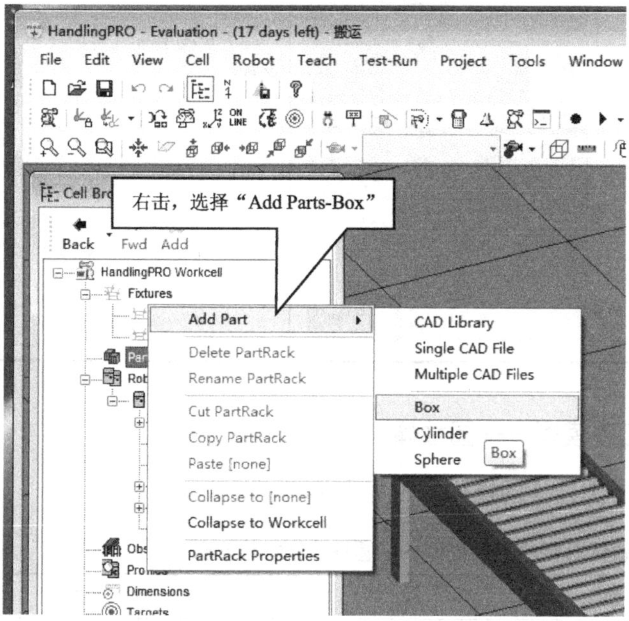	（1）添加 Part（工件）。 方法：在“Cell Browser”（用户库）中右击“Parts”（工件组），在弹出的快捷菜单中选择“Add Parts”（添加工件）→“Box”（方块）命令
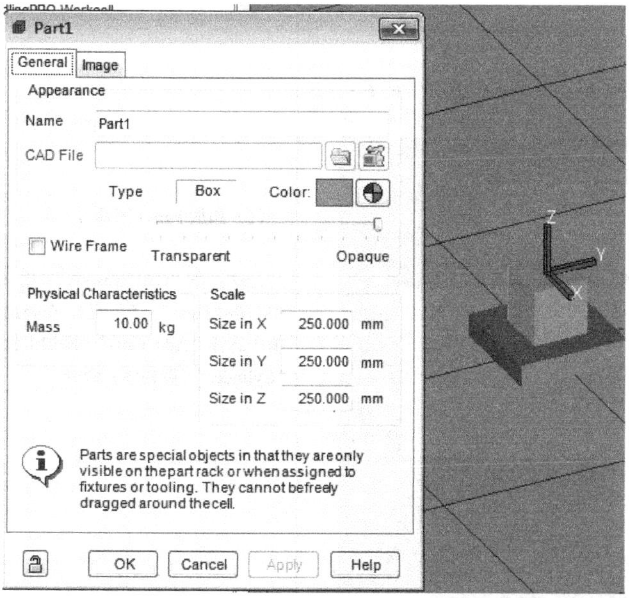	（2）添加完成后，会出现如左图所示的对话框，Box 工件出现在仿真窗口中

续表

软 件 界 面	操 作 步 骤
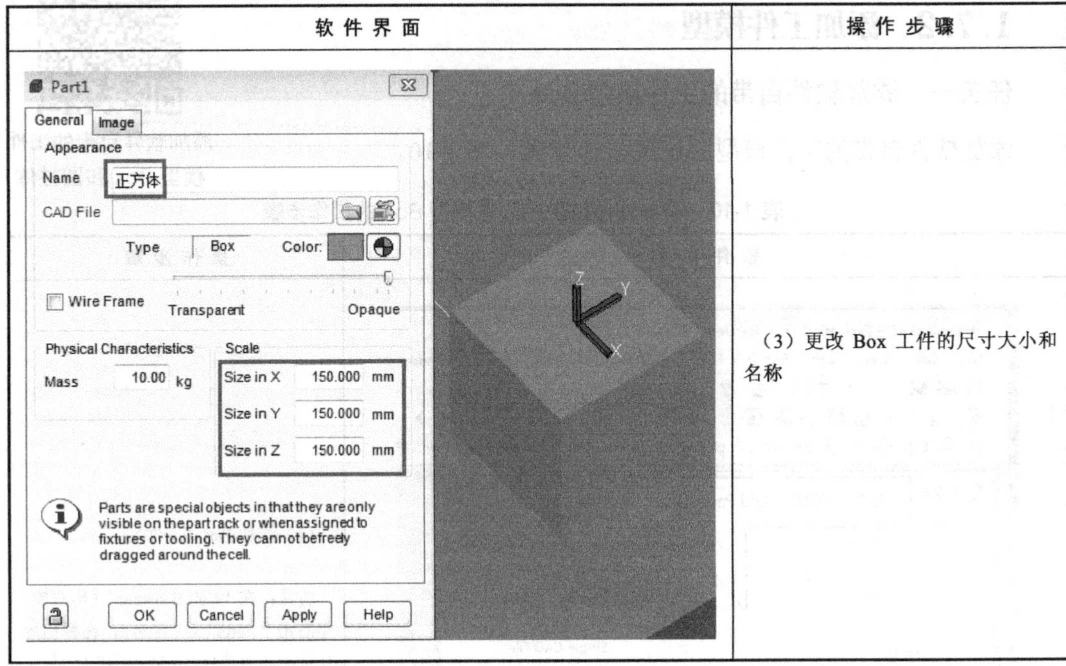	（3）更改 Box 工件的尺寸大小和名称

任务二：添加软件自带的工件模型——圆柱体

添加软件自带的工件模型——圆柱体的操作步骤见表 1-11。

表 1-11　添加软件自带的工件模型——圆柱体的操作步骤

软 件 界 面	操 作 步 骤
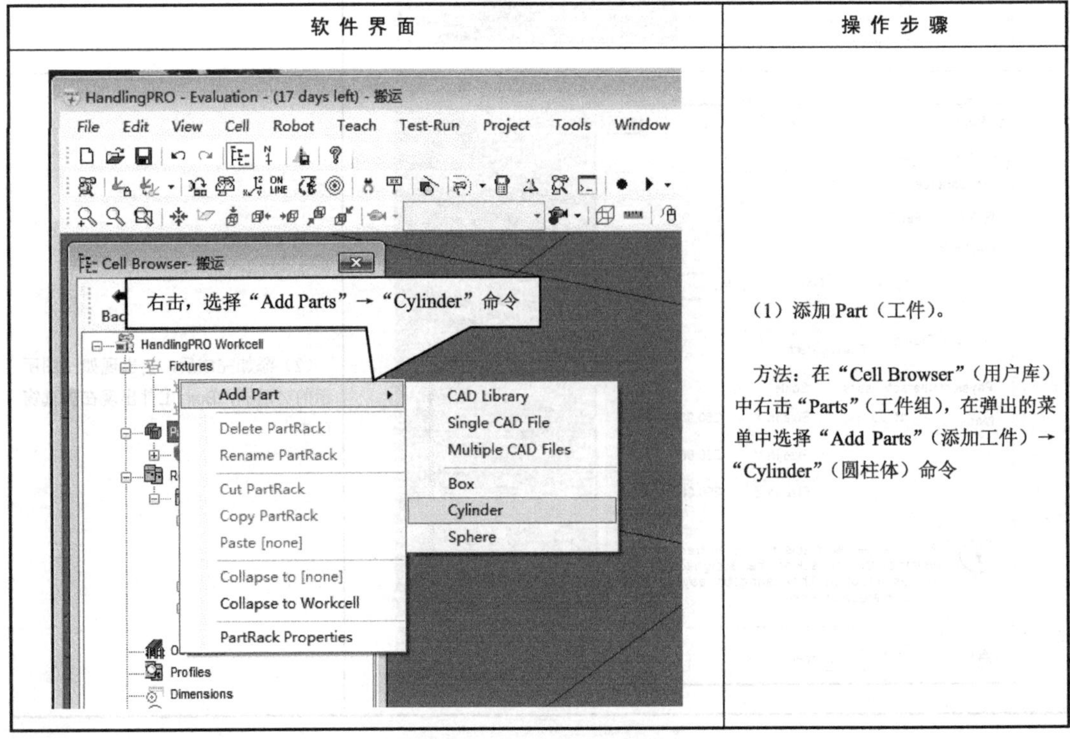	（1）添加 Part（工件）。 方法：在“Cell Browser”（用户库）中右击“Parts”（工件组），在弹出的菜单中选择“Add Parts”（添加工件）→“Cylinder”（圆柱体）命令

续表

软 件 界 面	操 作 步 骤
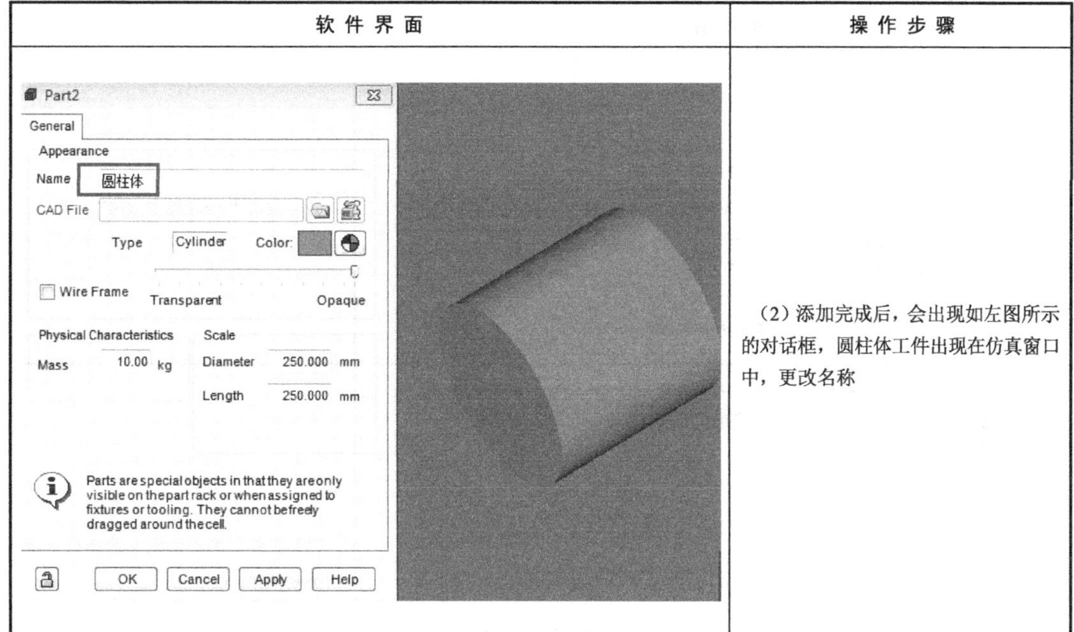	（2）添加完成后，会出现如左图所示的对话框，圆柱体工件出现在仿真窗口中，更改名称

任务三：添加自备的工件模型——2098

添加自备的工件模型——2098 的操作步骤见表 1-12。

添加自备的工件模型
“2098” 和 “轨迹模型”

表 1-12　添加自备的工件模型——2098 的操作步骤

软 件 界 面	操 作 步 骤
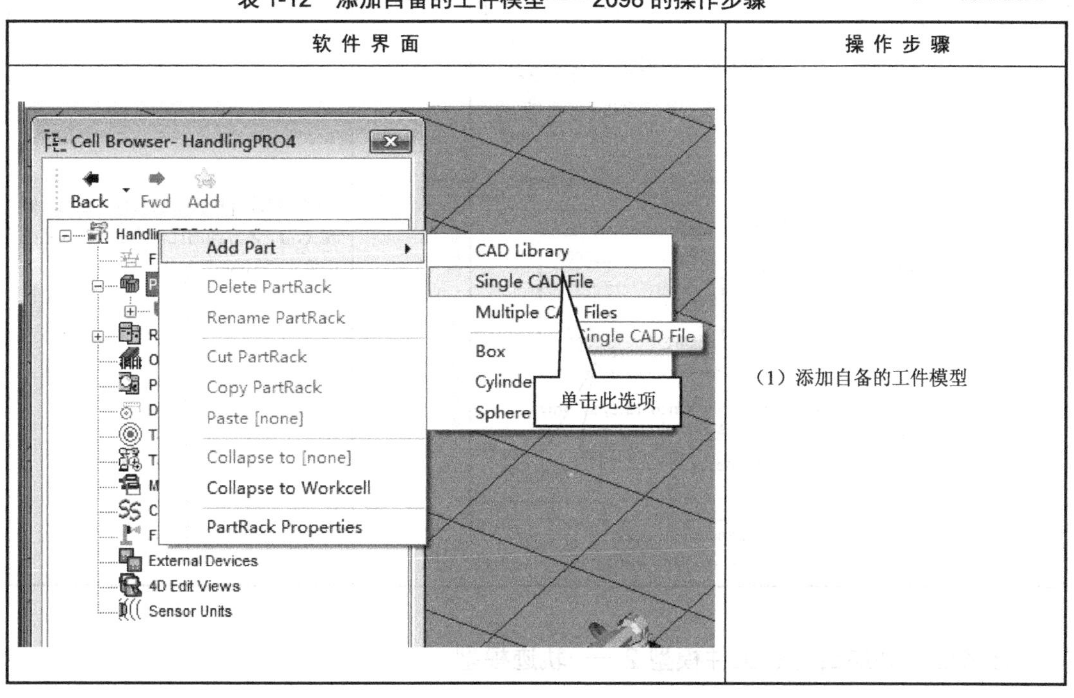	（1）添加自备的工件模型

续表

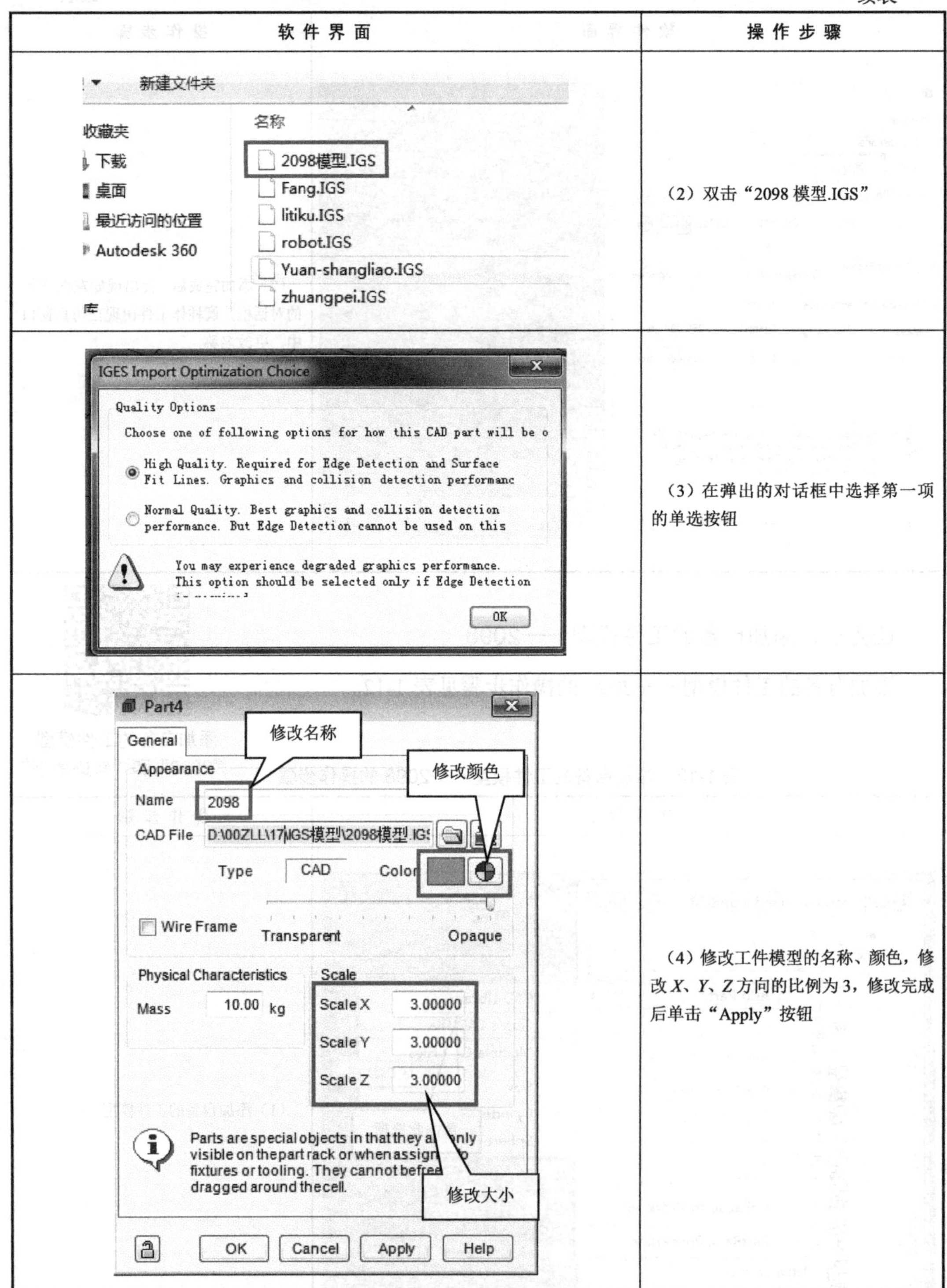

软件界面	操作步骤
	（2）双击“2098 模型.IGS”
	（3）在弹出的对话框中选择第一项的单选按钮
	（4）修改工件模型的名称、颜色，修改 *X*、*Y*、*Z* 方向的比例为 3，修改完成后单击“Apply”按钮

任务四：添加自备的工件模型 2——轨迹模型

添加自备的工件模型 2——轨迹模型的操作步骤见表 1-13。

表 1-13 添加自备的工件模型 2——轨迹模型的操作步骤

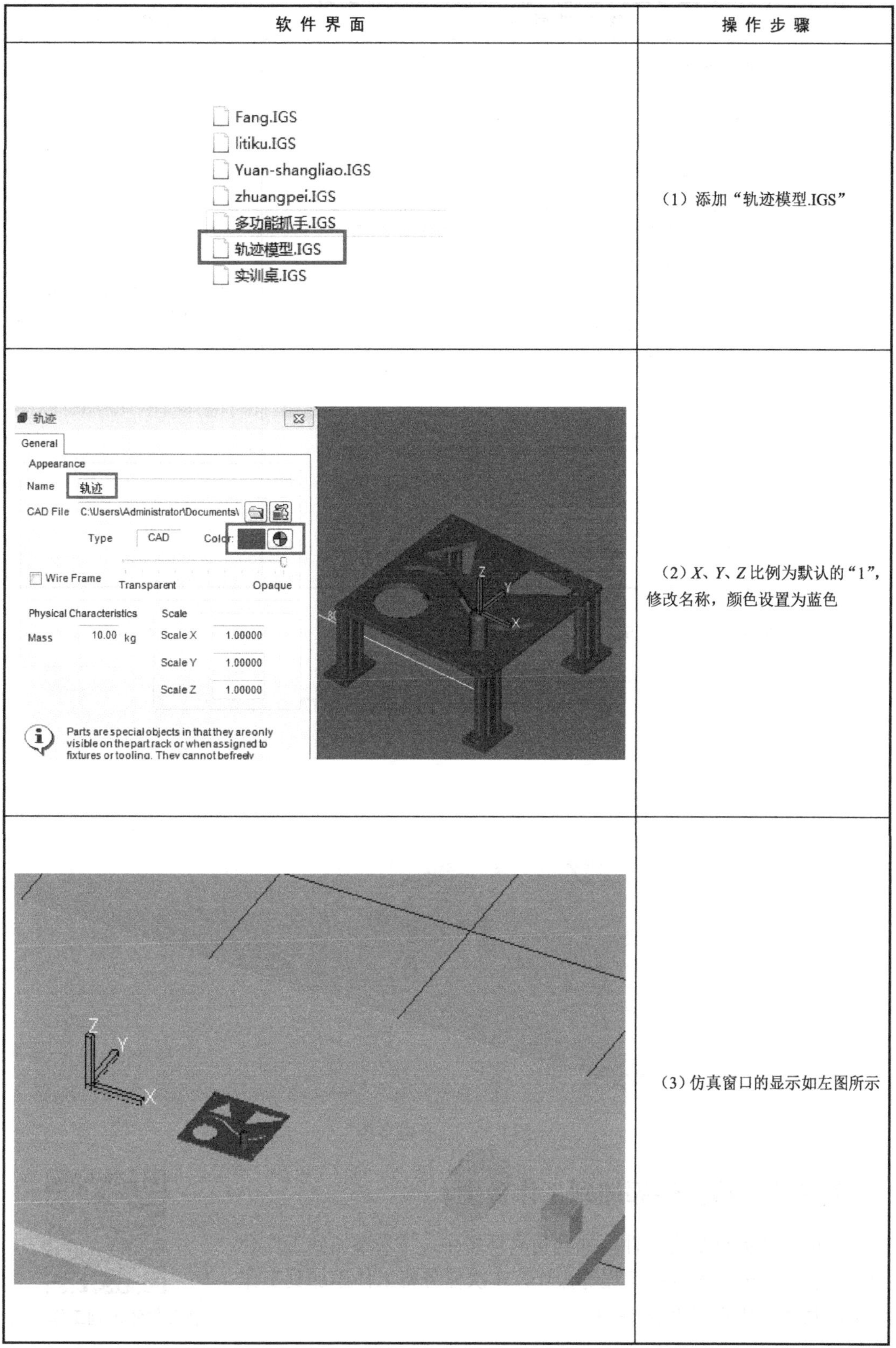

软 件 界 面	操 作 步 骤
	（1）添加"轨迹模型.IGS"
	（2）X、Y、Z 比例为默认的"1"，修改名称，颜色设置为蓝色
	（3）仿真窗口的显示如左图所示

续表

软 件 界 面	操 作 步 骤
PartRack General General Name PartRack Visible Location X 0.000 mm Y 5000.000 mm Z 100.000 mm W 0.000 deg P 0.000 deg R 0.000 deg Part Offset Z 200.00 mm The part rack is a special object that allows you to view parts before assigning them. It will be hidden automatically when the cell is running. OK Cancel Apply Help	（4）双击工件放置区空白处，修改 Part Offset 为“200.00”，单击“Apply”按钮

工件准备图如图 1-27 所示。

图 1-27　工件准备图

1.7.3　将工件添加到工作台上

将工件添加到工作台上

之前的任务只是将工件添加到仿真环境中，并未添加到工作台上，无法使用机器人进行编程等操作，本次任务将工件添加到工作台上，具体操作步骤见表 1-14。

表 1-14　将工件添加到工作台上的操作步骤

软 件 界 面	操 作 步 骤
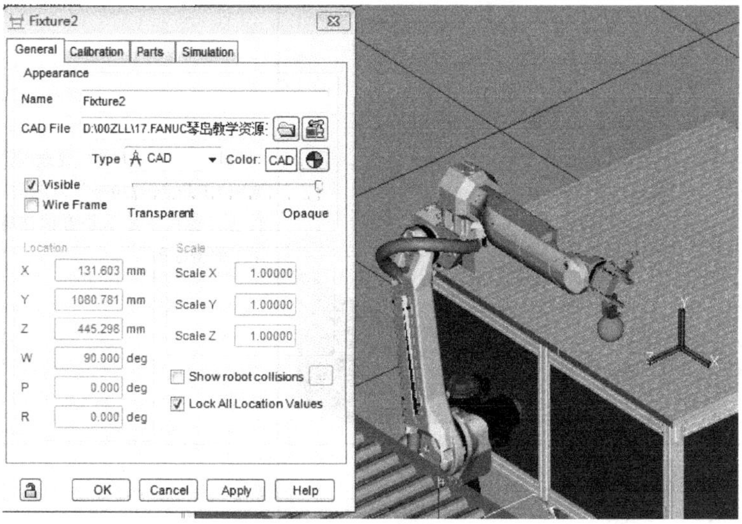	（1）双击方形桌，弹出其属性对话框
	（2）单击“Parts”标签，在弹出的对话框中选中“正方体”“圆柱体”“轨迹”“2098”复选框，单击“Apply”按钮，此时4个工件与工作台关联

续表

软 件 界 面	操 作 步 骤
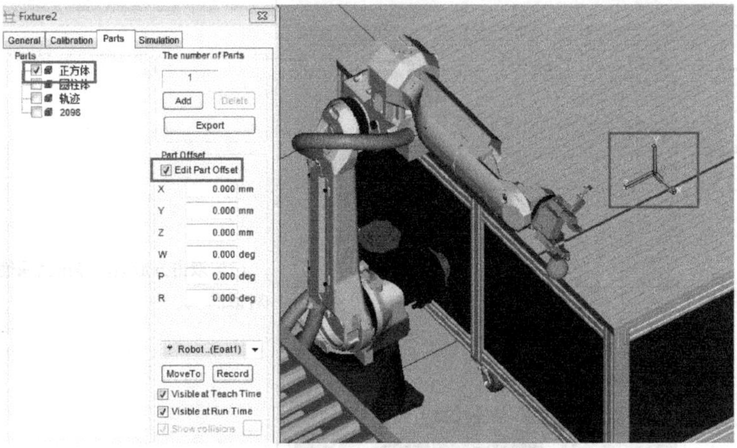	（3）选中“正方体”复选框，选中“Edit Part Offest”复选框，在仿真窗口中显示正方体在桌子上的坐标系
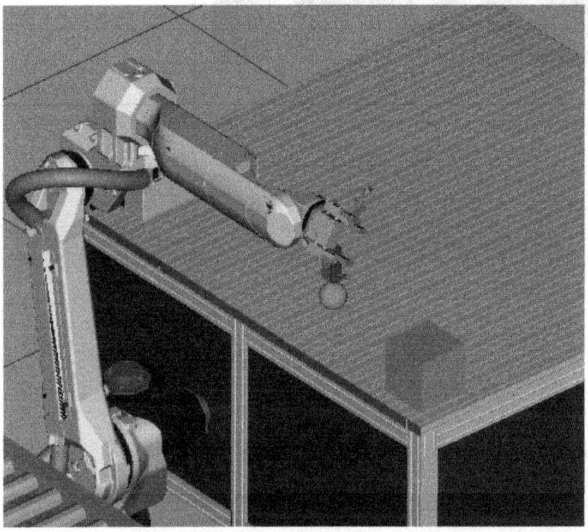	（4）用鼠标拖动调整正方体在 Fixture1 上的位置，完成后单击“Apply”按钮
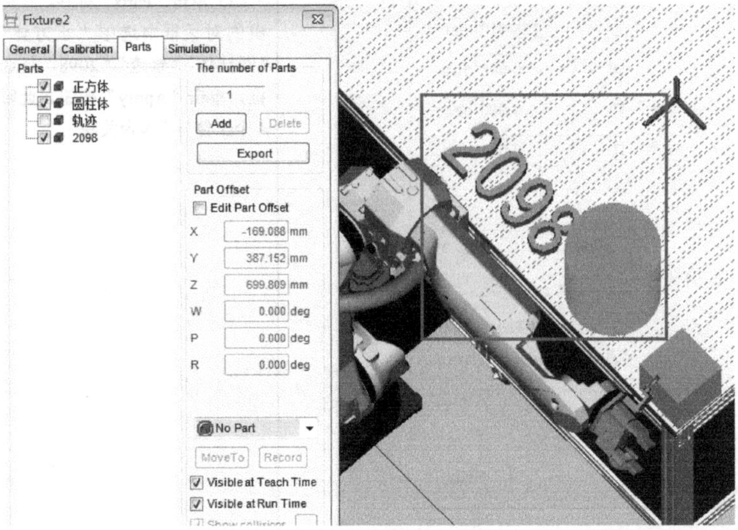	（5）采用同样的方法，调整圆柱工件——圆柱体和 2098 模型在工作台上的位置

续表

软件界面	操作步骤
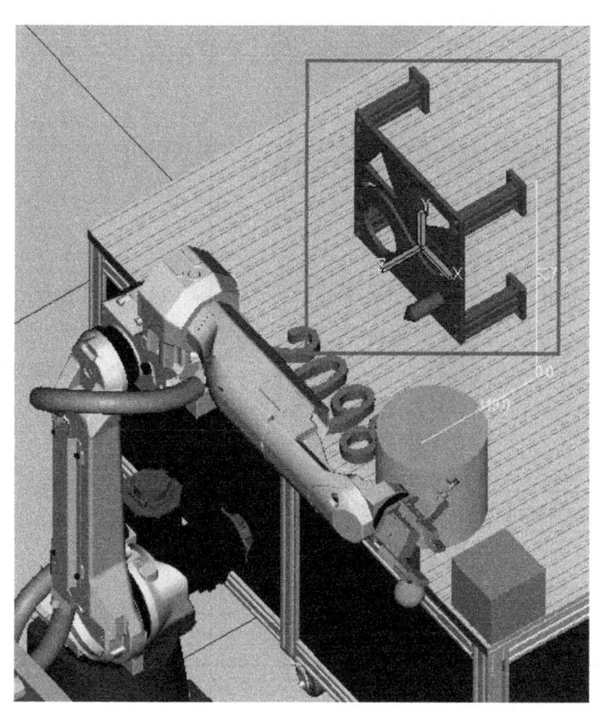	（6）添加“轨迹”模型。如左图所示，不仅须调整模型在工作台上的位置，还须调整模型的方向
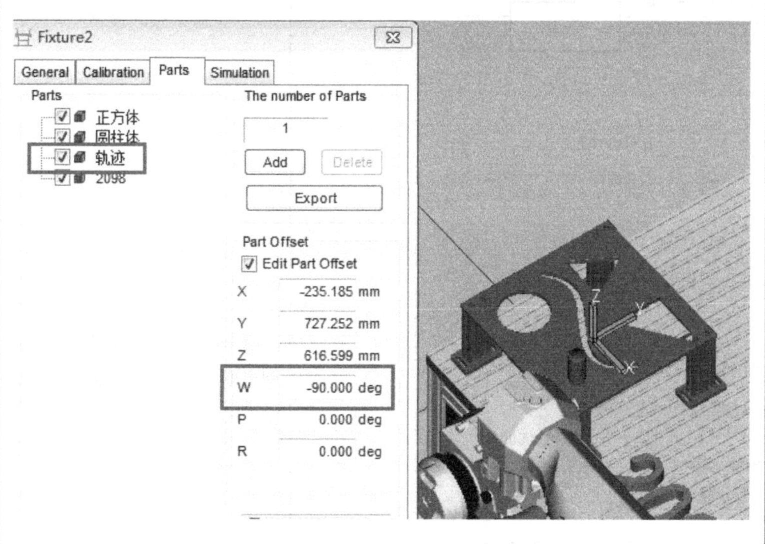	（7）根据右手法则，更改 W 为“−90”，单击“Apply”按钮，模型如左图所示

1.7.4　使用标尺确定模型的位置

使用标尺确定模型位置

之前添加的工件、工作台等模型是通过目测来确定位置，如何设定模型的精确位置呢？本次任务是使用标尺来确定模型的位置，具体操作步骤见表 1-15。

表 1-15　使用标尺确定模型位置的操作步骤

软 件 界 面	操 作 步 骤
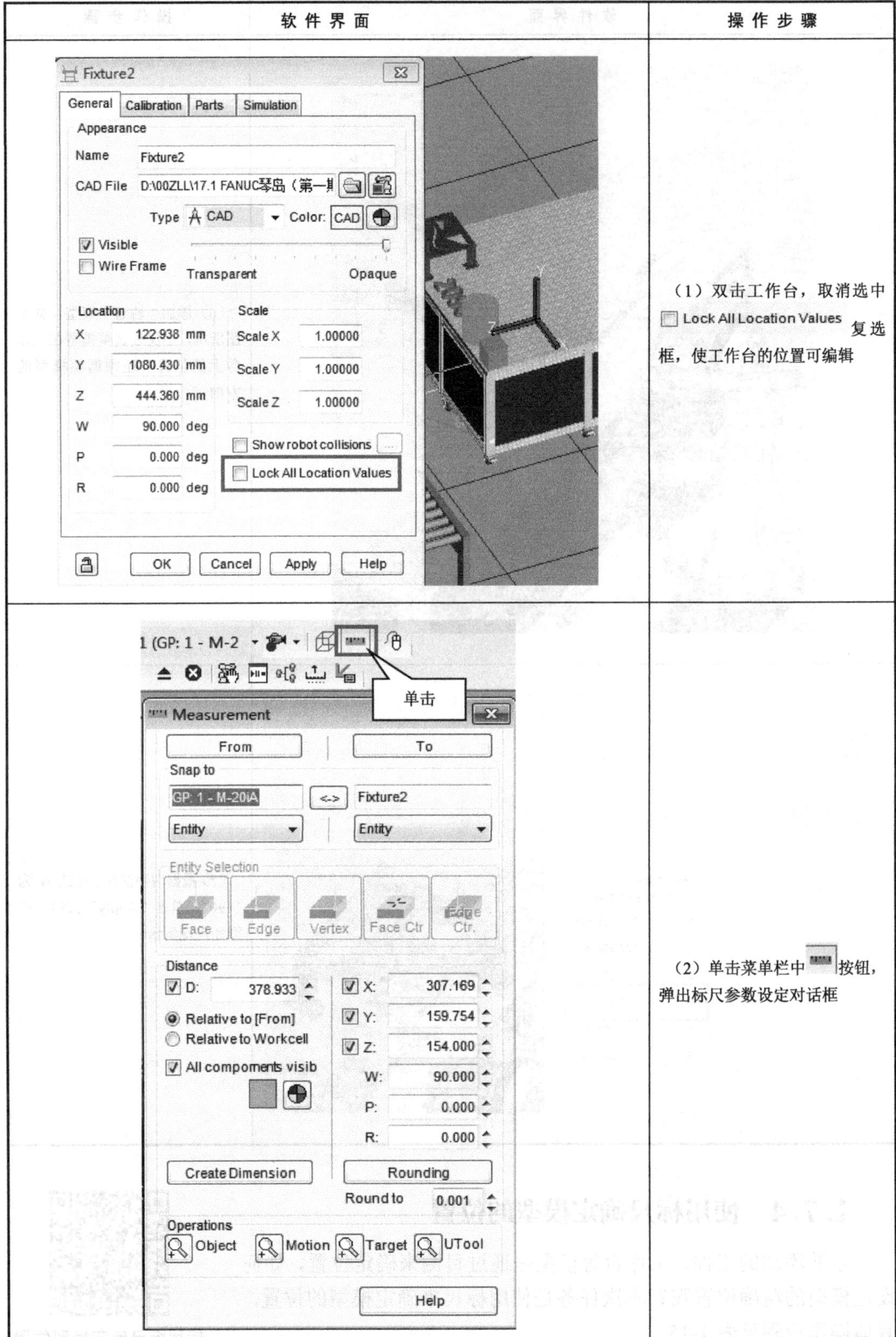	（1）双击工作台，取消选中 Lock All Location Values 复选框，使工作台的位置可编辑
	（2）单击菜单栏中按钮，弹出标尺参数设定对话框

续表

软 件 界 面	操 作 步 骤
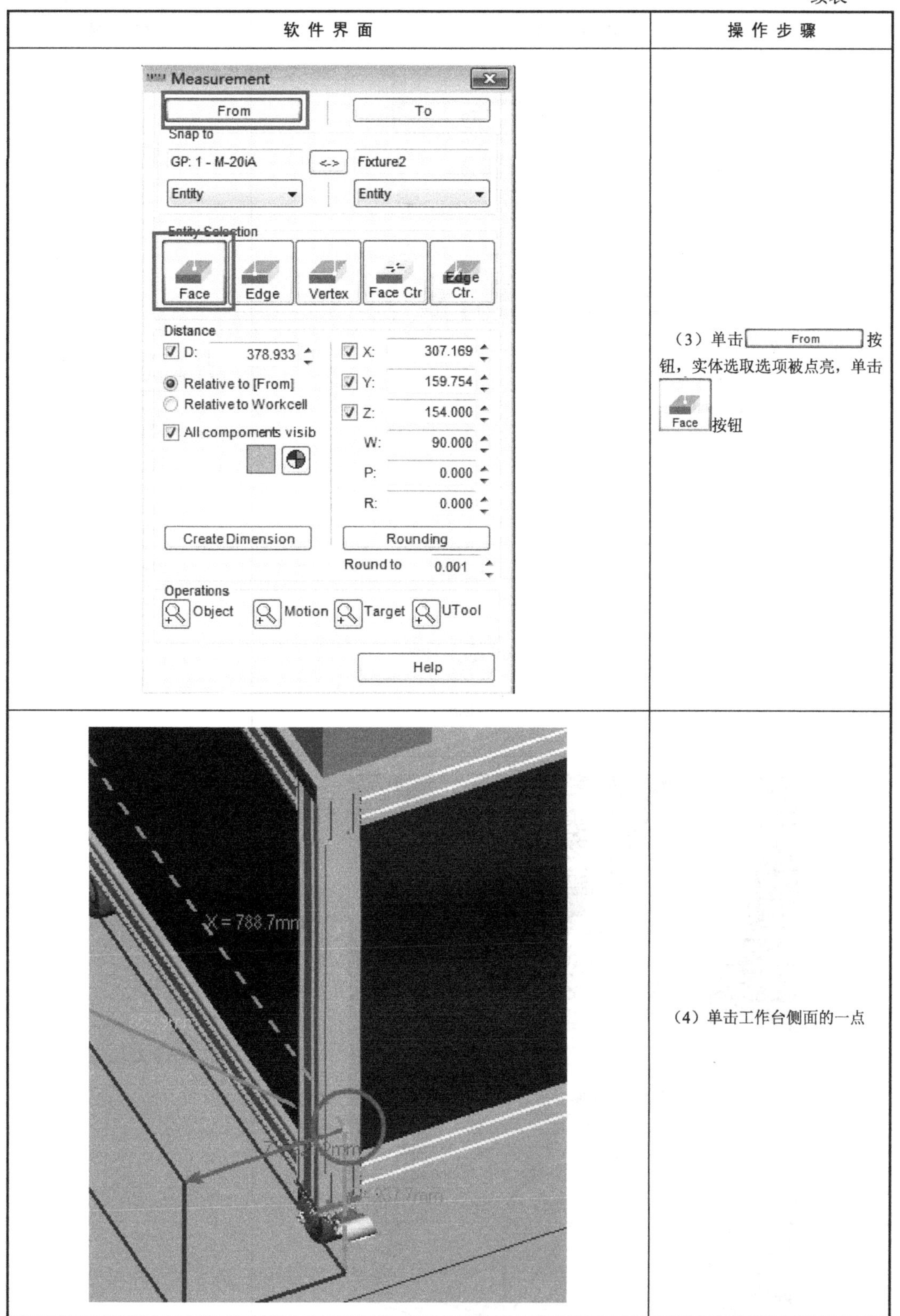	（3）单击 From 按钮，实体选取选项被点亮，单击 Face 按钮
	（4）单击工作台侧面的一点

续表

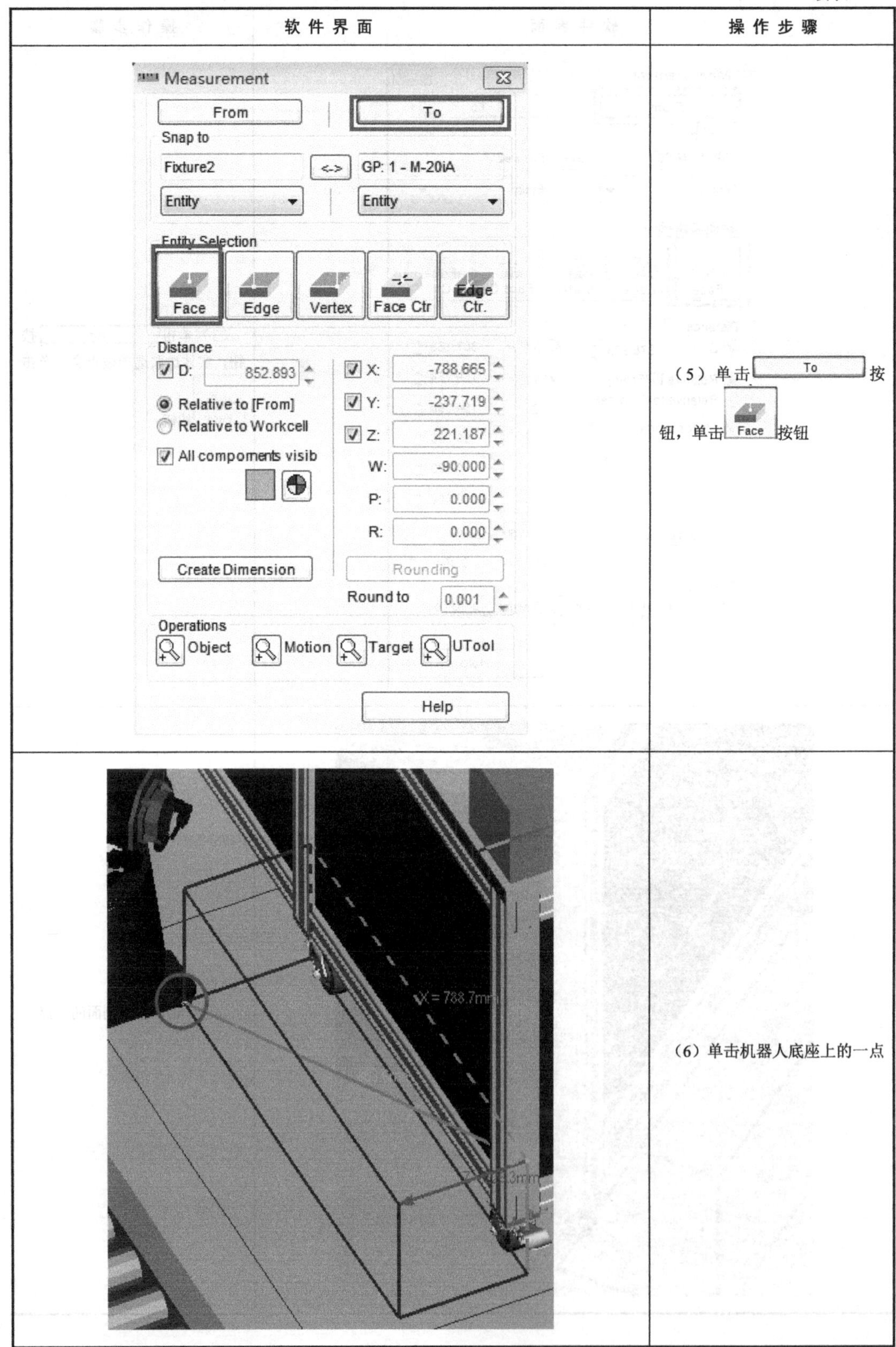

软件界面	操作步骤
	（5）单击 To 按钮，单击 Face 按钮
	（6）单击机器人底座上的一点

续表

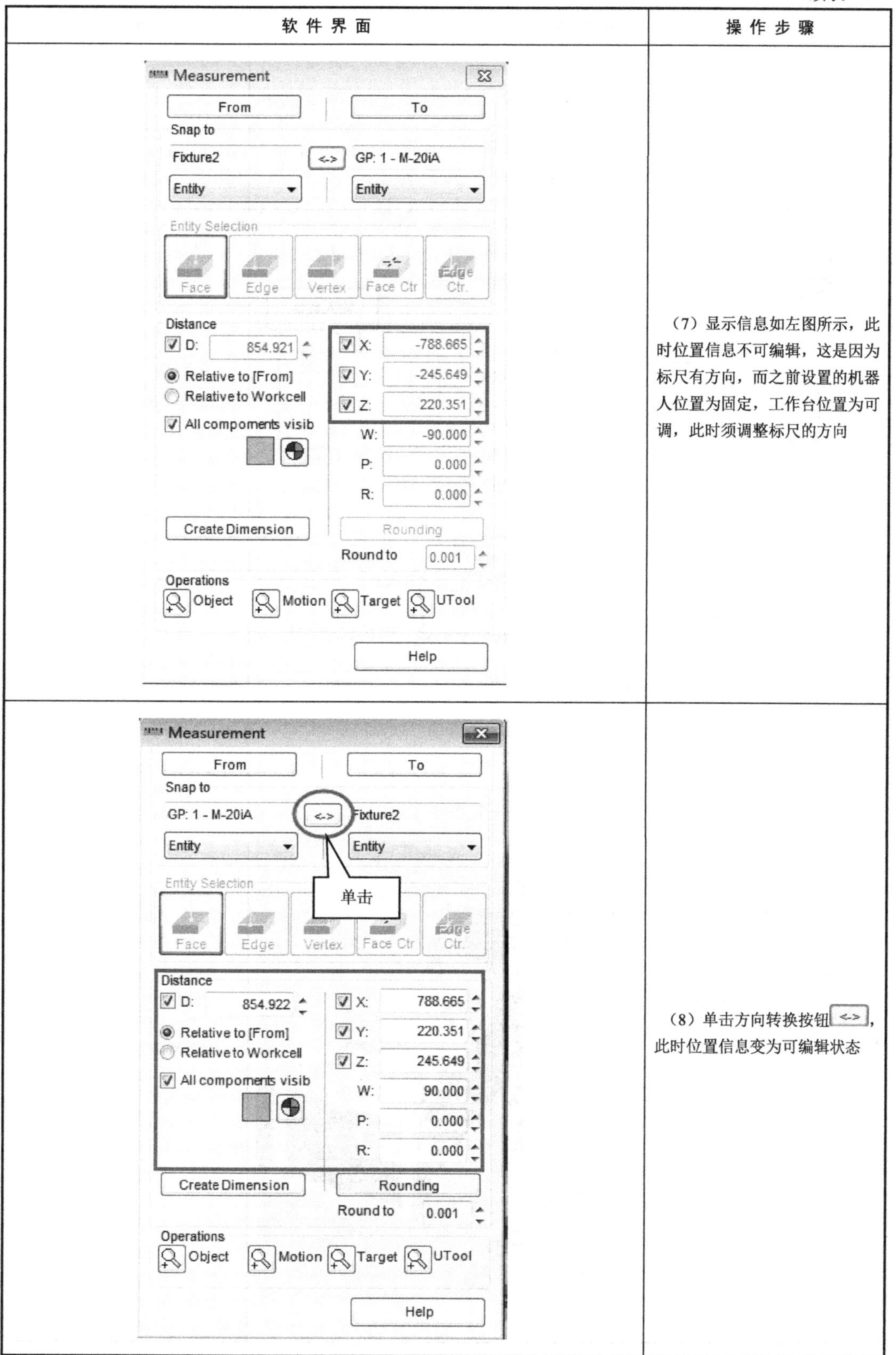

软 件 界 面	操 作 步 骤
	（7）显示信息如左图所示，此时位置信息不可编辑，这是因为标尺有方向，而之前设置的机器人位置为固定，工作台位置为可调，此时须调整标尺的方向
	（8）单击方向转换按钮 <->，此时位置信息变为可编辑状态

续表

软 件 界 面	操 作 步 骤
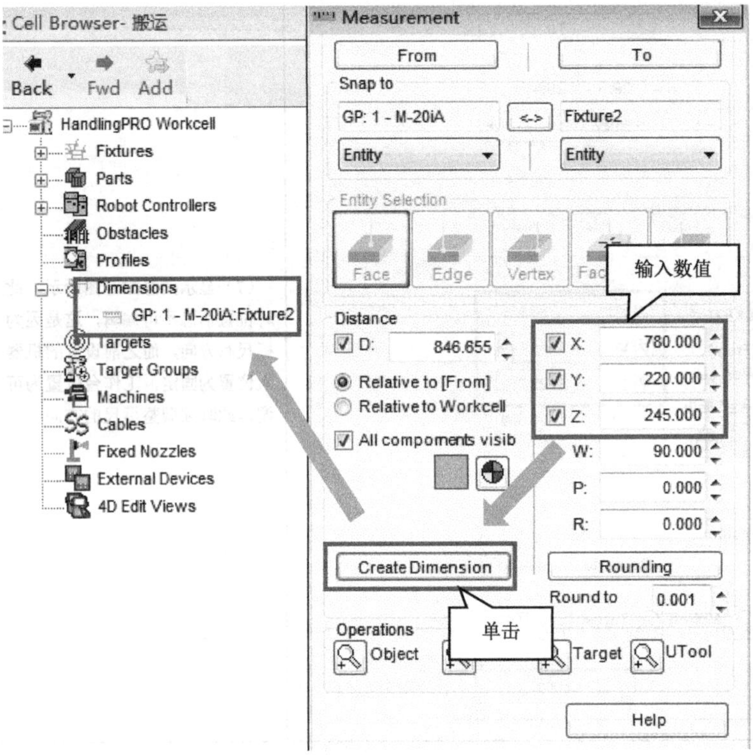	（9）输入数值，单击 Create Dimension 按钮，生成标尺信息
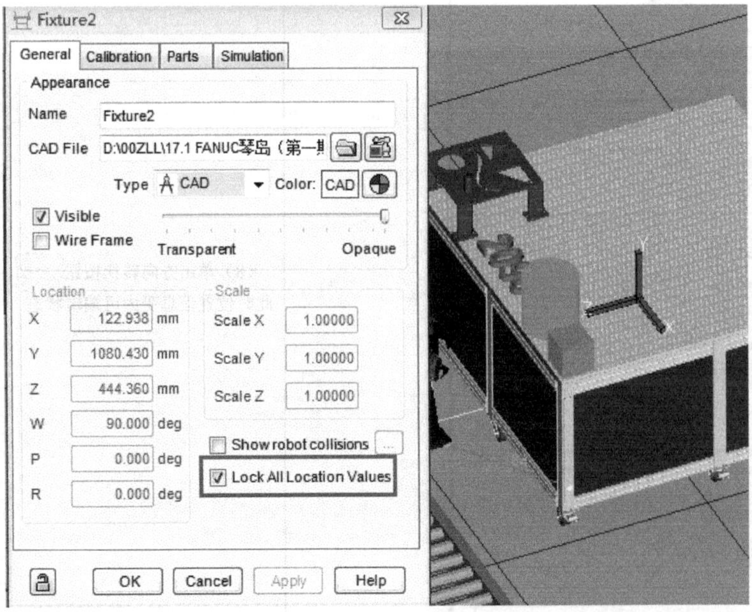	（10）双击工作台，锁定位置

续表

软 件 界 面	操 作 步 骤
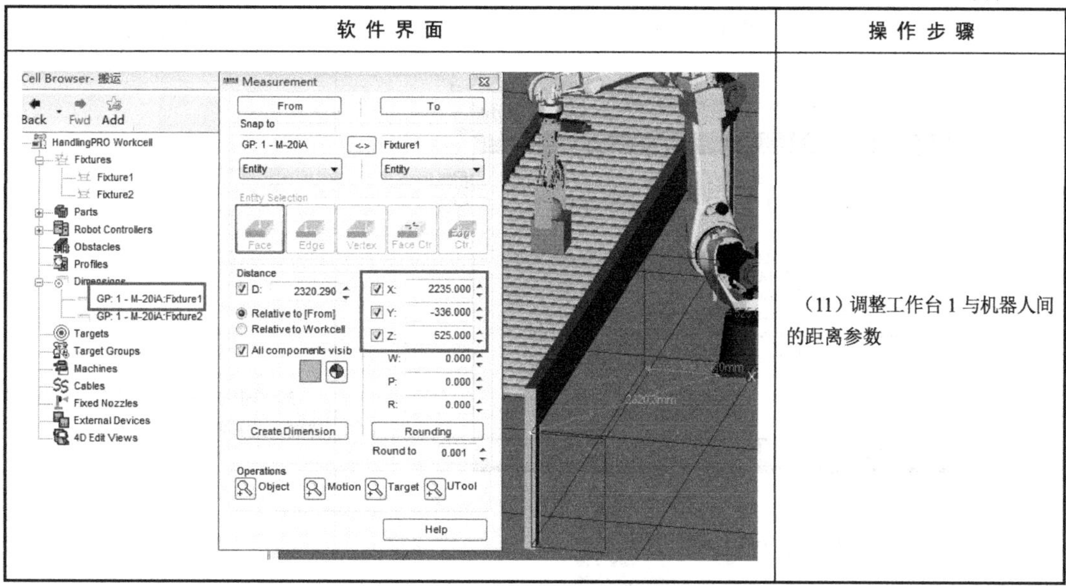	（11）调整工作台 1 与机器人间的距离参数

至此，仿真机器人工作站搭建完成，下面需要完成打开虚拟示教器的操作，见表 1-16。

表 1-16　打开虚拟示教器的操作步骤

软 件 界 面	操 作 步 骤
	（1）单击左图所示按钮
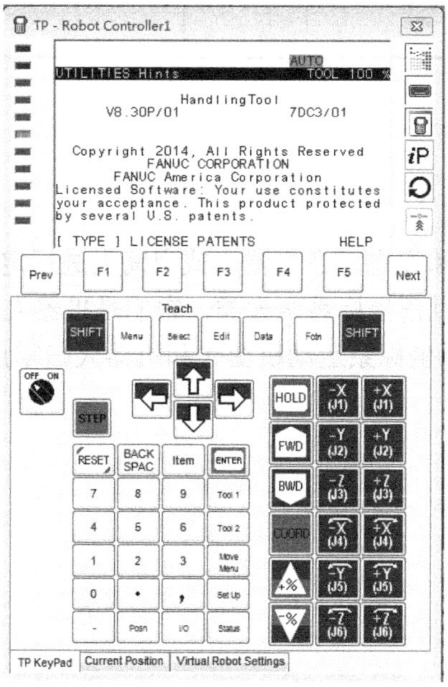	（2）示教器初始界面如左图所示

续表

软 件 界 面	操 作 步 骤
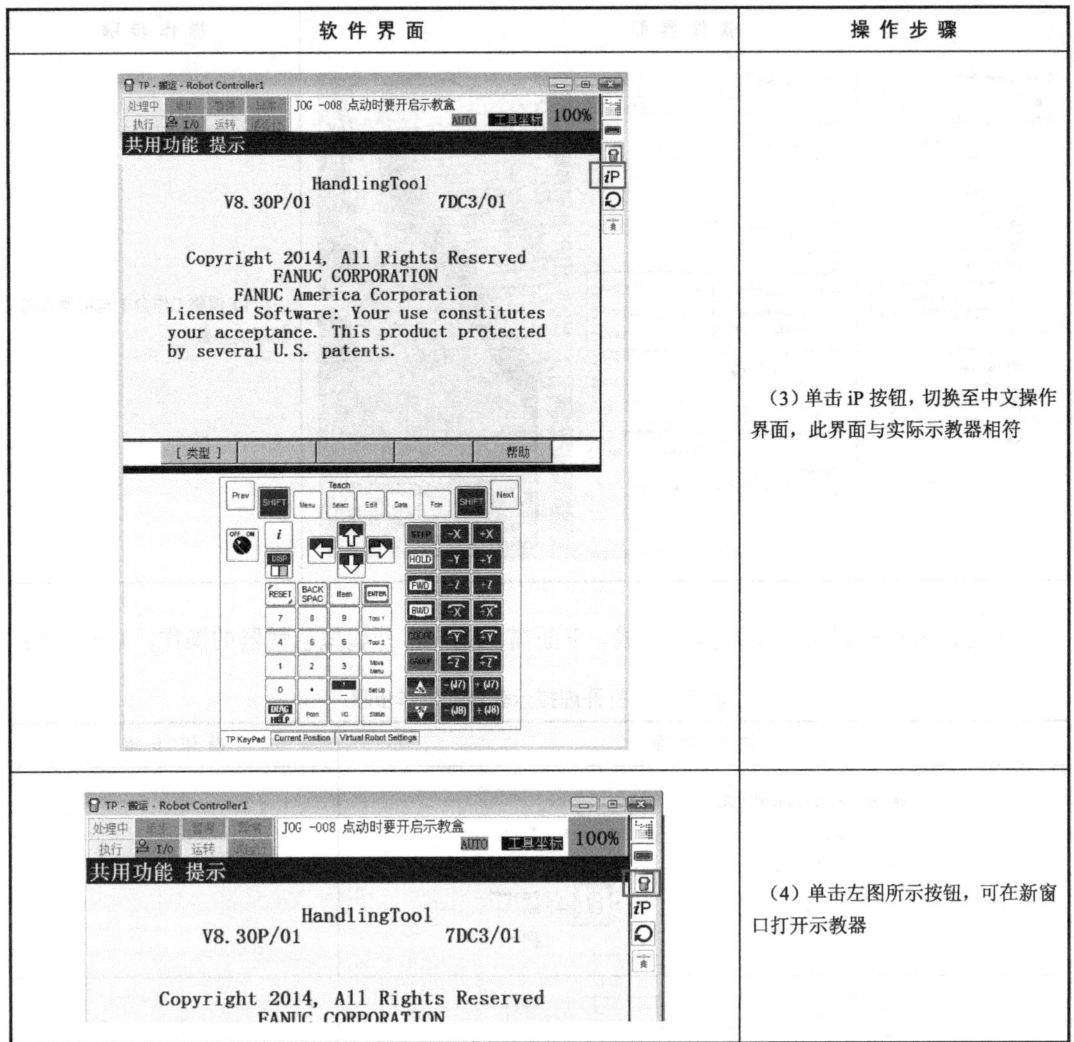	（3）单击 iP 按钮，切换至中文操作界面，此界面与实际示教器相符
	（4）单击左图所示按钮，可在新窗口打开示教器

1.8 操作机器人运动

机器人坐标系是为确定机器人的位置和姿态而在机器人或空间上进行定义的位置指标系统。机器人坐标系可分为关节坐标系和直角坐标系两大类，它们是机器人运动的基础。

任务目标：掌握关节点动机器人、直角坐标系运动机器人和机器人归零点的操作方法，熟练操作机器人运动。

任务一：机器人的关节点动

机器人关节点动的具体操作方法如下。

方法一：虚拟示教法

具体操作见表 1-17。

表 1-17　机器人关节点动——虚拟示教法的操作步骤

软 件 界 面	操 作 步 骤
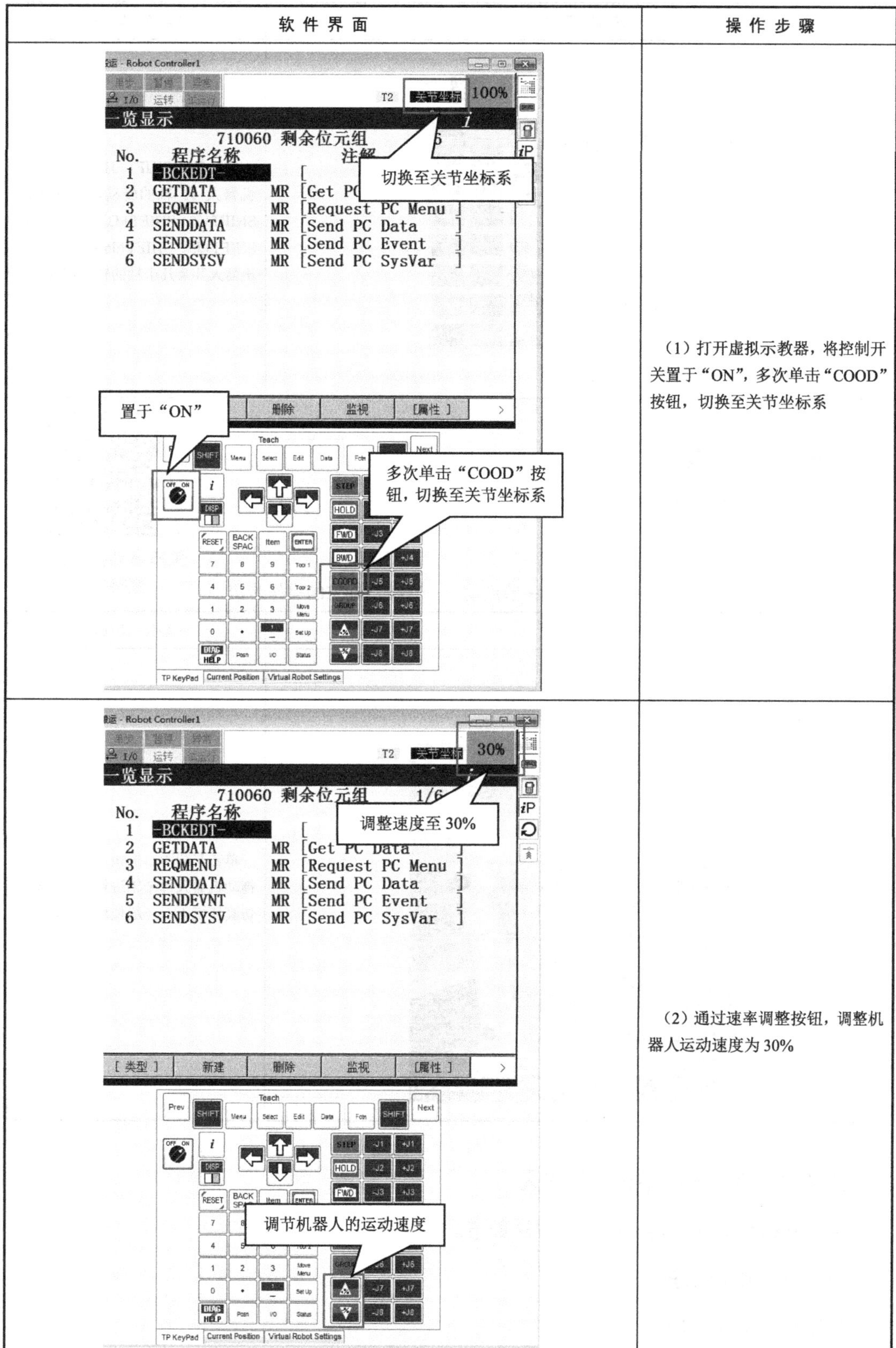	（1）打开虚拟示教器，将控制开关置于“ON”，多次单击“COOD”按钮，切换至关节坐标系
	（2）通过速率调整按钮，调整机器人运动速度为 30%

续表

软 件 界 面	操 作 步 骤
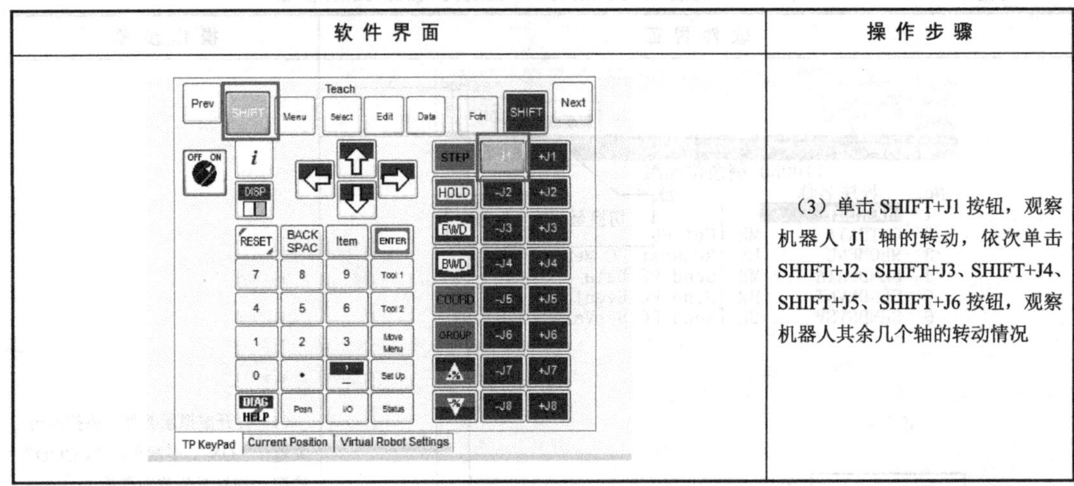	（3）单击 SHIFT+J1 按钮，观察机器人 J1 轴的转动，依次单击 SHIFT+J2、SHIFT+J3、SHIFT+J4、SHIFT+J5、SHIFT+J6 按钮，观察机器人其余几个轴的转动情况

方法二：直接拖动法

具体操作见表 1-18。

关节点动机器人——直接拖动法

表 1-18　机器人关节点动——直接拖动法的操作步骤

软 件 界 面	操 作 步 骤
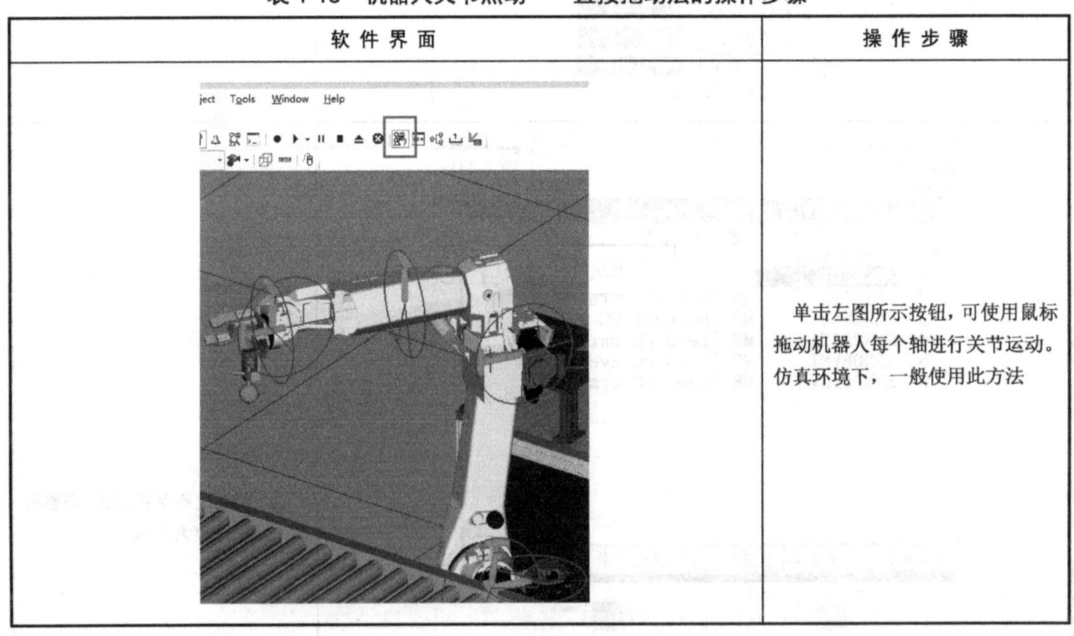	单击左图所示按钮，可使用鼠标拖动机器人每个轴进行关节运动。仿真环境下，一般使用此方法

任务二：直角坐标系运动机器人

直角坐标系运动机器人的操作方法如下。

方法一：虚拟示教法

具体操作见表 1-19。

表 1-19　直角坐标系运动机器人——虚拟示教法的操作步骤

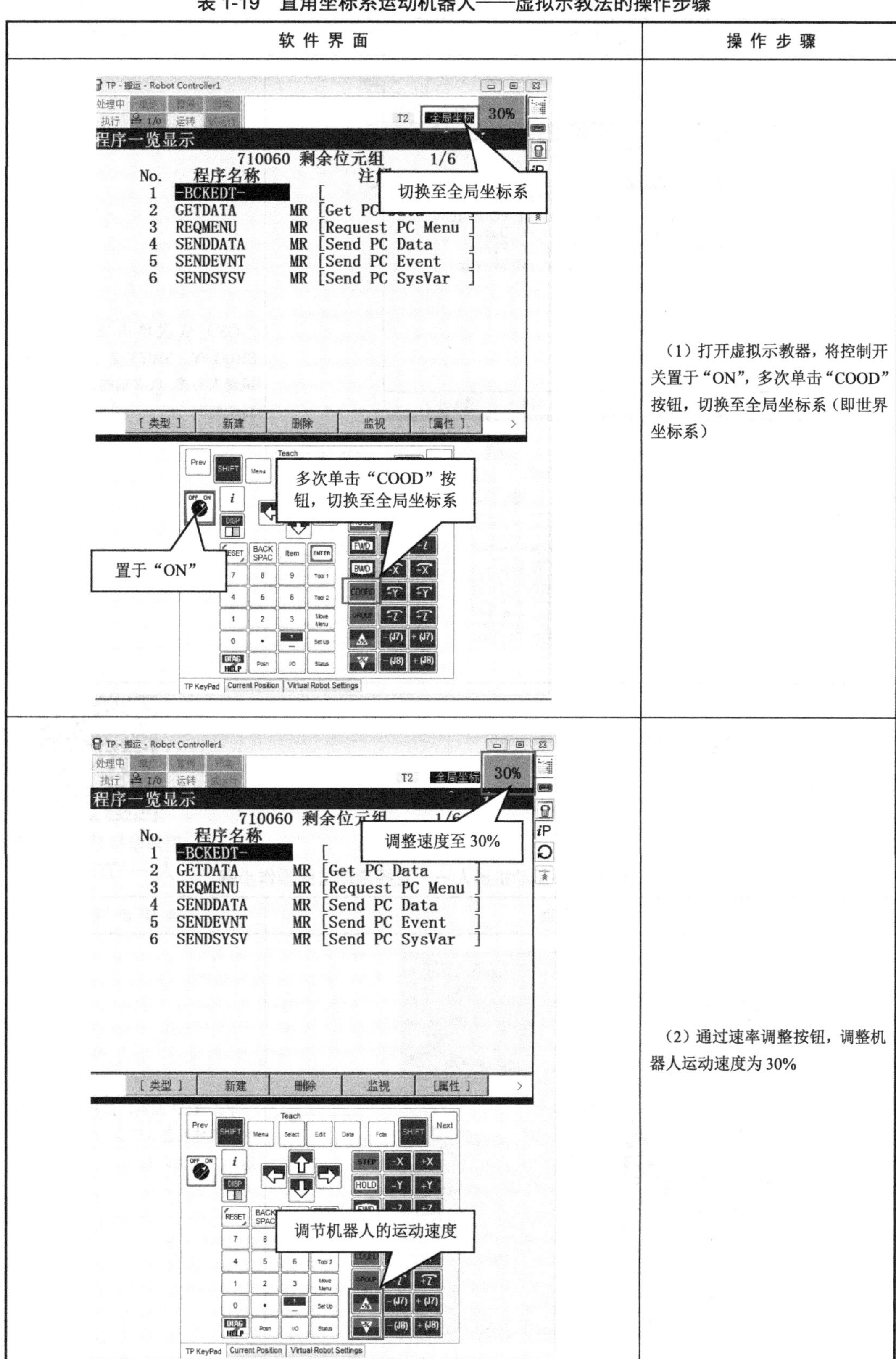

软件界面	操作步骤
	（1）打开虚拟示教器，将控制开关置于“ON”，多次单击“COOD”按钮，切换至全局坐标系（即世界坐标系）
	（2）通过速率调整按钮，调整机器人运动速度为 30%

续表

软 件 界 面	操 作 步 骤
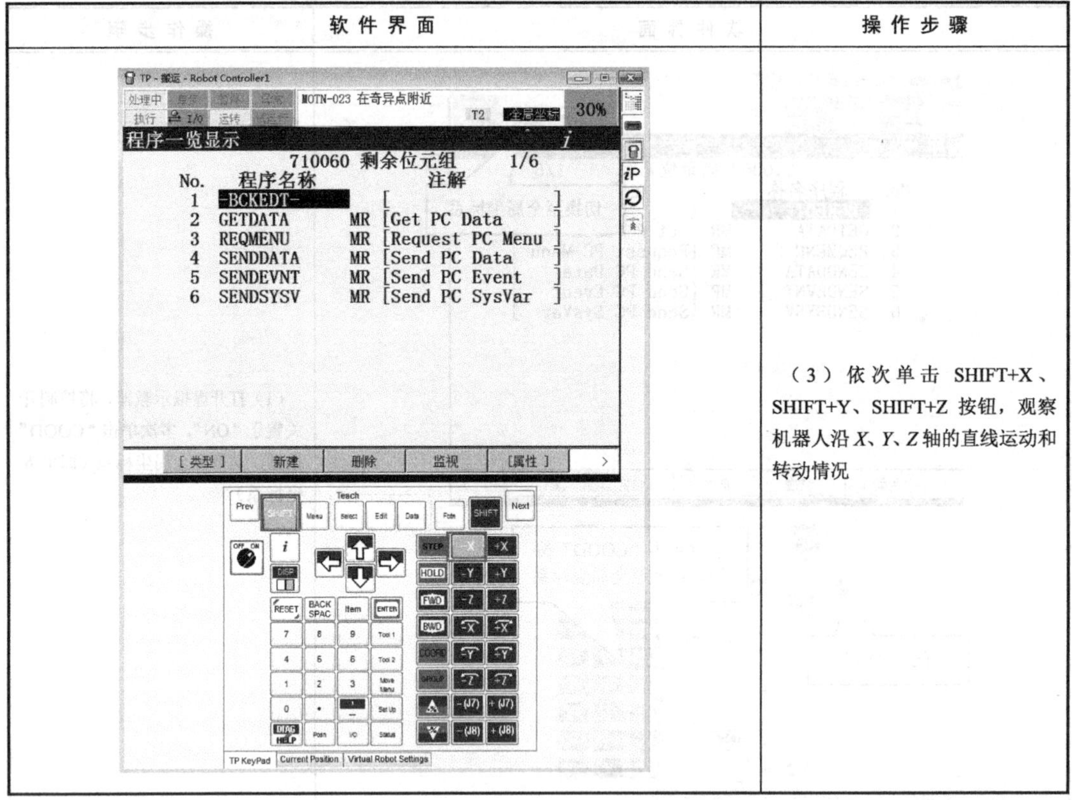	（3）依次单击 SHIFT+X、SHIFT+Y、SHIFT+Z 按钮，观察机器人沿 *X*、*Y*、*Z* 轴的直线运动和转动情况

方法二：直接拖动法

具体操作见表 1-20。

直角坐标系运动机器人——直接拖动法

表 1-20　直角坐标系运动机器人——直接拖动法的操作步骤

软 件 界 面	操 作 步 骤
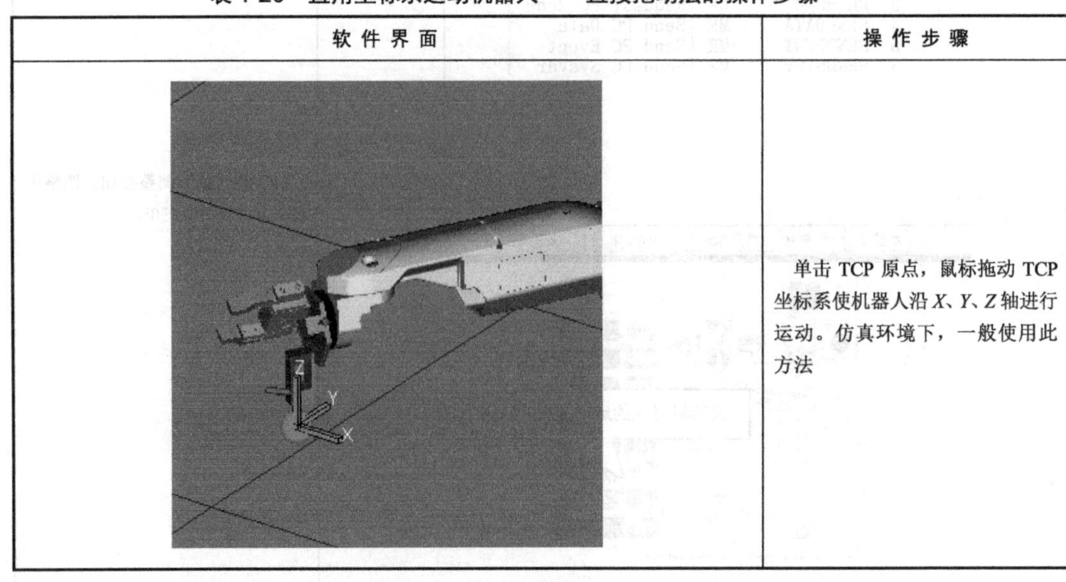	单击 TCP 原点，鼠标拖动 TCP 坐标系使机器人沿 *X*、*Y*、*Z* 轴进行运动。仿真环境下，一般使用此方法

将机器人 TCP 点移动至轨迹模型尖端位置，如图 1-28 所示。

图 1-28　轨迹模型尖端位置

任务三：机器人归零点

机器人归零点的操作如图 1-29 所示。

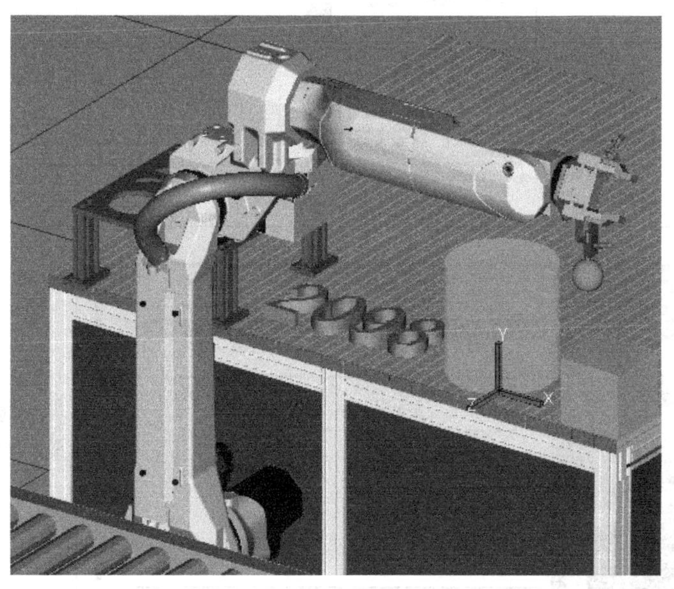

图 1-29　机器人归零点的操作

方法一：虚拟示教法

具体操作见表 1-21。

表 1-21　机器人归零——虚拟示教法的操作步骤

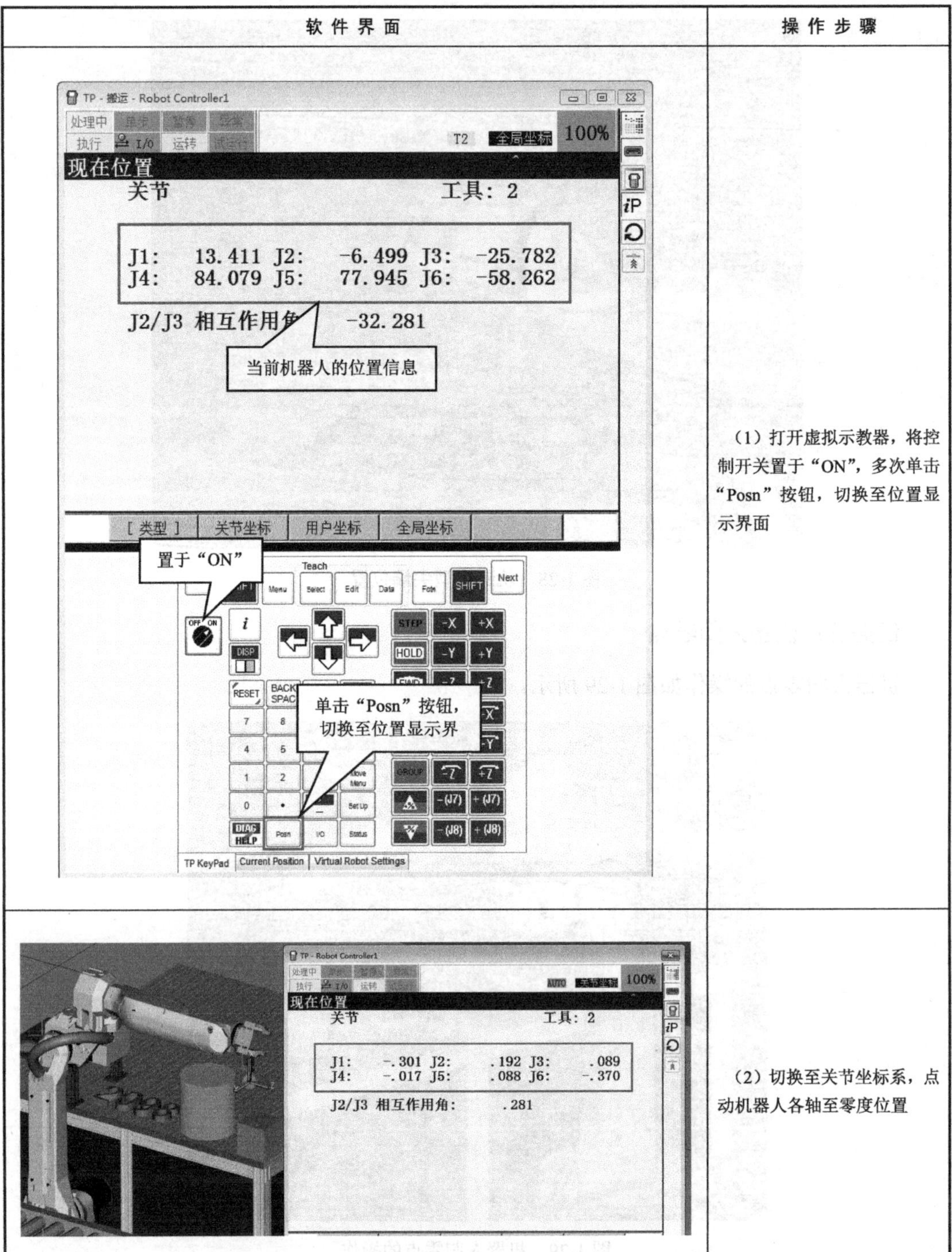

软件界面	操作步骤
	（1）打开虚拟示教器，将控制开关置于“ON”，多次单击“Posn”按钮，切换至位置显示界面
	（2）切换至关节坐标系，点动机器人各轴至零度位置

方法二：直接输入法

具体操作见表 1-22。

表 1-22　机器人归零——直接输入法的操作步骤

软 件 界 面	操 作 步 骤
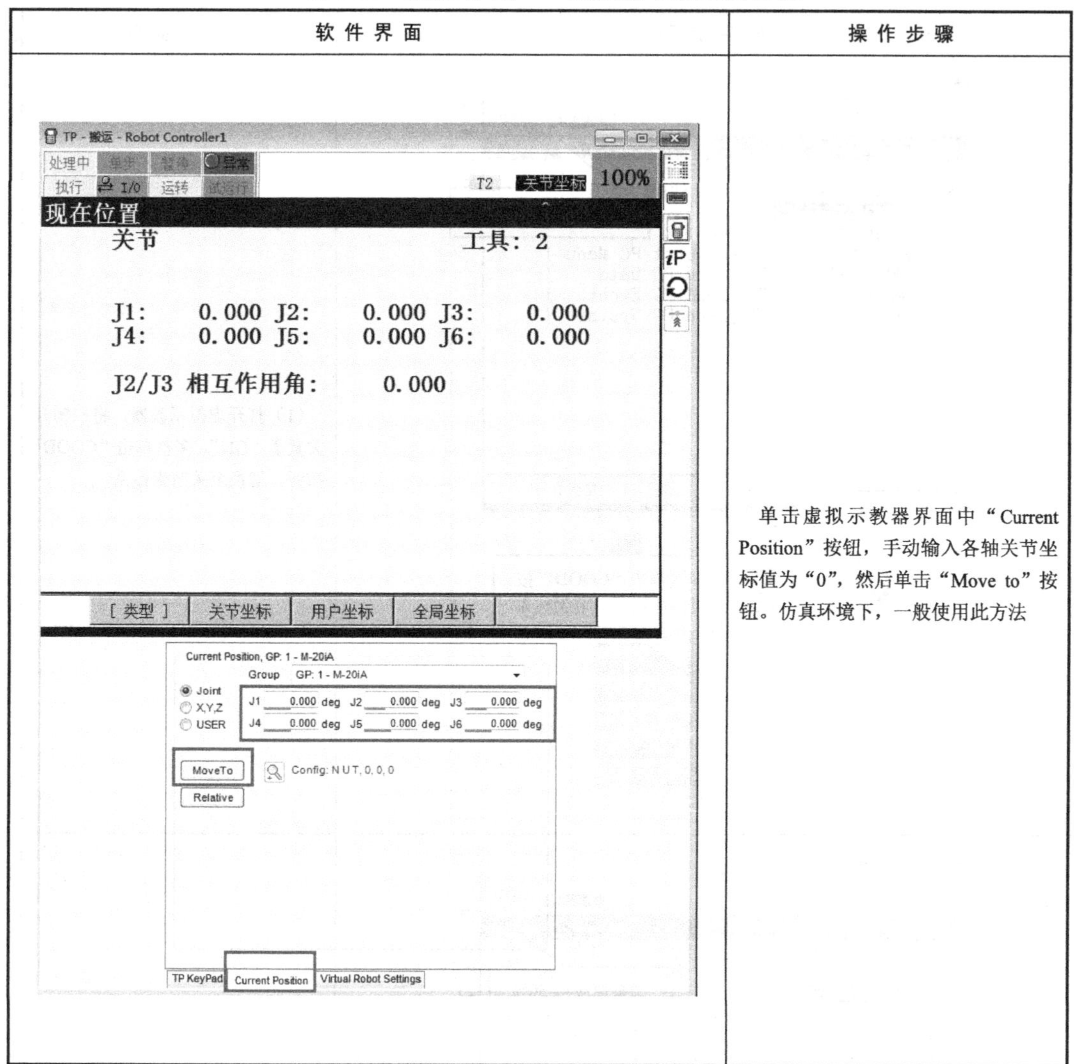	单击虚拟示教器界面中“Current Position”按钮，手动输入各轴关节坐标值为“0”，然后单击“Move to”按钮。仿真环境下，一般使用此方法

1.9　机器人点头与招手操作

任务目标：掌握机器人点头与招手的 4 种操作方法。

任务一：利用 4 种方法操作机器人进行点头动作

方法一：虚拟示教关节运动

具体操作见表 1-23。

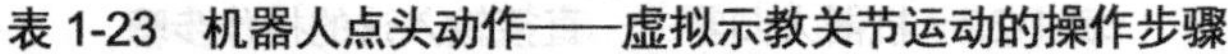

表 1-23 机器人点头动作——虚拟示教关节运动的操作步骤

软 件 界 面	操 作 步 骤
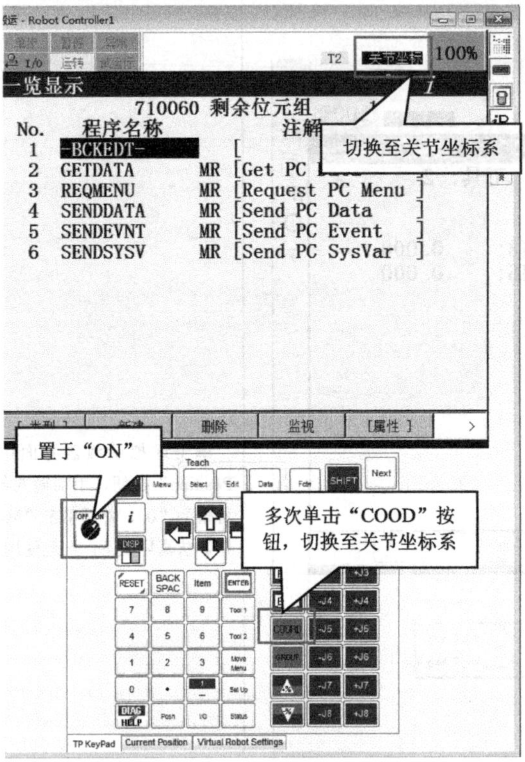 切换至关节坐标系 置于“ON” 多次单击“COOD”按钮，切换至关节坐标系	（1）打开虚拟示教器，将控制开关置于“ON”，多次单击“COOD”按钮，切换至关节坐标系
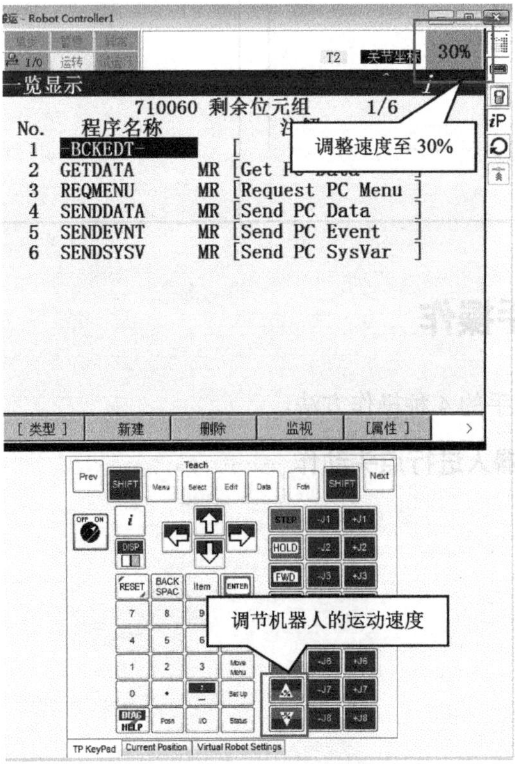 调整速度至 30% 调节机器人的运动速度	（2）通过速率调整按钮，调整机器人运动速度为 30%

续表

软 件 界 面	操 作 步 骤
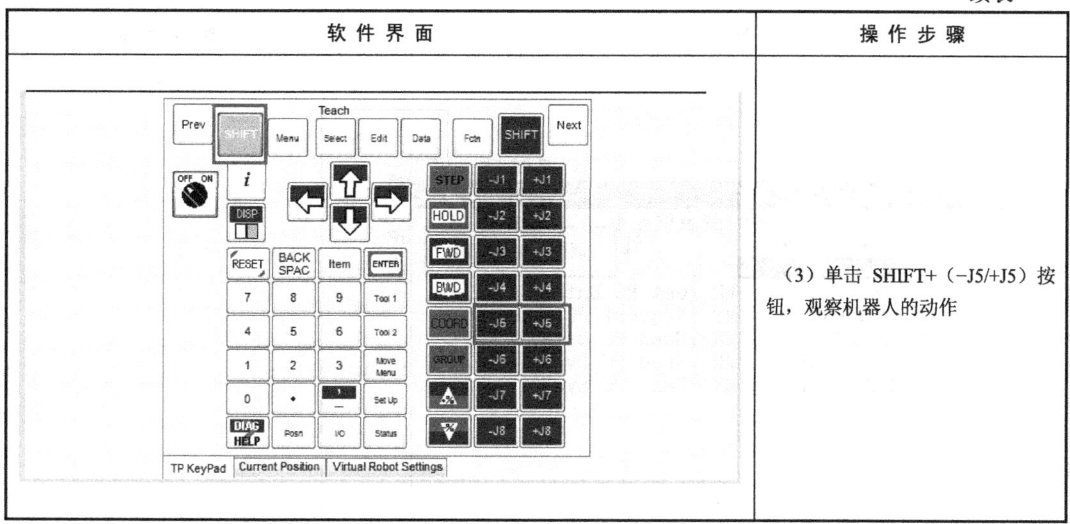	（3）单击 SHIFT+（−J5/+J5）按钮，观察机器人的动作

方法二：虚拟示教直角坐标系运动

具体操作见表 1-24。

表 1-24　机器人点头动作——虚拟示教直角坐标系运动的操作步骤

软 件 界 面	操 作 步 骤
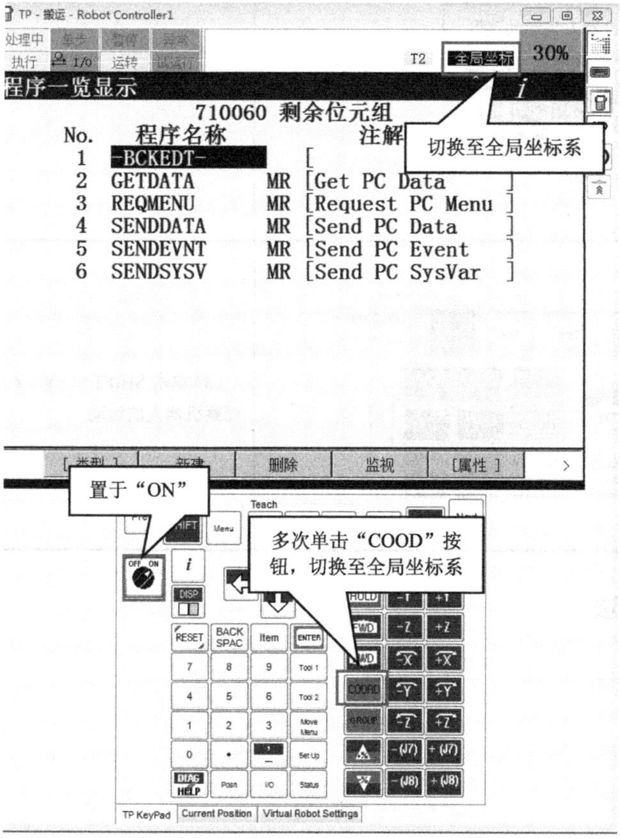 切换至全局坐标系 置于“ON” 多次单击“COOD”按钮，切换至全局坐标系	（1）打开虚拟示教器，将控制开关置于“ON”，多次单击“COOD”按钮，切换至全局坐标系

续表

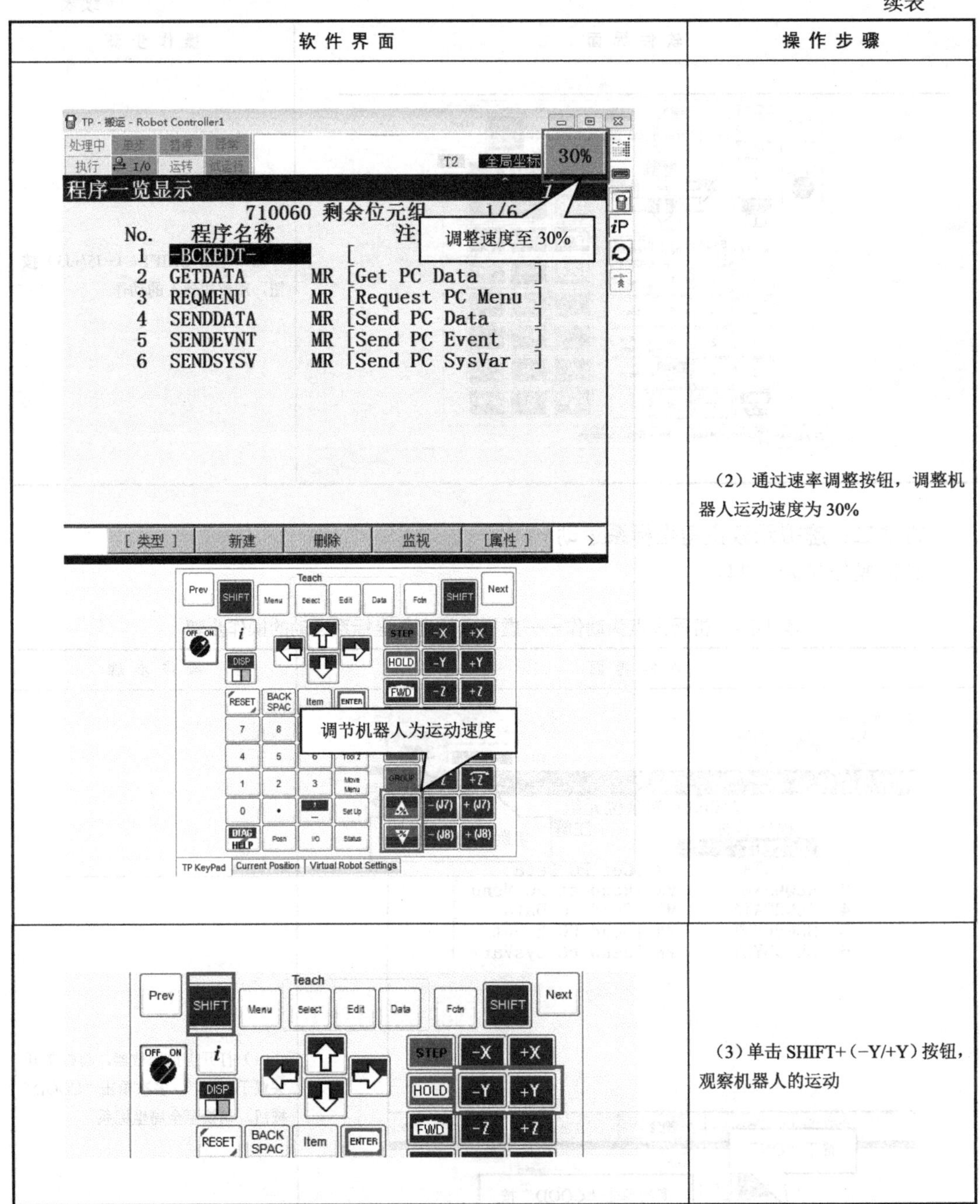

软件界面	操作步骤
	（2）通过速率调整按钮，调整机器人运动速度为30%
	（3）单击 SHIFT+（−Y/+Y）按钮，观察机器人的运动

方法三：鼠标拖动关节运动法

具体操作见表 1-25。

表 1-25　机器人点头动作——鼠标拖动关节运动的操作步骤

软 件 界 面	操 作 步 骤
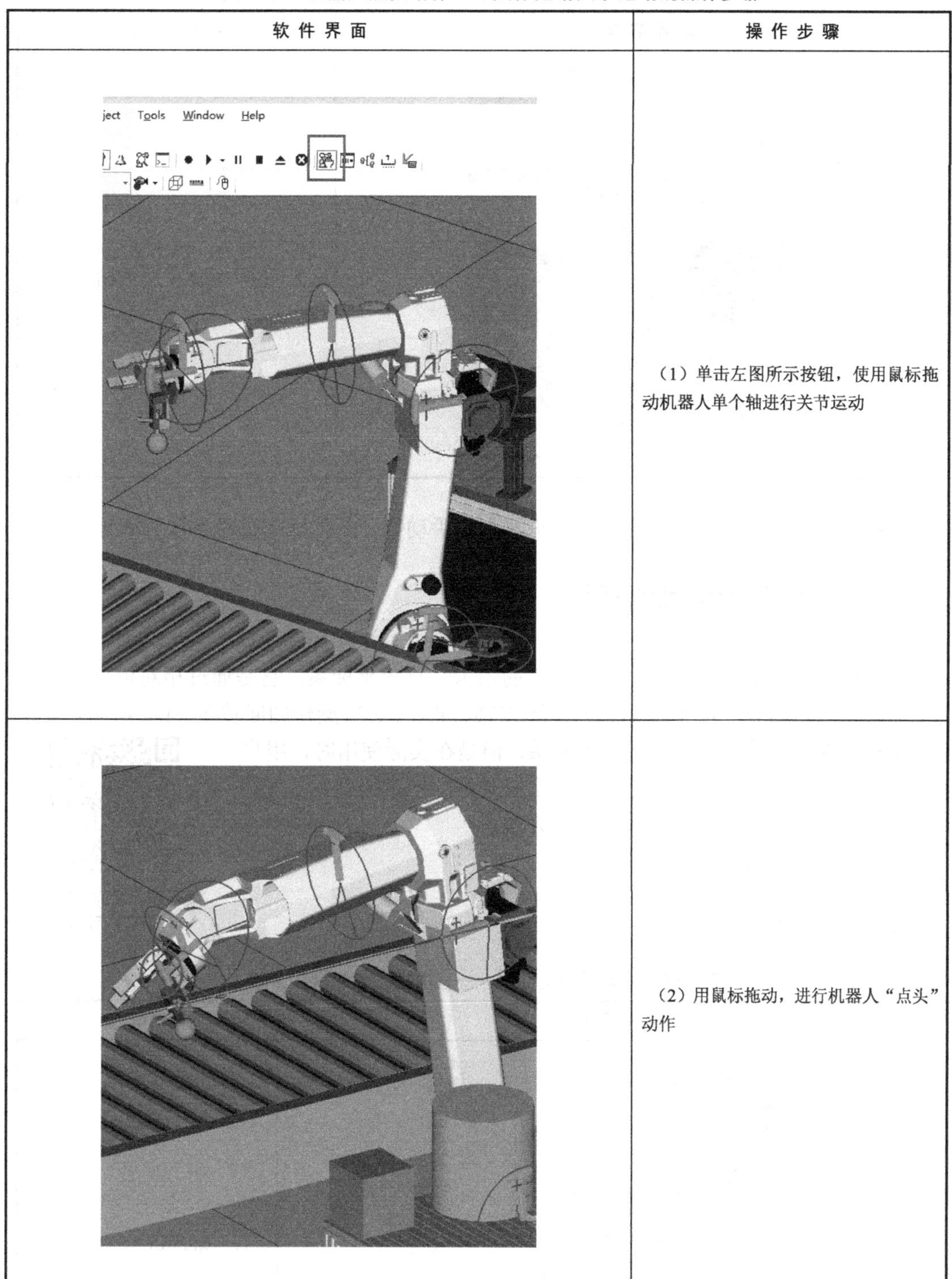	（1）单击左图所示按钮，使用鼠标拖动机器人单个轴进行关节运动
	（2）用鼠标拖动，进行机器人“点头”动作

方法四：鼠标拖动直角坐标系运动法

具体操作见表 1-26。

表 1-26　机器人点头动作——鼠标拖动直角坐标系运动的操作步骤

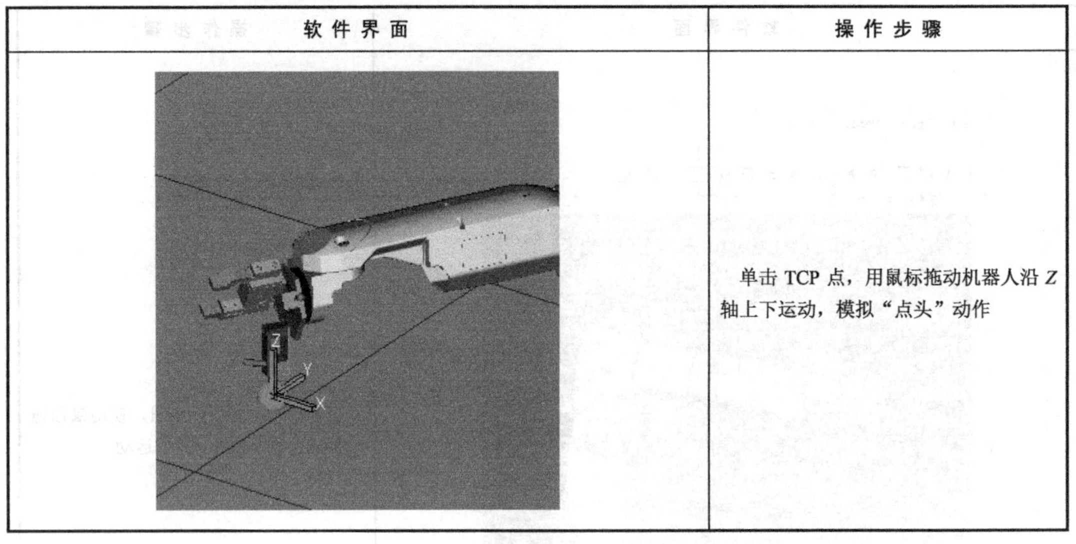

软 件 界 面	操 作 步 骤
	单击 TCP 点，用鼠标拖动机器人沿 Z 轴上下运动，模拟“点头”动作

使用上述 4 种相同的操作方法进行机器人招手动作，具体操作过程不展开叙述。

1.10　设置用户坐标系

用户坐标系是用户为每个工作区定义的笛卡儿直角坐标系，它是通过相对世界坐标系的坐标系原点的相对位置（x，y，z）和绕 X 轴、Y 轴、Z 轴旋转的回转角（w，p，r）来定义。虽然世界坐标系可以代替用户坐标系，但是在实际使用时，用户仍然希望根据工作区域定义自己的坐标系来更好的示教编程。

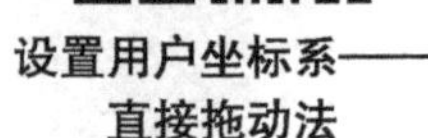
设置用户坐标系——直接拖动法

任务目标：掌握用户坐标系的设置方法。

方法一：直接拖动法

具体操作见表 1-27。

表 1-27　设置用户坐标系——直接拖动法的操作步骤

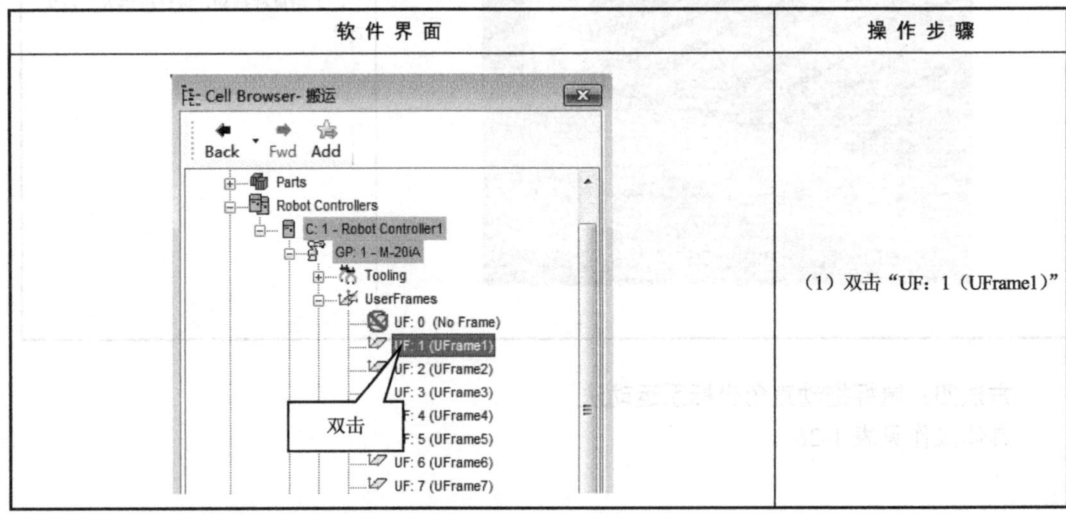

软 件 界 面	操 作 步 骤
	（1）双击“UF：1（UFrame1）”

续表

软 件 界 面	操 作 步 骤
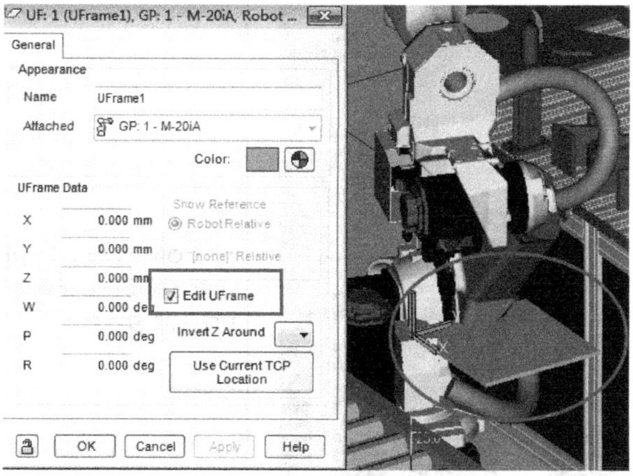	（2）在弹出的属性对话框中选中“Edit UFrame”复选框，仿真窗口显示目前用户坐标系 1 的位置 注：未设置时，用户坐标系默认与世界坐标系重合
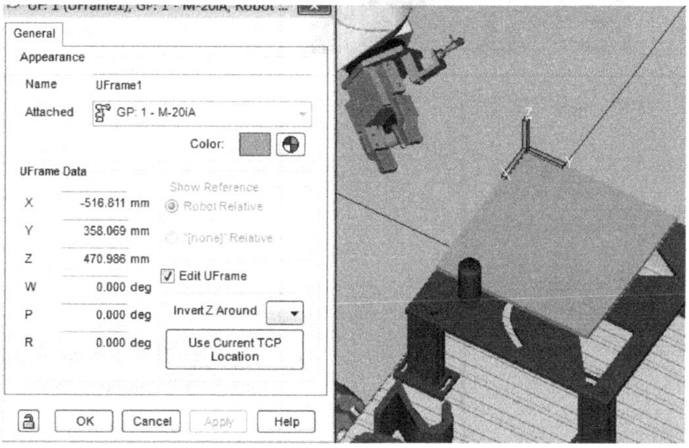	（3）拖动至指定位置，单击“Apply”按钮，用户坐标系位置设置完成

方法二：使用 TCP 点设置法

具体操作见表 1-28。

设置用户坐标系——使用 TCP 点设置法

表 1-28 设置用户坐标系——使用 TCP 点设置法的操作步骤

软件界面或机器人形态	操 作 步 骤
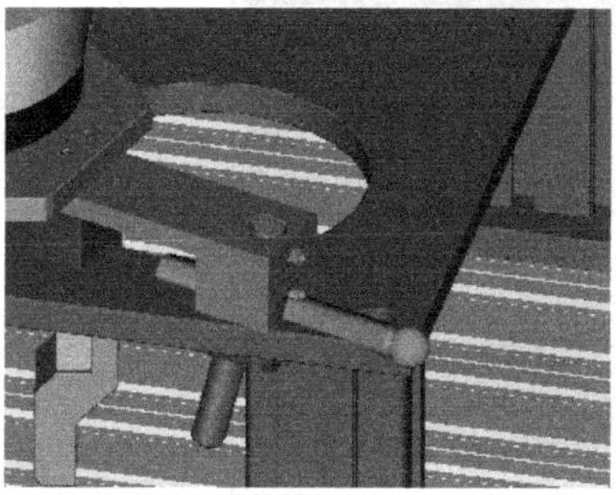	（1）使用 Ctrl+Alt+Shift+鼠标左键，使机器人 TCP 点快速移动至指定点处

续表

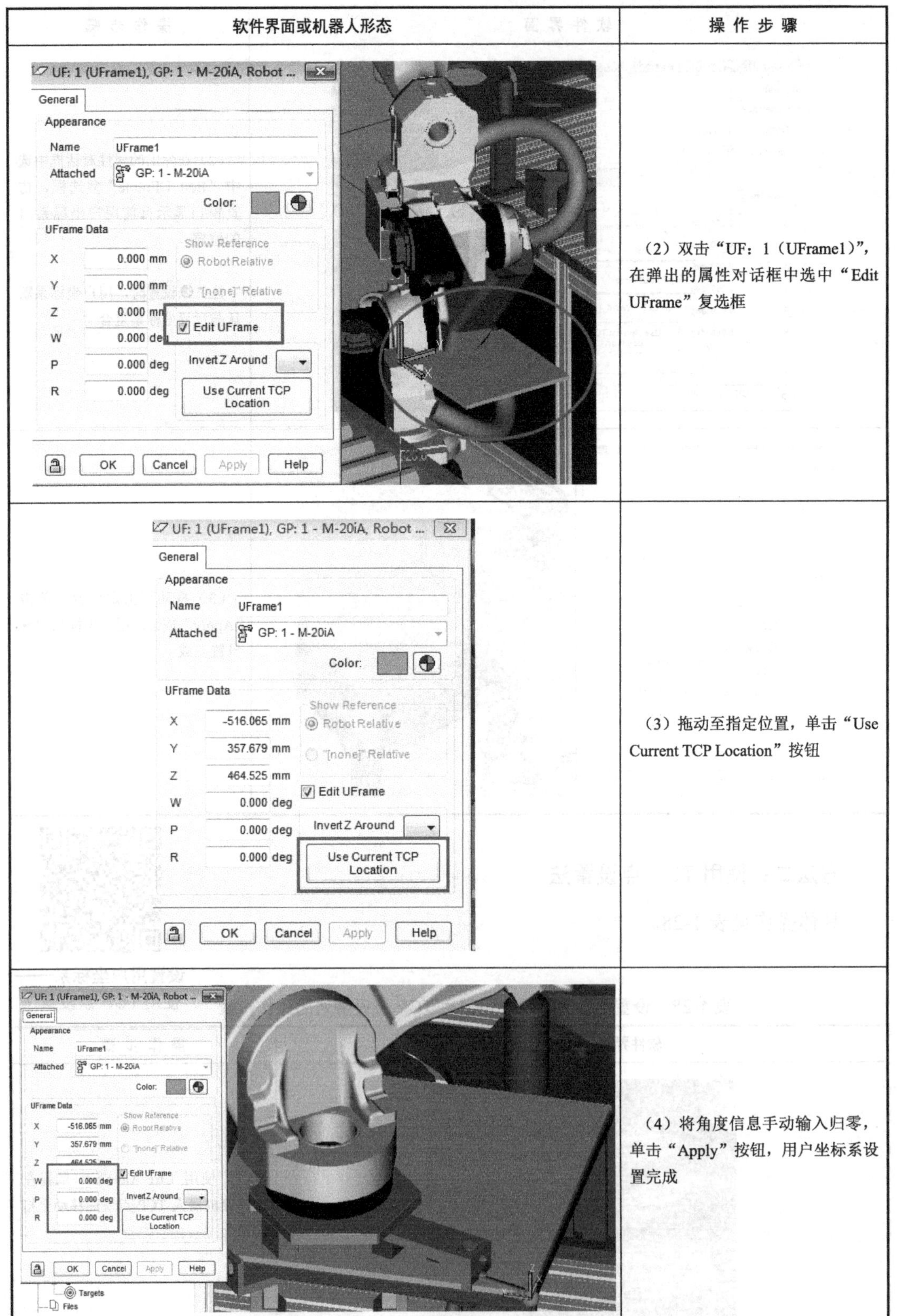

软件界面或机器人形态	操 作 步 骤
	（2）双击“UF：1（UFrame1）”，在弹出的属性对话框中选中“Edit UFrame”复选框
	（3）拖动至指定位置，单击“Use Current TCP Location”按钮
	（4）将角度信息手动输入归零，单击“Apply”按钮，用户坐标系设置完成

续表

软件界面或机器人形态	操作步骤
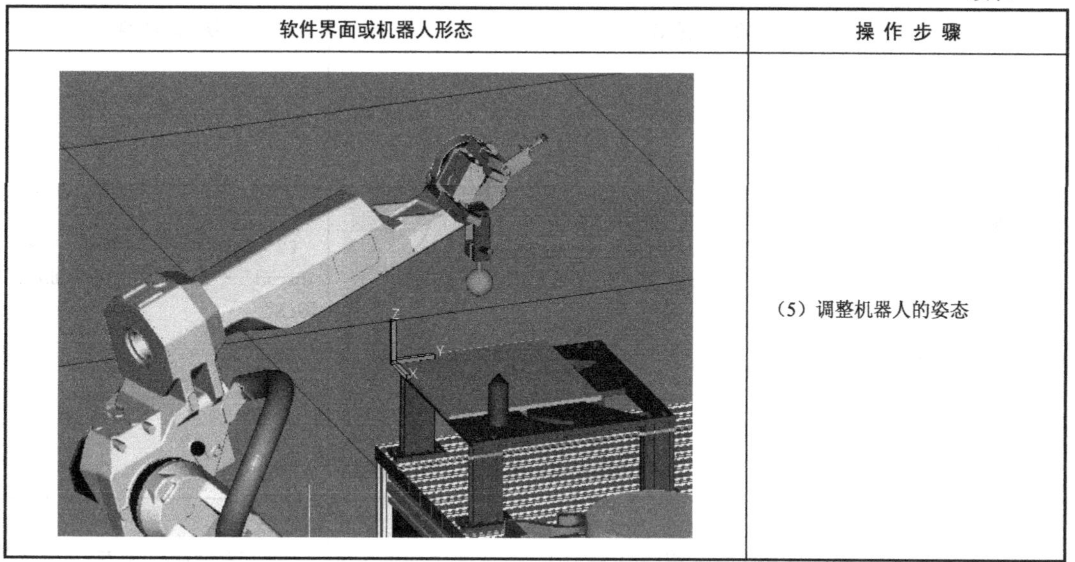	（5）调整机器人的姿态

1.11　导出机器人本体、工作站文件

在实际的工程应用中，除了仿真搭建机器人工作站外，还可能需要绘制整个工作站的三维布局图，使用 ROBOGUIDE 软件可以直接将机器人本体模型和工作站模型导出运用到三维软件中，这样可以大大节省绘图时间。

任务目标：将机器人本体模型和工作站模型导出，导出的文件可在 SW 等三维软件中打开。

导出机器人本体、工作站文件

任务一：导出机器人本体模型 IGS 文件

具体操作见表 1-29。

表 1-29　导出机器人本体模型 IGS 文件的操作步骤

软 件 界 面	操 作 步 骤
Cell Browser- 搬运 Back Fwd Add HandlingPRO Workcell Fixtures Parts Robot Controllers C: 1 - Robot Controller1 GP: 1 - M-20iA Tooling UserFrames Space Check Dressouts 选中机器人本体文件	（1）选中机器人本体文件，单击右键

续表

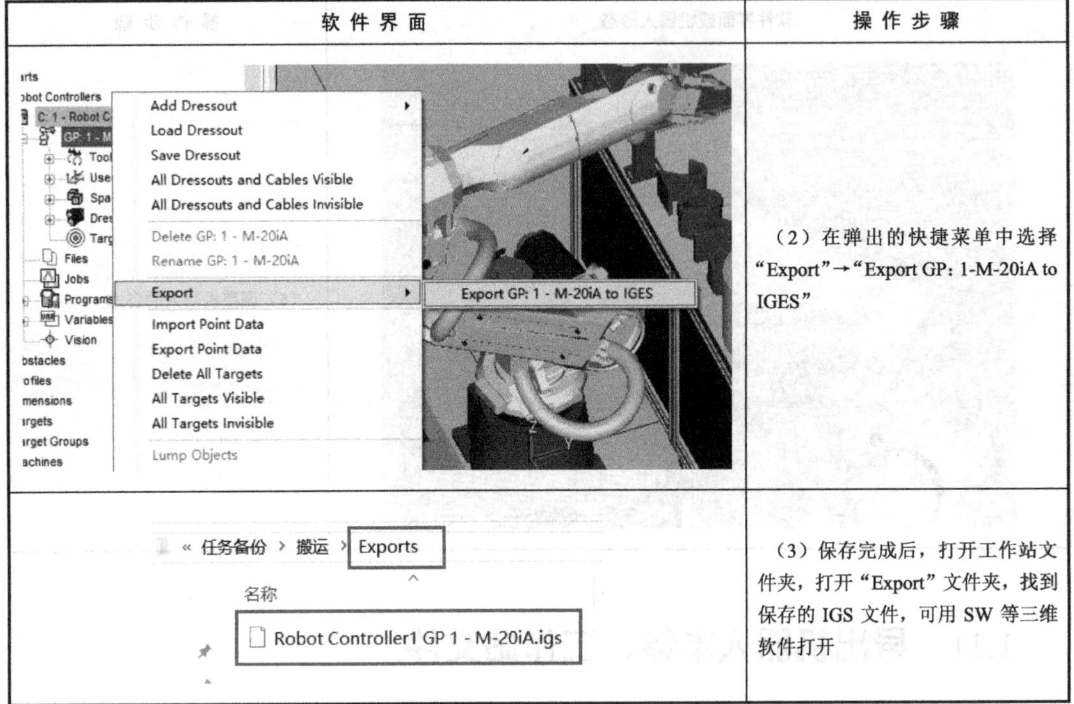

软 件 界 面	操 作 步 骤
	（2）在弹出的快捷菜单中选择“Export”→“Export GP: 1-M-20iA to IGES”
	（3）保存完成后，打开工作站文件夹，打开“Export”文件夹，找到保存的 IGS 文件，可用 SW 等三维软件打开

任务二：导出工作站模型 IGS 文件

具体操作见表 1-30。

表 1-30　导出工作站模型 IGS 文件的操作步骤

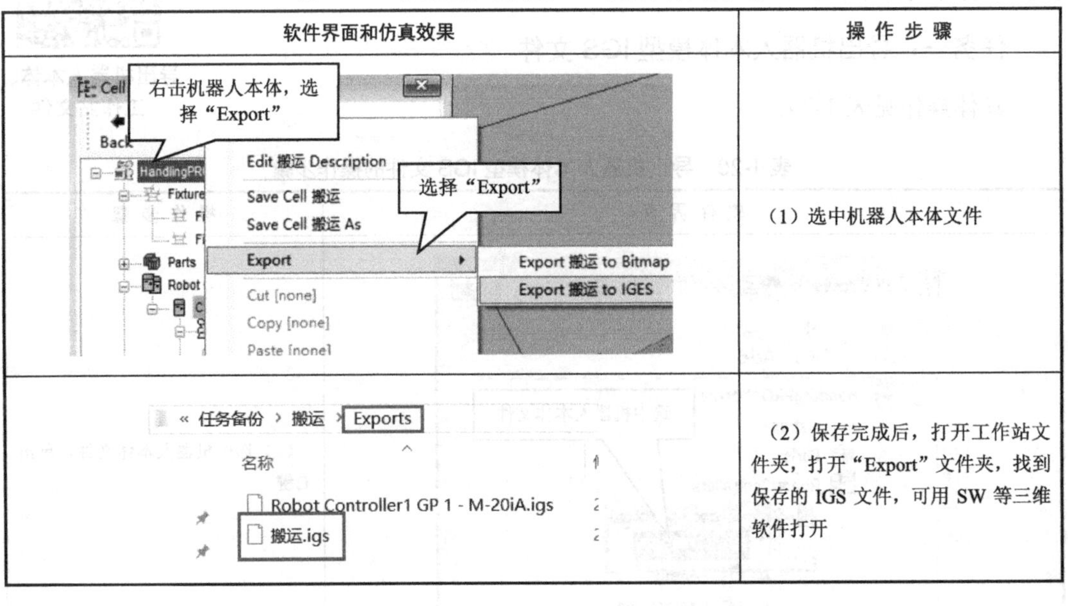

软件界面和仿真效果	操 作 步 骤
	（1）选中机器人本体文件
	（2）保存完成后，打开工作站文件夹，打开“Export”文件夹，找到保存的 IGS 文件，可用 SW 等三维软件打开

第 2 章

示教程序的基本设置

2.1 创建、删除和复制程序

配置完工业机器人、工作站以及其他设备后，下一步就可以进行工业机器人的编程。使用仿真软件进行编程称为离线编程，它的编程方法和在线编程方法有所不同，下面就介绍示教程序的创建、删除和复制。

任务目标：掌握示教程序的创建、删除和复制。

创建、删除和复制程序

任务一：创建程序

方法一：利用 Teach 功能创建程序

具体操作见表 2-1。

表 2-1　利用 Teach 功能创建程序的操作步骤

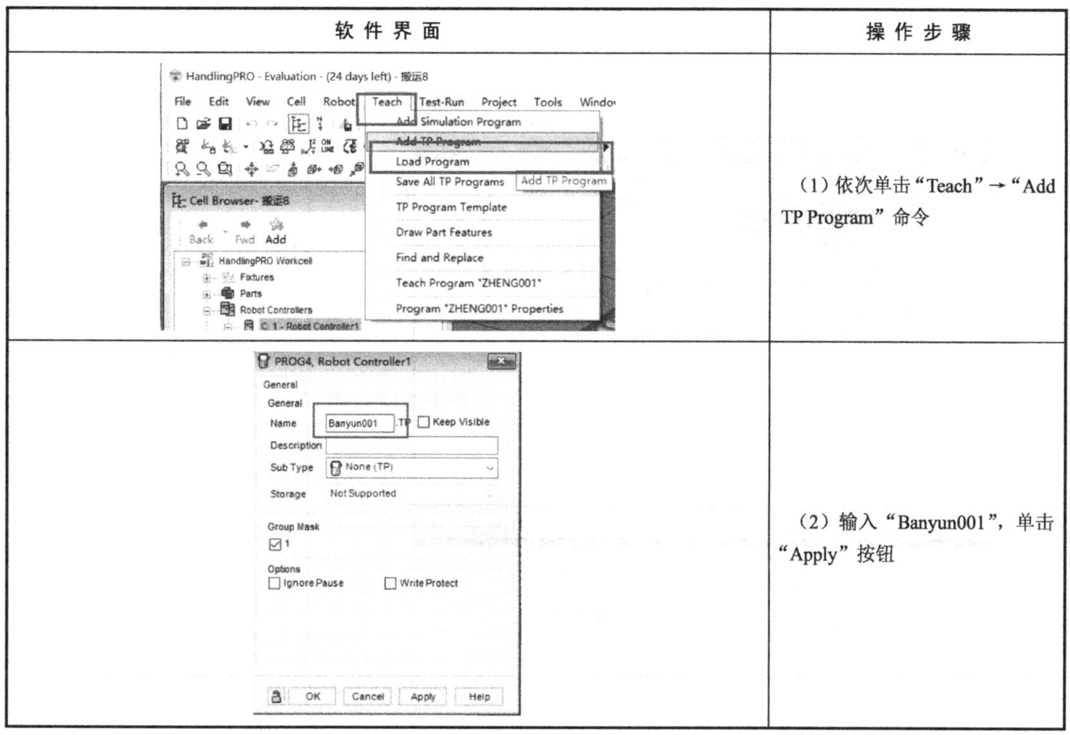

软 件 界 面	操 作 步 骤
	（1）依次单击“Teach”→“Add TP Program”命令
	（2）输入“Banyun001”，单击“Apply”按钮

续表

软 件 界 面	操 作 步 骤
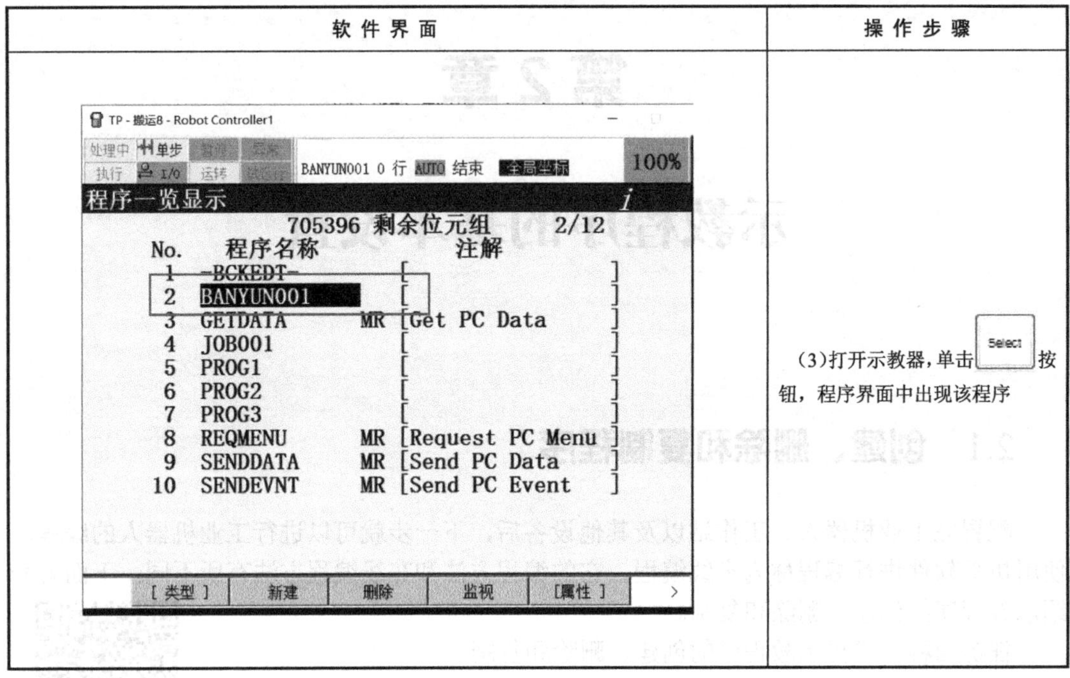	(3)打开示教器，单击 Select 按钮，程序界面中出现该程序

方法二：利用示教器创建程序

具体操作见表 2-2。

表 2-2　利用示教器创建程序的操作步骤

软 件 界 面	操 作 步 骤
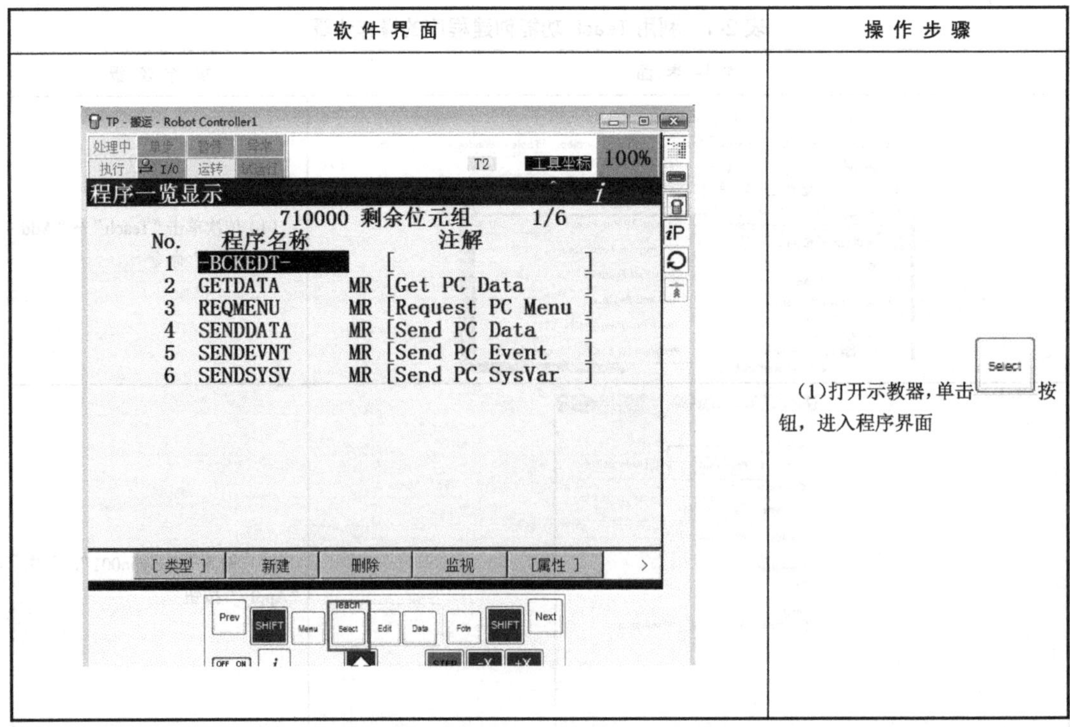	(1)打开示教器，单击 Select 按钮，进入程序界面

续表

软件界面	操作步骤
	（2）单击“新建”按钮，创建“TEST001”程序
	（3）单击 ENTER 按钮创建完成，再单击 ENTER 按钮进入程序编辑界面

任务二：删除示教程序

具体操作见表 2-3。

表 2-3　删除示教程序的操作步骤

软 件 界 面	操 作 步 骤
TP - 搬运 - Robot Controller1 处理中 执行 I/O 运转 JOG -008 点动时要开启示教盒 TEST001 0 行 AUTO 结束 工具坐标 100% 程序一览显示 709848 剩余位元组 7/7 No. 程序名称 注解 1 -BCKEDT- [ ] 2 GETDATA MR [Get PC Data] 3 REQMENU MR [Request PC Menu] 4 SENDDATA MR [Send PC Data] 5 SENDEVNT MR [Send PC Event] 6 SENDSYSV MR [Send PC SysVar] 7 TEST001 [ ] [类型] 新建 删除 监视 [属性] >	（1）打开示教器，单击 Select 按钮，进入程序界面；选择要删除的程序，单击“删除”按钮
TP - 搬运 - Robot Controller1 处理中 执行 I/O 运转 JOG -008 点动时要开启示教盒 TEST001 0 行 AUTO 结束 工具坐标 100% 程序一览显示 709848 剩余位元组 7/7 No. 程序名称 注解 1 -BCKEDT- [ ] 2 GETDATA MR [Get PC Data] 3 REQMENU MR [Request PC Menu] 4 SENDDATA MR [Send PC Data] 5 SENDEVNT MR [Send PC Event] 6 SENDSYSV MR [Send PC SysVar] 7 TEST001 [ ] 可不可以删除? 是 不是	（2）单击“是”按钮，删除选择的程序

任务三：复制示教程序

操作步骤见表 2-4。

表 2-4　复制示教程序的操作步骤

软 件 界 面	操 作 步 骤
TP - 搬运 - Robot Controller1 处理中 执行 I/O 运转 JOG -008 点动时要开启示教盒 TEST001 0 行 AUTO 结束 工具坐标 100% 程序一览显示 709848 剩余位元组 7/7 No. 程序名称 注解 1 -BCKEDT- [ ] 2 GETDATA MR [Get PC Data] 3 REQMENU MR [Request PC Menu] 4 SENDDATA MR [Send PC Data] 5 SENDEVNT MR [Send PC Event] 6 SENDSYSV MR [Send PC SysVar] 7 TEST001 [ ] [类型] 新建 删除 监视 [属性] >	（1）打开示教器，单击 Select 按钮，进入程序界面，单击翻页箭头按钮

续表

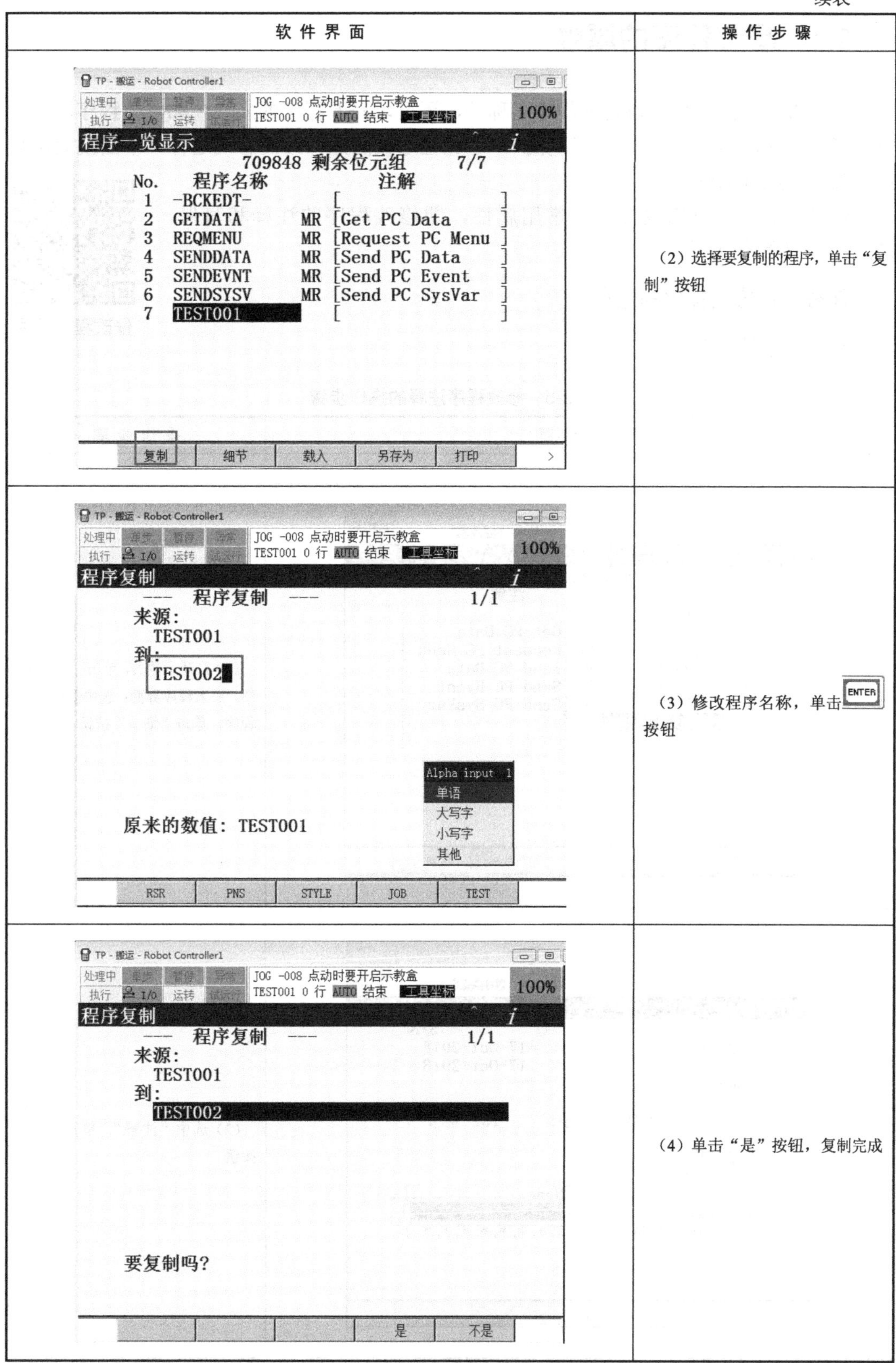

软件界面	操作步骤
	（2）选择要复制的程序，单击“复制”按钮
	（3）修改程序名称，单击 ENTER 按钮
	（4）单击“是”按钮，复制完成

2.2 修改程序的属性

机器人程序除了可以自定义程序名称外，还可以修改程序的属性，如修改程序注释，方便了解程序的信息；添加程序写保护，避免程序被随意修改而影响运行。下面就简单介绍示教程序属性的修改。

修改程序属性

任务目标：学习修改程序的常用属性，即修改程序的注释和写保护，掌握其操作方法。

任务一：修改程序的注释

具体操作见表 2-5。

表 2-5 修改程序注释的操作步骤

软件界面	操作步骤
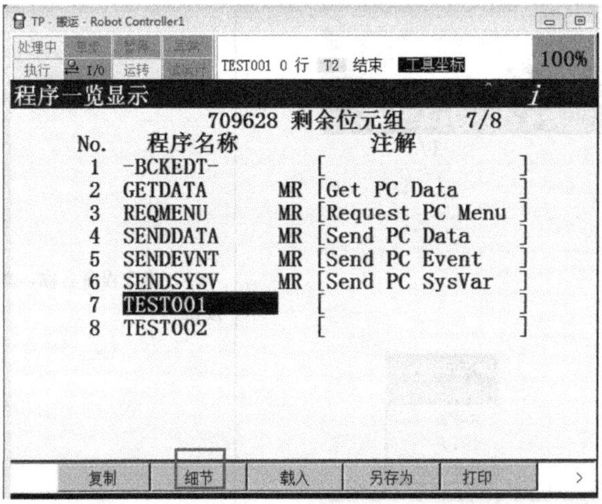 TP - 搬运 - Robot Controller1 处理中 单步 暂停 异常 执行 I/O 运转 试运行 TEST001 0 行 T2 结束 工具坐标 100% 程序一览显示 709628 剩余位元组 7/8 No. 程序名称 注解 1 -BCKEDT- [ ] 2 GETDATA MR [Get PC Data] 3 REQMENU MR [Request PC Menu] 4 SENDDATA MR [Send PC Data] 5 SENDEVNT MR [Send PC Event] 6 SENDSYSV MR [Send PC SysVar] 7 TEST001 [ ] 8 TEST002 [ ] 复制 细节 载入 另存为 打印	（1）打开示教器，单击  Select 按钮，进入程序界面；选中要修改的程序，单击“细节”按钮
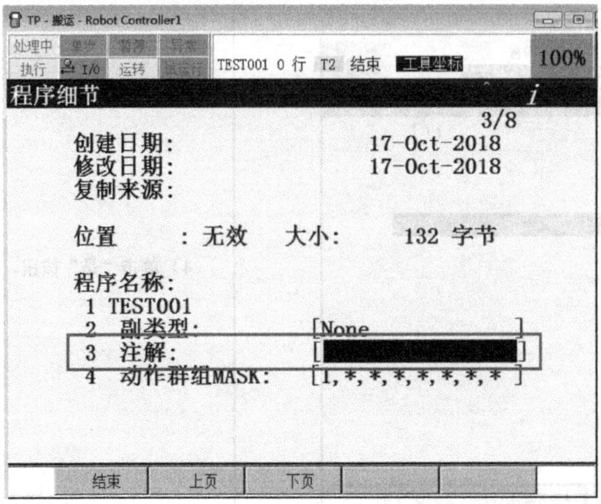 TP - 搬运 - Robot Controller1 处理中 单步 暂停 异常 执行 I/O 运转 试运行 TEST001 0 行 T2 结束 工具坐标 100% 程序细节 3/8 创建日期: 17-Oct-2018 修改日期: 17-Oct-2018 复制来源: 位置 : 无效 大小: 132 字节 程序名称: 1 TEST001 2 副类型: [None] 3 注解: [ ] 4 动作群组MASK: [1,*,*,*,*,*,*,*] 结束 上页 下页	（2）选中“注解”，单击  ENTER 按钮

续表

<table>
<tr><th>软 件 界 面</th><th>操 作 步 骤</th></tr>
<tr><td>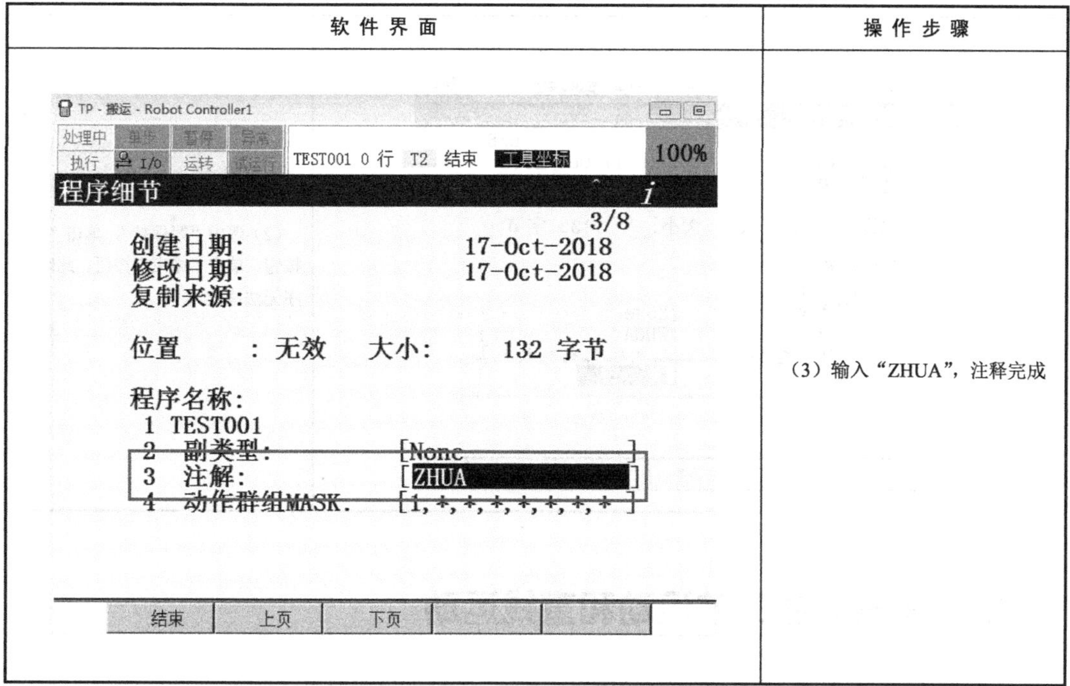
</td><td>（3）输入“ZHUA”，注释完成</td></tr>
</table>

任务二：程序写保护

具体操作见表 2-6。

表 2-6　程序写保护的操作步骤

<table>
<tr><th>软 件 界 面</th><th>操 作 步 骤</th></tr>
<tr><td>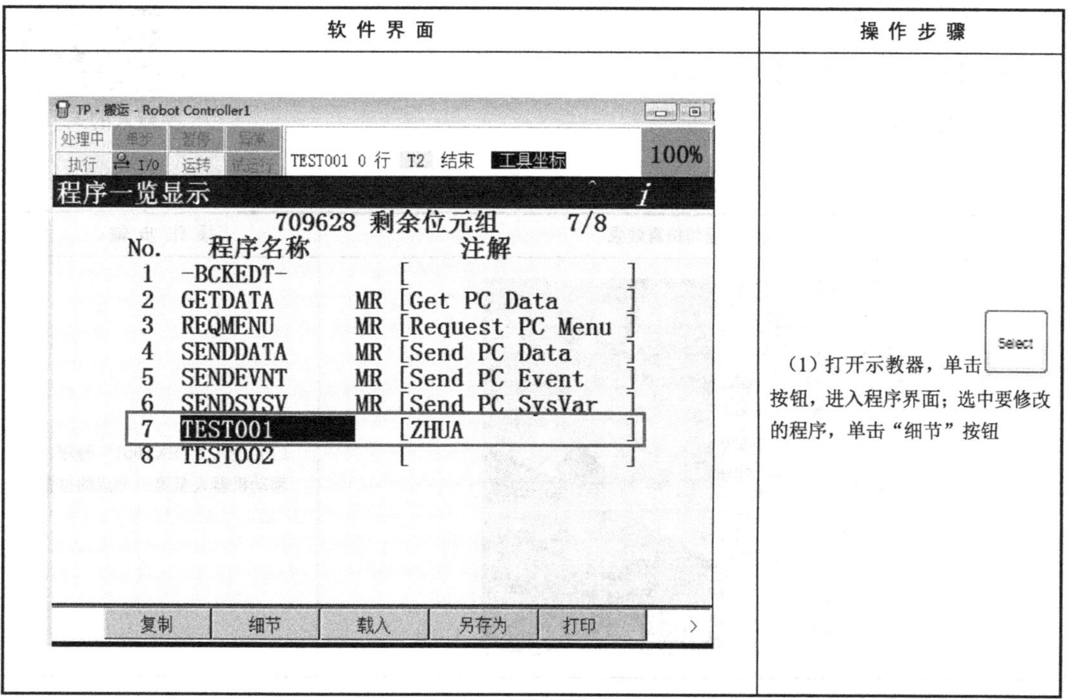
</td><td>（1）打开示教器，单击 Select 按钮，进入程序界面；选中要修改的程序，单击“细节”按钮</td></tr>
</table>

续表

软 件 界 面	操 作 步 骤
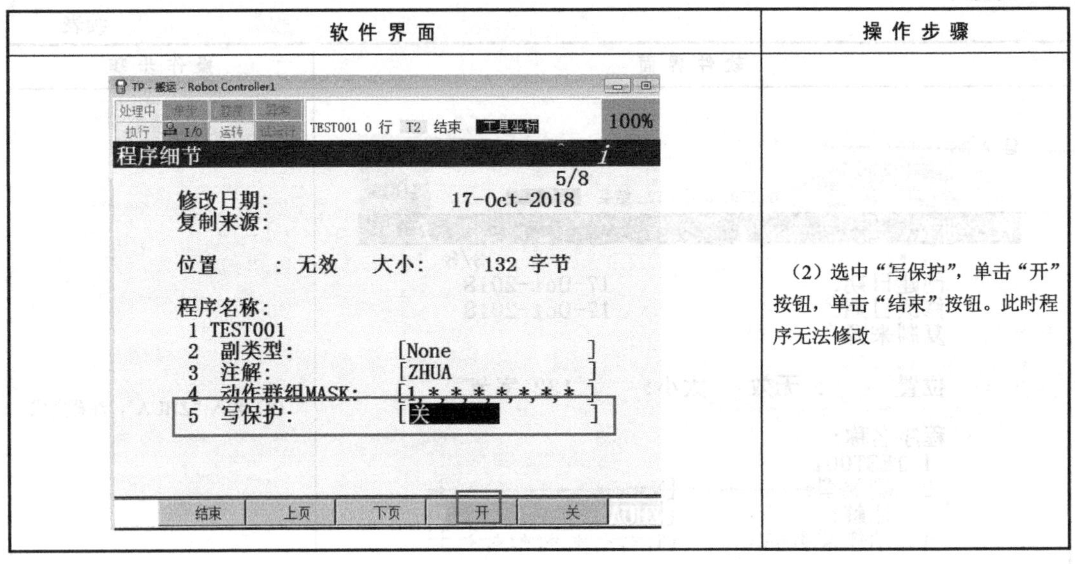	（2）选中“写保护”，单击“开”按钮，单击“结束”按钮。此时程序无法修改

2.3　机器人的关节运动和直线运动

机器人的关节运动是将机器人移动到指定位置的基本移动方法。机器人沿着所有轴同时加速，在示教速度下移动后，同时减速后停止，而且移动轨迹通常为非线性。

2.3.1　机器人的关节运动

机器人的关节运动

任务目标：新建程序，学习机器人的关节运动和直线运动，熟悉直线运动与关节运动的区别。

任务一：机器人的关节运动

具体操作见表 2-7。

表 2-7　机器人关节运动的操作步骤

软件界面与仿真效果	操 作 步 骤
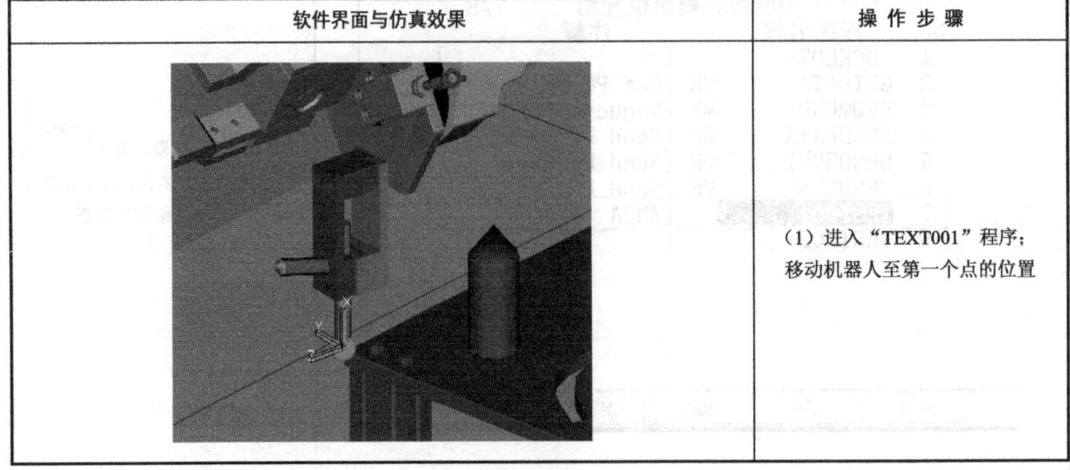	（1）进入“TEXT001”程序；移动机器人至第一个点的位置

续表

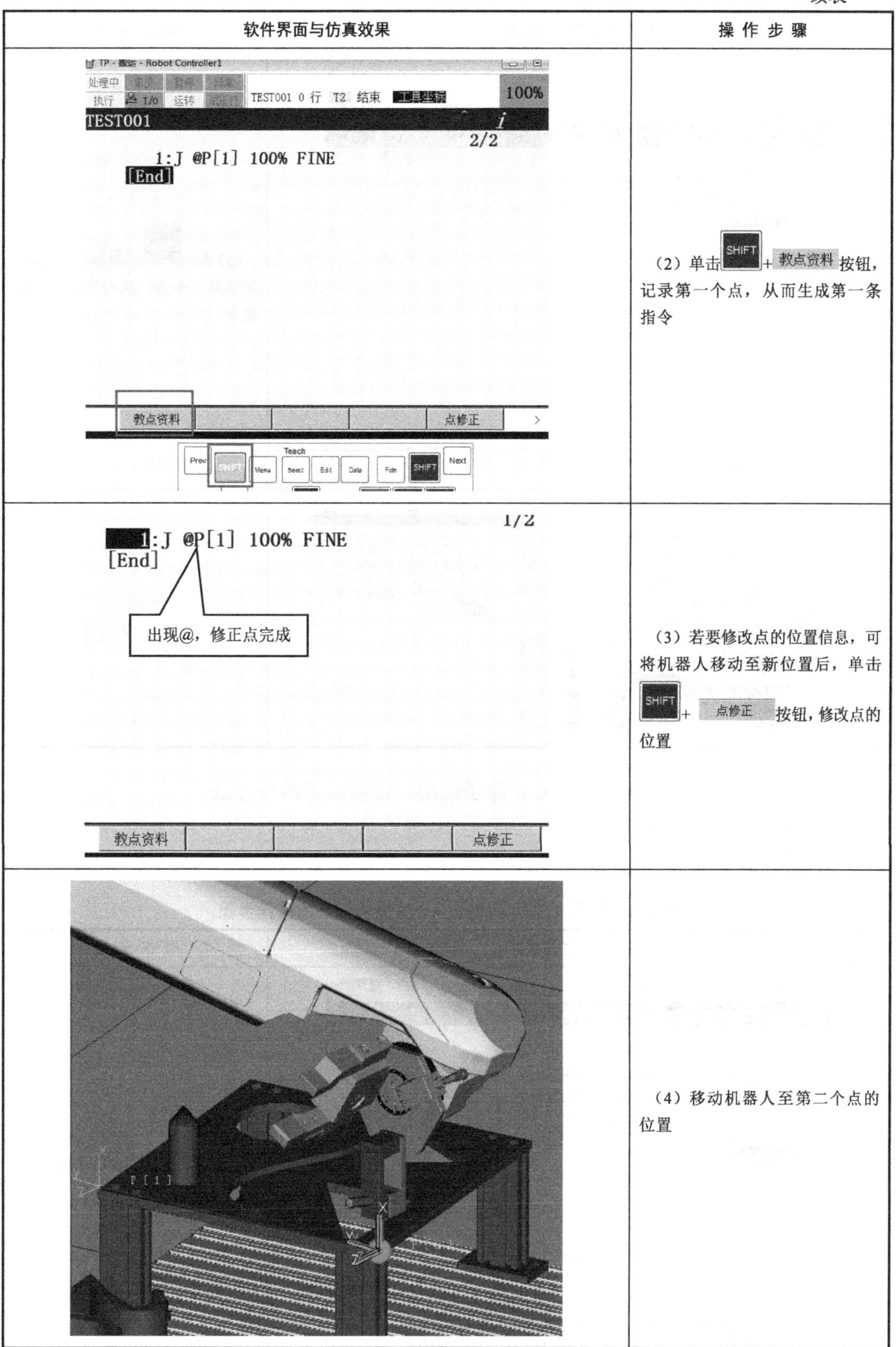

软件界面与仿真效果	操 作 步 骤
TP - 搬运 - Robot Controller1 TEST001 0 行 T2 结束 工具坐标 100% TEST001 2/2 1:J @P[1] 100% FINE [End] 教点资料 点修正	（2）单击 SHIFT + 教点资料 按钮，记录第一个点，从而生成第一条指令
1/2 1:J @P[1] 100% FINE [End] 出现@，修正点完成 教点资料 点修正	（3）若要修改点的位置信息，可将机器人移动至新位置后，单击 SHIFT + 点修正 按钮，修改点的位置
	（4）移动机器人至第二个点的位置

续表

软件界面与仿真效果	操 作 步 骤
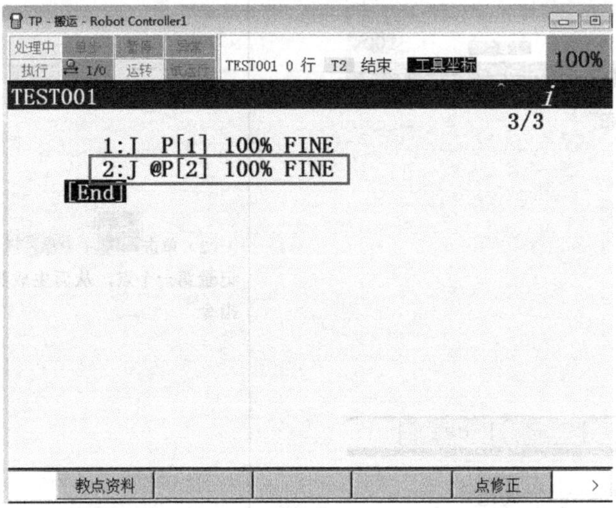	（5）单击 SHIFT + 教点资料 按钮，记录第二个点，从而生成第二条指令
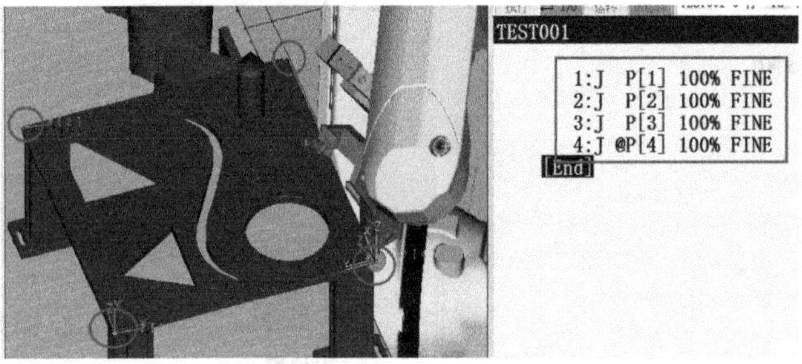	（6）采用相同的方法，操作机器人到达 4 个顶点的位置并记录

接下来，如使机器人返回起始点，除了拖动，还有以下两种方法。

方法一：直接输入法

具体操作见表 2-8。

表 2-8　机器人返回起始点——直接输入法的操作步骤

软件界面与仿真效果	操 作 步 骤
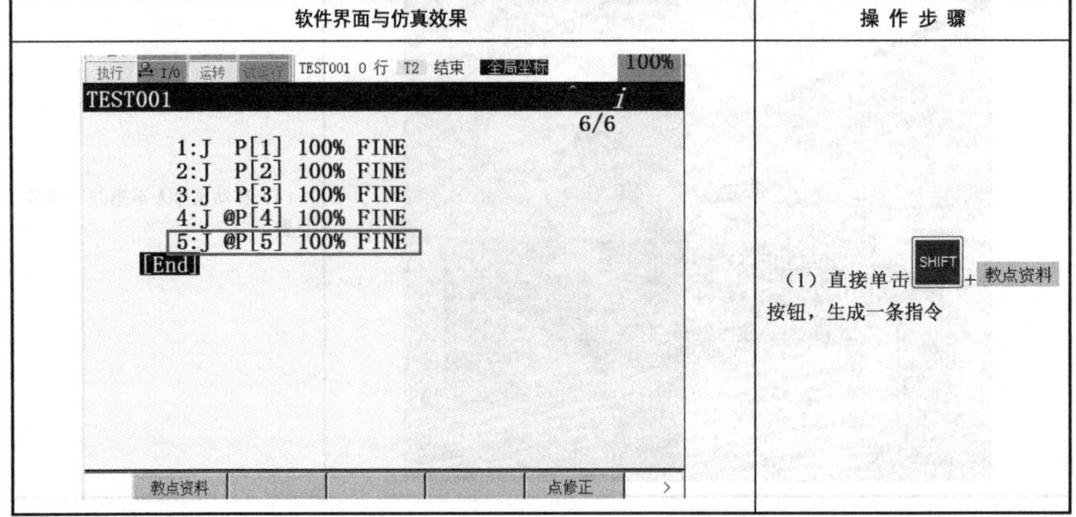	（1）直接单击 SHIFT + 教点资料 按钮，生成一条指令

续表

软件界面与仿真效果	操 作 步 骤
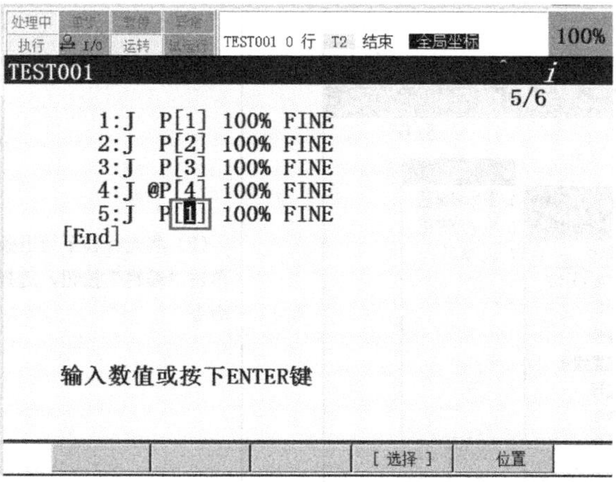 处理中 单步 暂停 异常 执行 I/O 运转 试运行 TEST001 0 行 T2 结束 全局坐标 100% TEST001 5/6 1:J P[1] 100% FINE 2:J P[2] 100% FINE 3:J P[3] 100% FINE 4:J @P[4] 100% FINE 5:J P[1] 100% FINE [End] 输入数值或按下ENTER键 [选择] 位置	（2）将光标移至“P[5]”处，修改为“P[1]”，单击  ENTER 按钮
P[1]	（3）调整机器人运行速度，单击   SHIFT + FWD 按钮，运行程序，观察机器人的运动

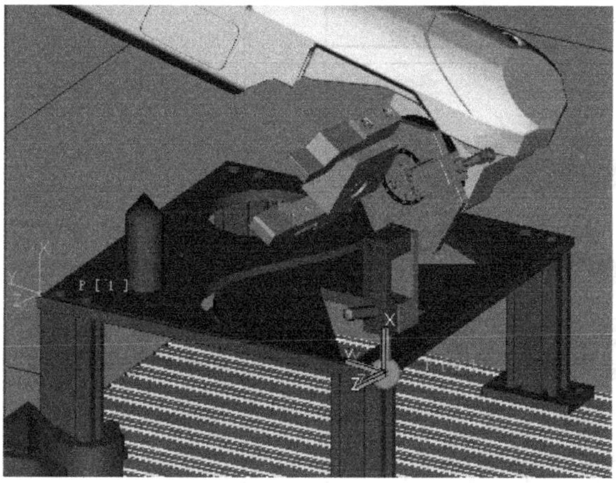

方法二：复制指令

具体操作见表 2-9。

表 2-9　机器人返回起始点——复制指令的操作步骤

软件界面与仿真效果	操 作 步 骤
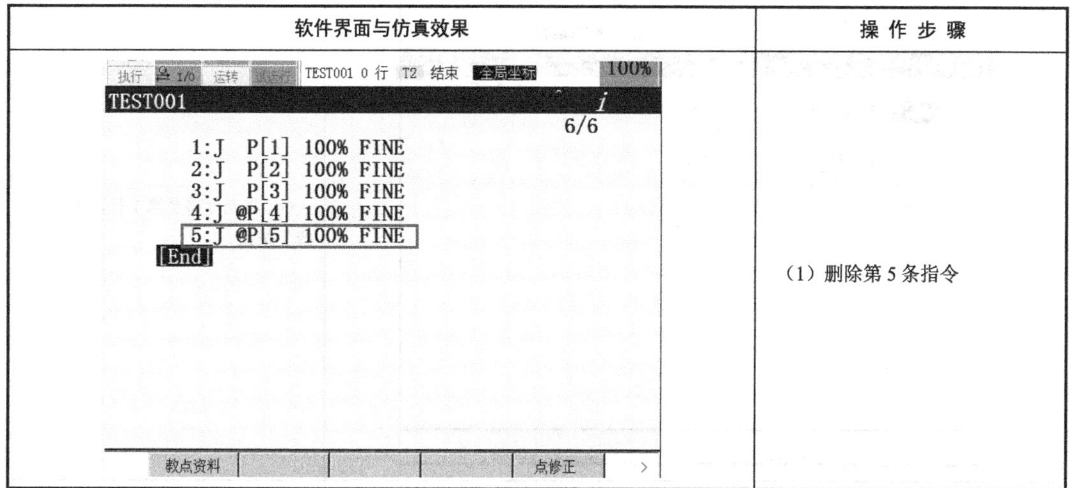 	（1）删除第 5 条指令

续表

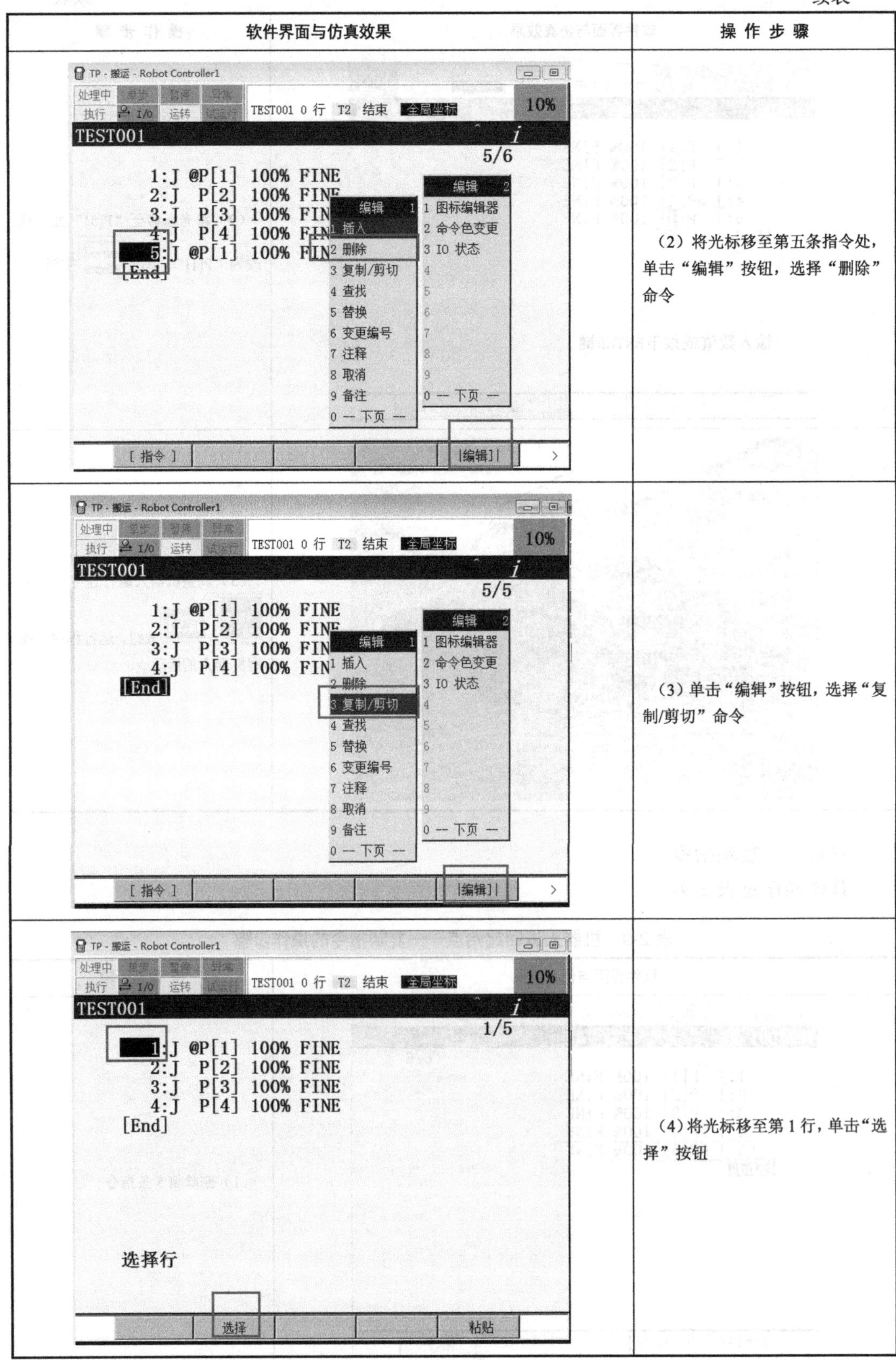

软件界面与仿真效果	操 作 步 骤
	（2）将光标移至第五条指令处，单击“编辑”按钮，选择“删除”命令
	（3）单击“编辑”按钮，选择“复制/剪切”命令
	（4）将光标移至第 1 行，单击“选择”按钮

续表

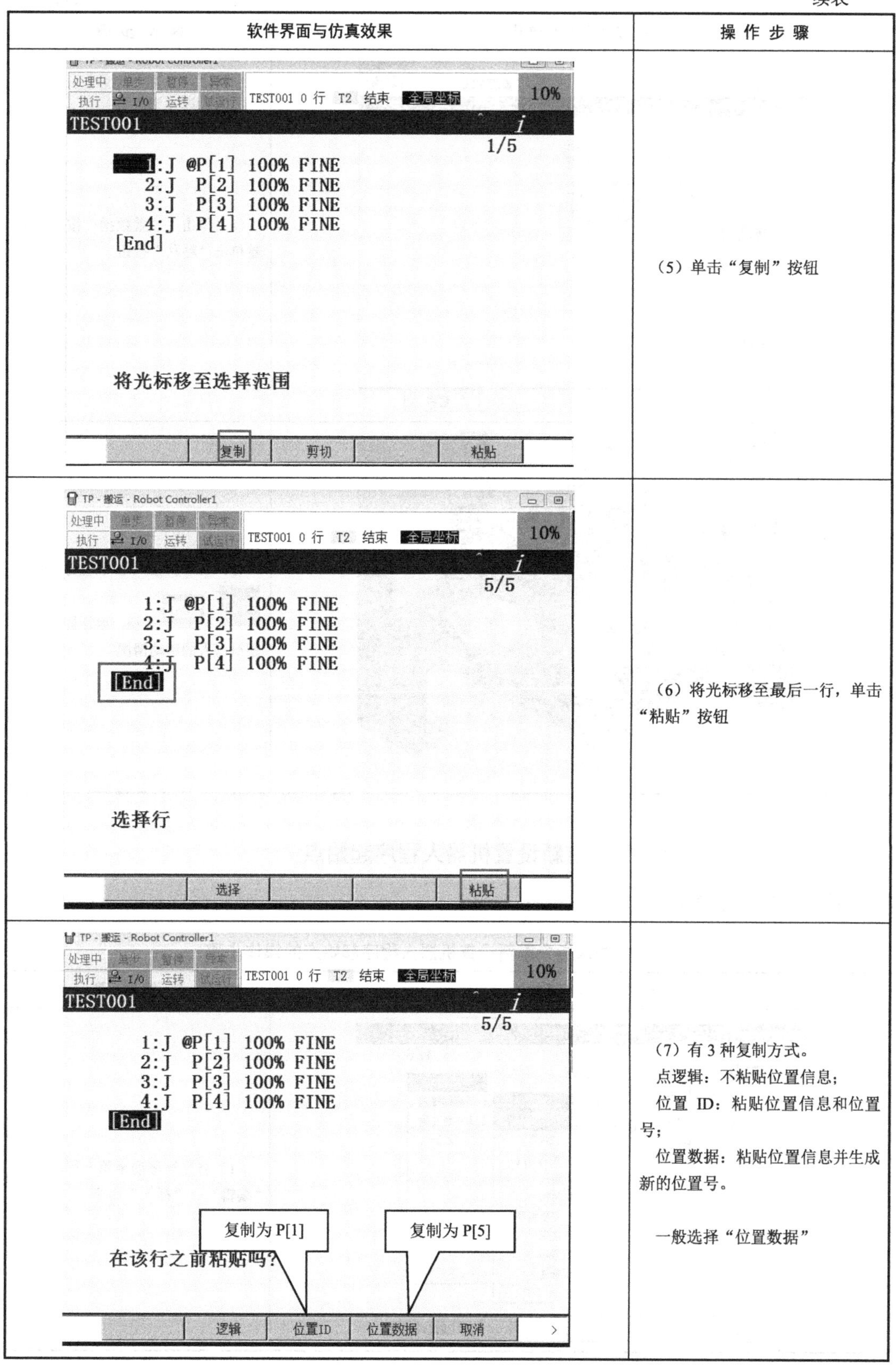

软件界面与仿真效果	操 作 步 骤
	（5）单击“复制”按钮
	（6）将光标移至最后一行，单击“粘贴”按钮
	（7）有 3 种复制方式。 点逻辑：不粘贴位置信息； 位置 ID：粘贴位置信息和位置号； 位置数据：粘贴位置信息并生成新的位置号。 一般选择“位置数据”

续表

软件界面与仿真效果	操 作 步 骤
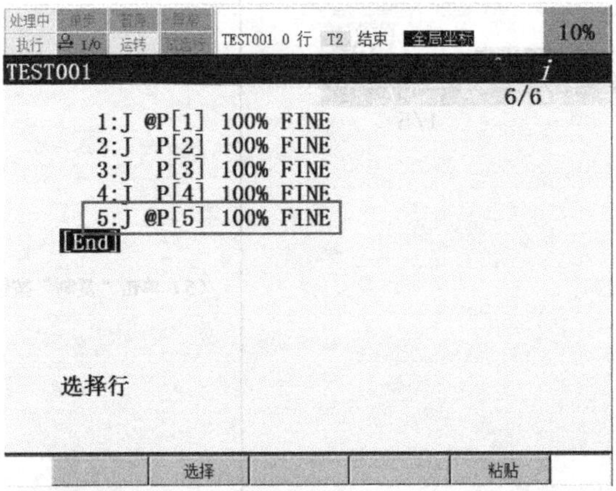 处理中 单步 暂停 异常 执行 I/O 运转 试运行 TEST001 0 行 T2 结束 全局坐标 10% TEST001 6/6 1:J @P[1] 100% FINE 2:J P[2] 100% FINE 3:J P[3] 100% FINE 4:J P[4] 100% FINE 5:J @P[5] 100% FINE [End] 选择行 选择 粘贴	（8）单击“位置数据”按钮，接着单击“粘贴”按钮
P[1] P[2] 100%	（9）调整机器人运行速度，单击 SHIFT + FWD 按钮，运行程序，观察机器人的运动情况

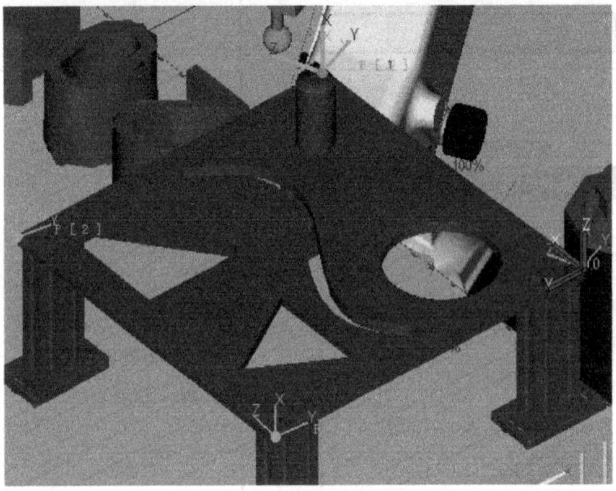

任务二：插入一行指令，重新设置机器人程序起始点

具体操作见表 2-10。

表 2-10 插入指令重新设置机器人程序起始点的操作步骤

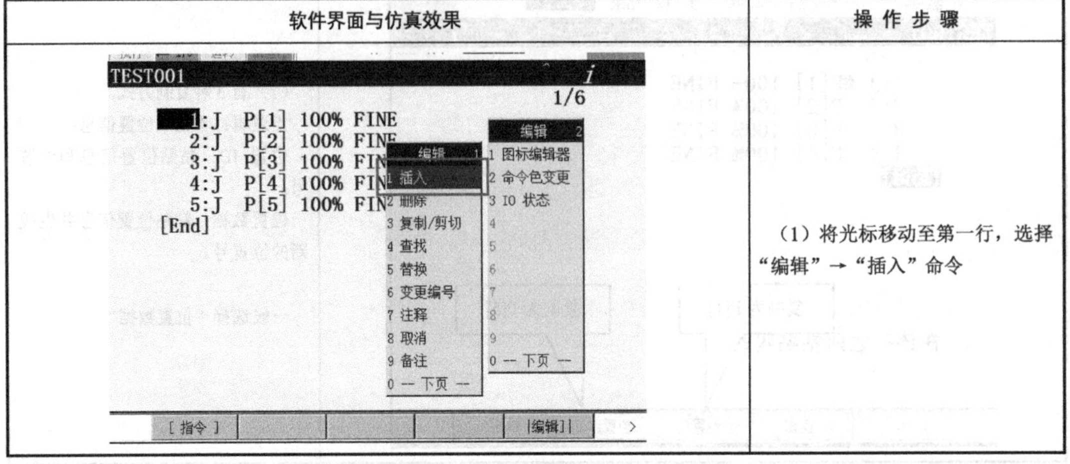

软件界面与仿真效果	操 作 步 骤
TEST001 1/6 1:J P[1] 100% FINE 2:J P[2] 100% FINE 3:J P[3] 100% FINE 4:J P[4] 100% FINE 5:J P[5] 100% FINE [End] 编辑 1: 1 插入 2 删除 3 复制/剪切 4 查找 5 替换 6 变更编号 7 注释 8 取消 9 备注 0 -- 下页 -- 编辑 2: 1 图标编辑器 2 命令色变更 3 IO 状态 4 5 6 7 8 9 0 -- 下页 -- [指令] [编辑] >	（1）将光标移动至第一行，选择“编辑”→“插入”命令

续表

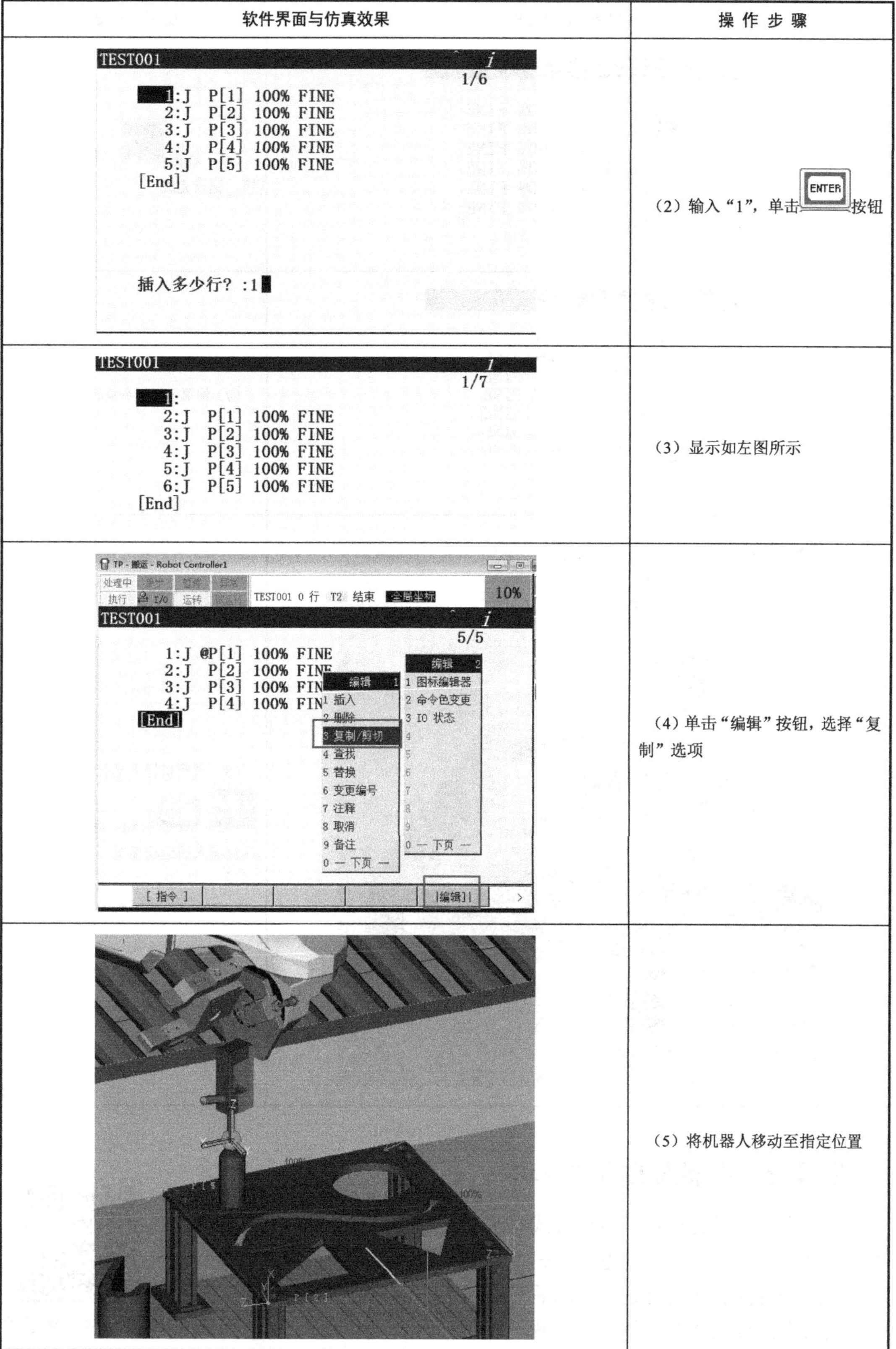

软件界面与仿真效果	操 作 步 骤
TEST001 1/6 1:J P[1] 100% FINE 2:J P[2] 100% FINE 3:J P[3] 100% FINE 4:J P[4] 100% FINE 5:J P[5] 100% FINE [End] 插入多少行？:1	（2）输入“1”，单击 ENTER 按钮
TEST001 1/7 1: 2:J P[1] 100% FINE 3:J P[2] 100% FINE 4:J P[3] 100% FINE 5:J P[4] 100% FINE 6:J P[5] 100% FINE [End]	（3）显示如左图所示
TP - 搬运 - Robot Controller1 TEST001 0 行 T2 结束 全局坐标 10% TEST001 5/5 1:J @P[1] 100% FINE 2:J P[2] 100% FINE 3:J P[3] 100% FINE 4:J P[4] 100% FINE [End] 编辑 1：1 插入 2 删除 3 复制/剪切 4 查找 5 替换 6 变更编号 7 注释 8 取消 9 备注 0 — 下页 — 编辑 2：1 图标编辑器 2 命令色变更 3 IO 状态 0 — 下页 — [指令] [编辑]	（4）单击“编辑”按钮，选择“复制”选项
	（5）将机器人移动至指定位置

续表

软件界面与仿真效果	操 作 步 骤
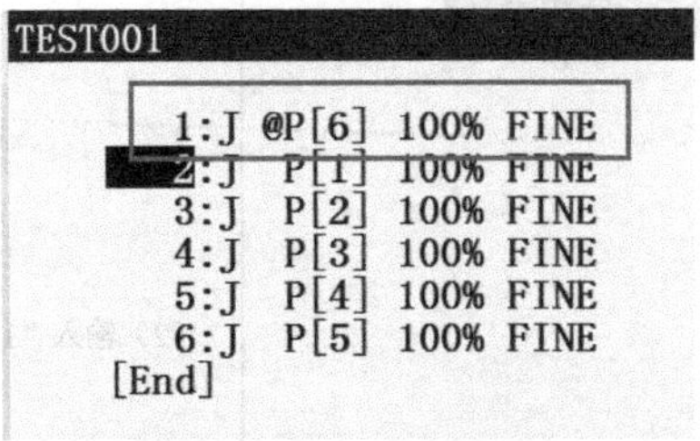 TEST001 1:J @P[6] 100% FINE 2:J P[1] 100% FINE 3:J P[2] 100% FINE 4:J P[3] 100% FINE 5:J P[4] 100% FINE 6:J P[5] 100% FINE [End]	（6）单击 SHIFT + 教点资料 按钮，记录完成
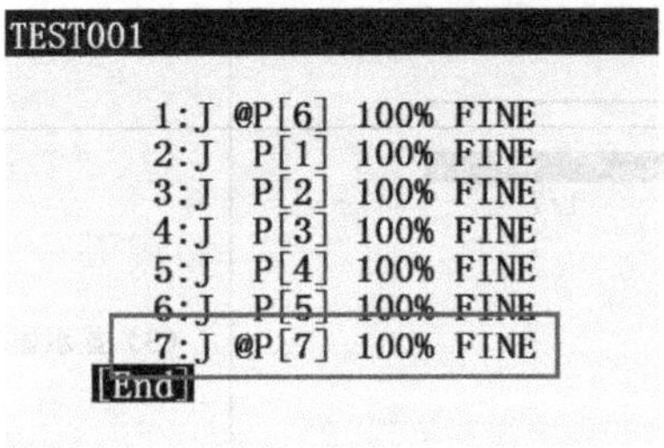 TEST001 1:J @P[6] 100% FINE 2:J P[1] 100% FINE 3:J P[2] 100% FINE 4:J P[3] 100% FINE 5:J P[4] 100% FINE 6:J P[5] 100% FINE 7:J @P[7] 100% FINE [End]	（7）将第 1 行指令复制到最后一行
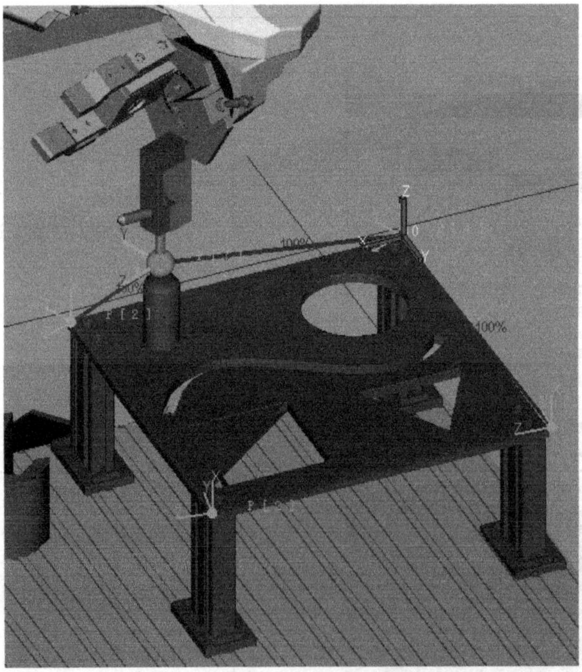	（8）调整机器人运行速度，单击 SHIFT + FWD 按钮，运行程序，观察机器人的运动情况

2.3.2 机器人的直线运动

机器人的直线运动

机器人的直线运动是以线性方式对从动作开始点到结束点的TCP移动轨迹进行控制的一种移动方法，在对结束点进行示教时记录动作类型，将开始点和目标点的姿势进行分割后对移动中的工具姿势进行控制。

机器人直线运动的具体操作步骤见表 2-11。

表 2-11　机器人直线运动的具体操作步骤

软件界面与仿真效果	操 作 步 骤
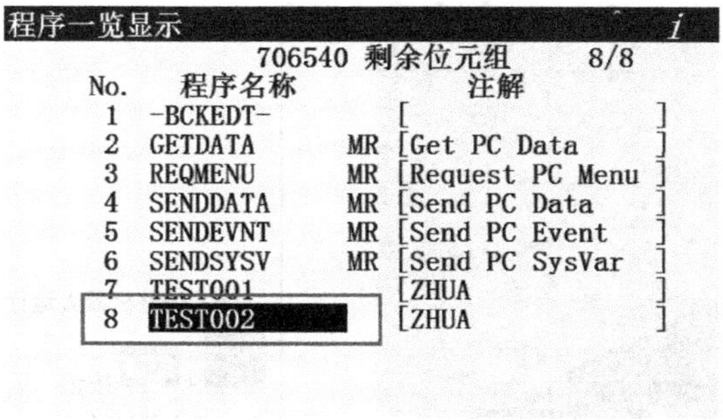 程序一览显示 *i* 706540 剩余位元组 8/8 No. 程序名称 注解 1 -BCKEDT- [ ] 2 GETDATA MR [Get PC Data] 3 REQMENU MR [Request PC Menu] 4 SENDDATA MR [Send PC Data] 5 SENDEVNT MR [Send PC Event] 6 SENDSYSV MR [Send PC SysVar] 7 TEST001 [ZHUA] 8 TEST002 [ZHUA]	（1）复制“TEXT001”程序并修改为“TEXT002”
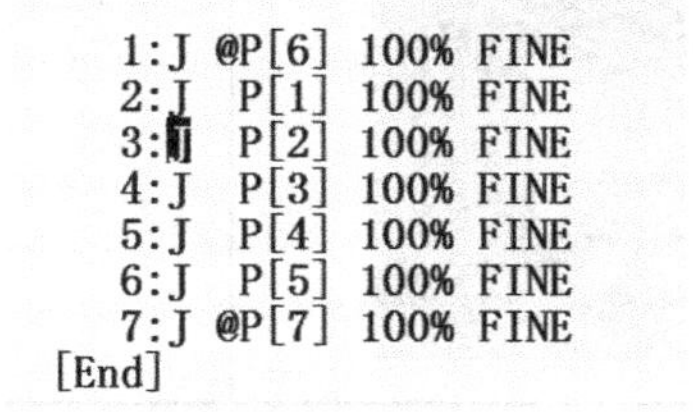 1:J @P[6] 100% FINE 2:J P[1] 100% FINE 3:J P[2] 100% FINE 4:J P[3] 100% FINE 5:J P[4] 100% FINE 6:J P[5] 100% FINE 7:J @P[7] 100% FINE [End]	（2）将光标移至第 3 行“J”处
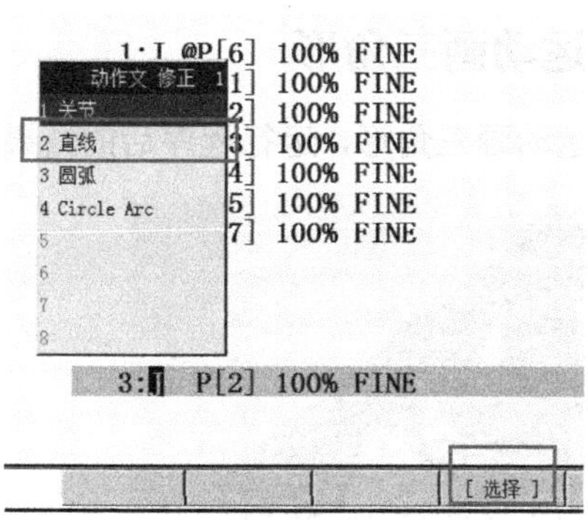 1:J @P[6] 100% FINE 动作文 修正 1 1 关节 2 直线 3 圆弧 4 Circle Arc 5 6 7 8 3:J P[2] 100% FINE [选择]	（3）单击“选择”按钮，在弹出的菜单中选择“直线”命令
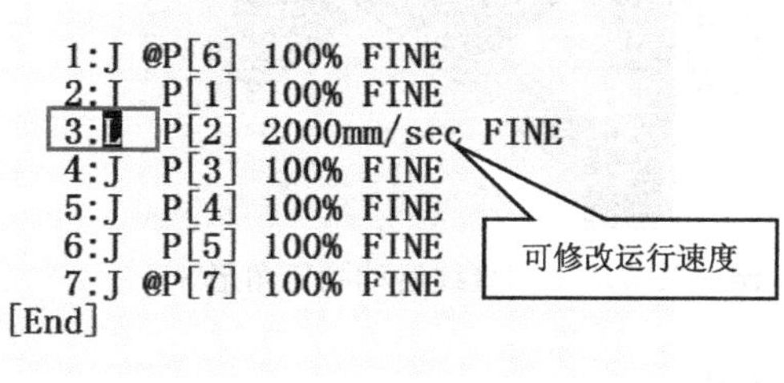 1:J @P[6] 100% FINE 2:J P[1] 100% FINE 3:L P[2] 2000mm/sec FINE 4:J P[3] 100% FINE 5:J P[4] 100% FINE 6:J P[5] 100% FINE 7:J @P[7] 100% FINE [End] 可修改运行速度	（4）如左图所示，运动类型已改为“L”（直线）
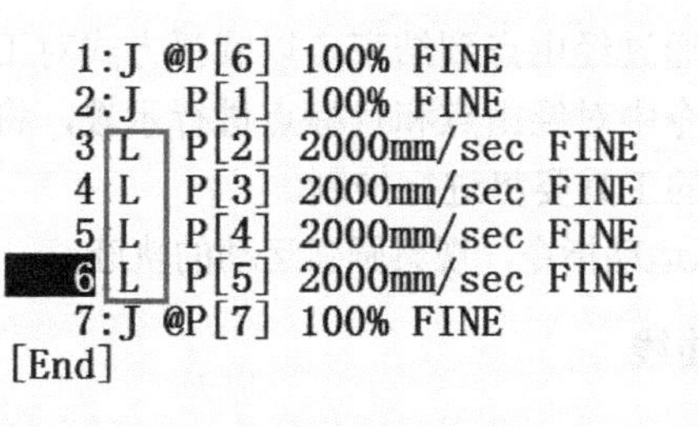 1:J @P[6] 100% FINE 2:J P[1] 100% FINE 3 L P[2] 2000mm/sec FINE 4 L P[3] 2000mm/sec FINE 5 L P[4] 2000mm/sec FINE 6 L P[5] 2000mm/sec FINE 7:J @P[7] 100% FINE [End]	（5）采用相同的方法，将 4、5、6 行也改为“L”直线运动

续表

软件界面与仿真效果	操 作 步 骤
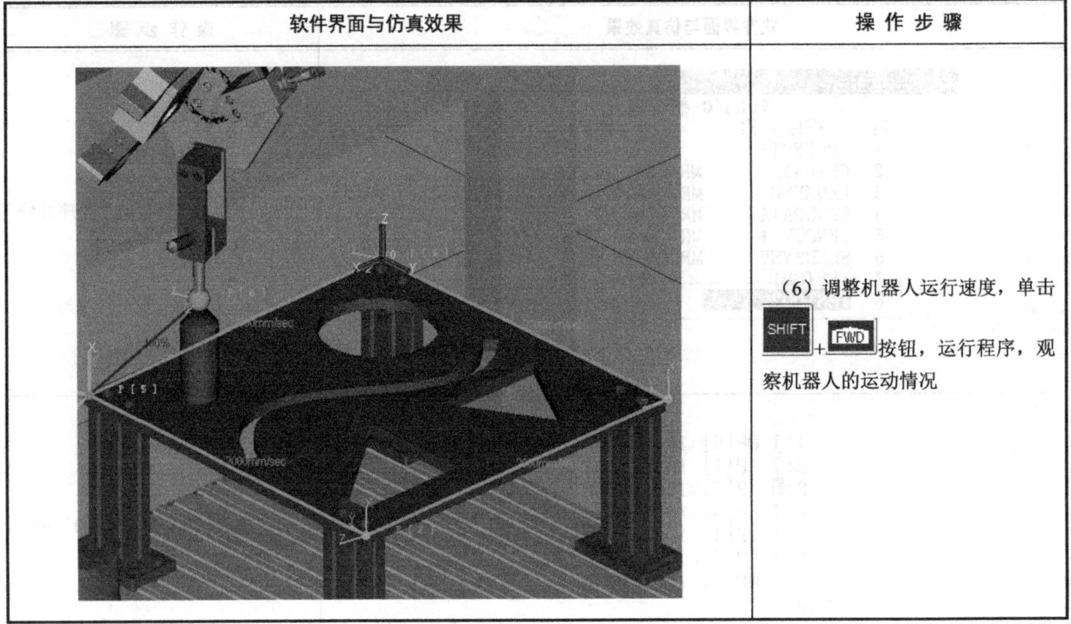	（6）调整机器人运行速度，单击 SHIFT + FWD 按钮，运行程序，观察机器人的运动情况

2.3.3 使用关节运动和直线运动画三角形

新建程序，分别使用关节运动和直线运动画三角形，运行程序后的结果如图 2-1 所示。

图 2-1　机器人关节运动和直线运动画三角形

2.3.4 机器人的圆弧运动

机器人的圆弧运动是从动作开始点通过经由点到结束点以圆弧方式对工具点移动轨迹进行控制的一种移动方法，其在一个指令中对经由点和目标点进行示教，将开始点、经由点、目标点的姿势进行分割后对移动中的工具姿势进行控制。

任务目标：学习和使用机器人的圆弧运动指令，观察圆弧运动的轨迹。

任务一：机器人圆弧运动画波浪曲线

具体操作见表 2-12。

机器人的圆弧运动

表 2-12　机器人圆弧运动画波浪线的操作步骤

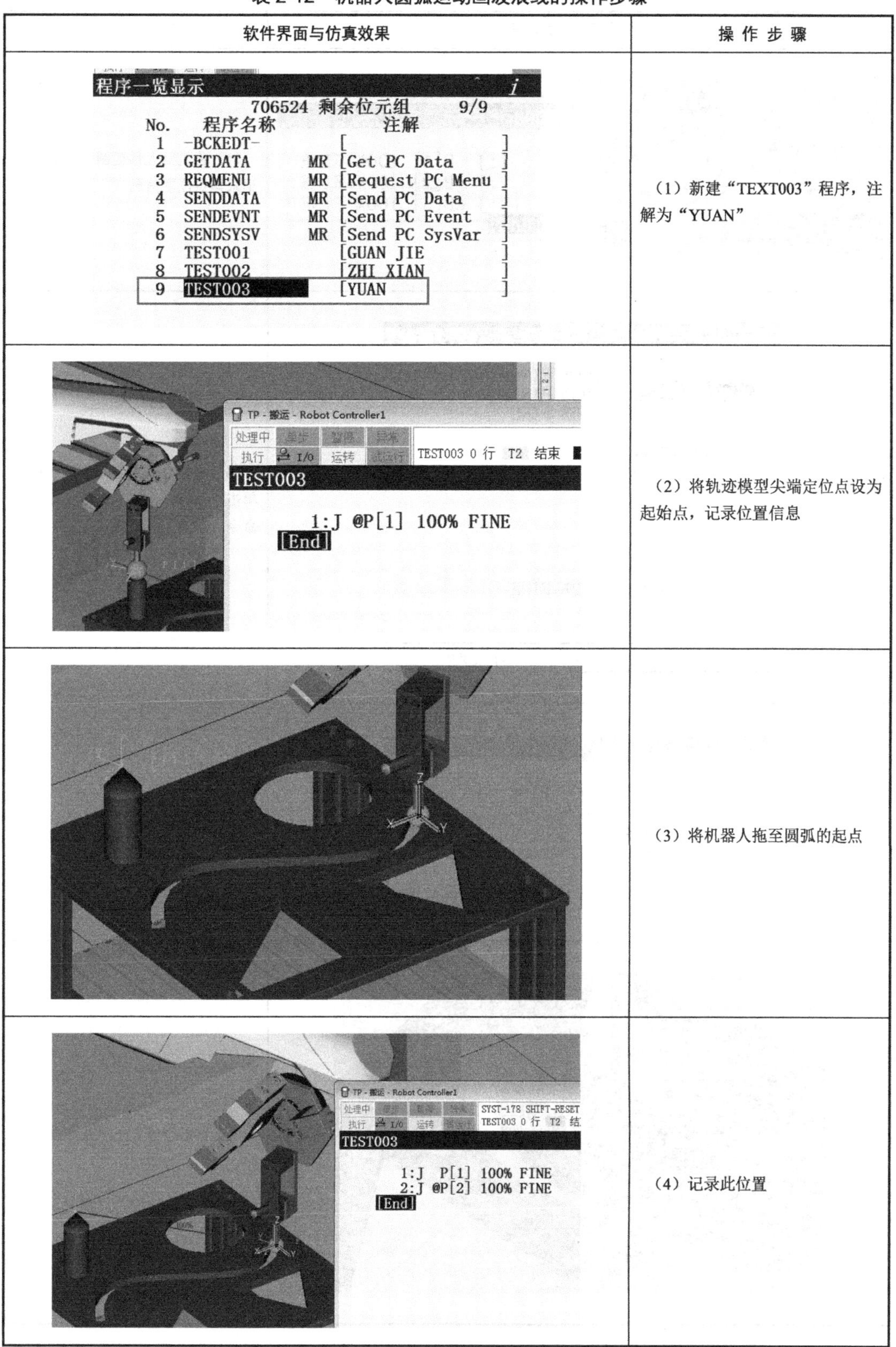

软件界面与仿真效果	操 作 步 骤
	（1）新建“TEXT003”程序，注解为“YUAN”
	（2）将轨迹模型尖端定位点设为起始点，记录位置信息
	（3）将机器人拖至圆弧的起点
	（4）记录此位置

续表

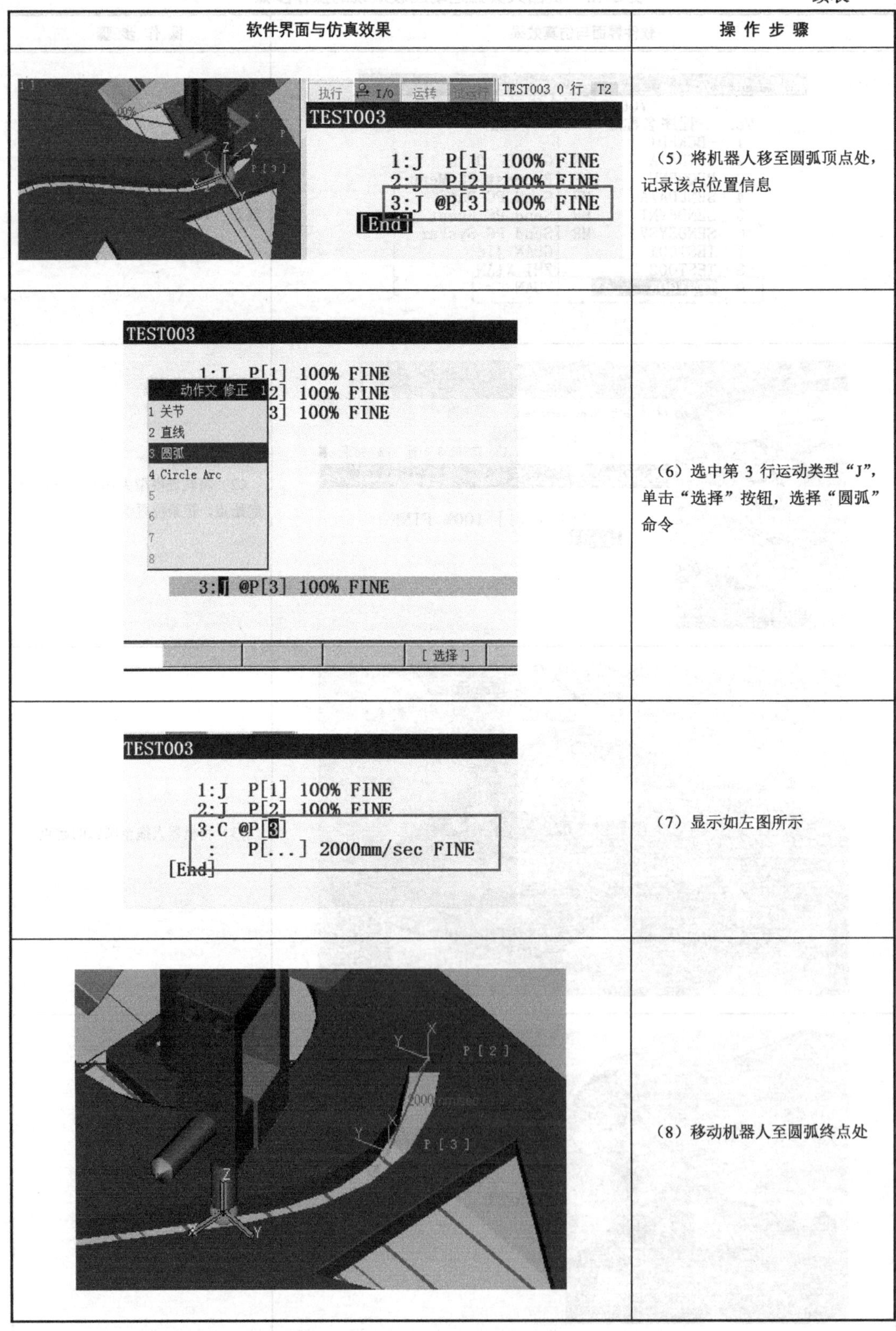

软件界面与仿真效果	操 作 步 骤
	（5）将机器人移至圆弧顶点处，记录该点位置信息
	（6）选中第 3 行运动类型“J”，单击“选择”按钮，选择“圆弧”命令
	（7）显示如左图所示
	（8）移动机器人至圆弧终点处

续表

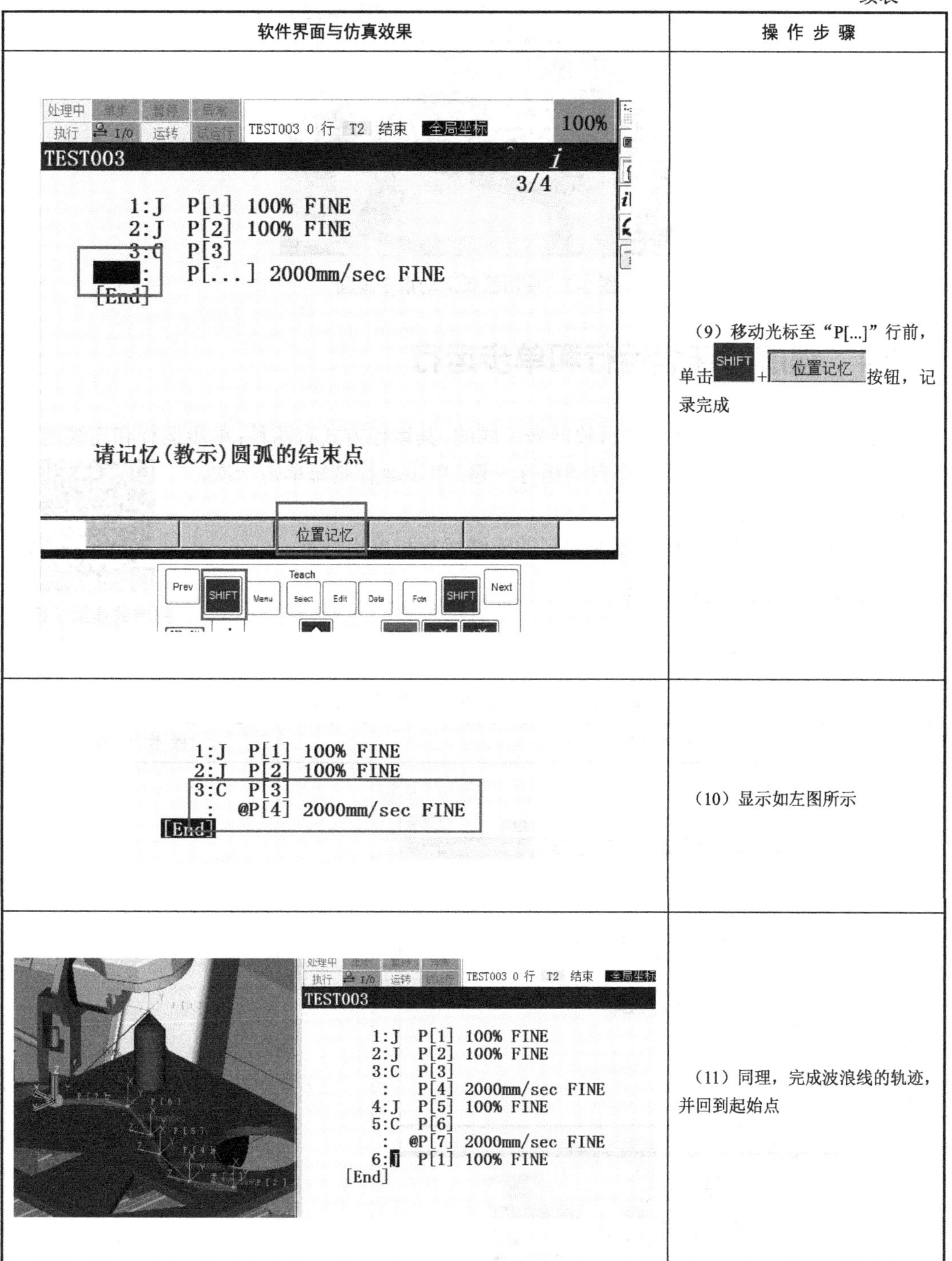

软件界面与仿真效果	操 作 步 骤
处理中 执行 I/O 运转 TEST003 0 行 T2 结束 全局坐标 100% TEST003 3/4 1:J P[1] 100% FINE 2:J P[2] 100% FINE 3:C P[3] : P[...] 2000mm/sec FINE [End] 请记忆(教示)圆弧的结束点 位置记忆 Prev SHIFT Teach Menu Select Edit Data Fctn SHIFT Next	（9）移动光标至“P[...]”行前，单击 SHIFT + 位置记忆 按钮，记录完成
1:J P[1] 100% FINE 2:J P[2] 100% FINE 3:C P[3] : @P[4] 2000mm/sec FINE [End]	（10）显示如左图所示
处理中 执行 I/O 运转 TEST003 0 行 T2 结束 全局坐标 TEST003 1:J P[1] 100% FINE 2:J P[2] 100% FINE 3:C P[3] : P[4] 2000mm/sec FINE 4:J P[5] 100% FINE 5:C P[6] : @P[7] 2000mm/sec FINE 6: P[1] 100% FINE [End]	（11）同理，完成波浪线的轨迹，并回到起始点

任务二：使用圆弧运动指令画圆并运行程序

结果如图 2-2 所示。

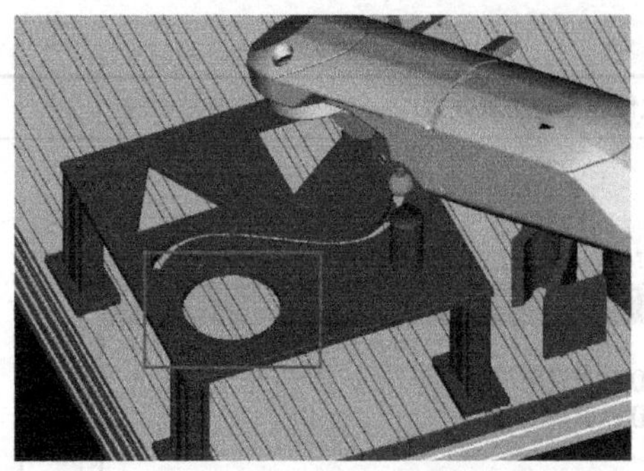

图 2-2　使用圆弧运动指令画圆

2.4　程序的连续运行和单步运行

FANUC 机器人运行是通过示教器来完成的，其运行方式有两种：单步运行和连续运行。连续运行是指机器人将完整程序自动运行一遍，单步运行是每单击一次，机器人运行一步程序。

程序的连续运行和单步运行

任务目标：学习和掌握机器人程序的连续运行和单步运行。

任务一：机器人连续运行

具体操作见表 2-13。

表 2-13　机器人连续运行的操作步骤

<table>
<tr><th>软件界面与仿真效果</th><th>操 作 步 骤</th></tr>
<tr><td>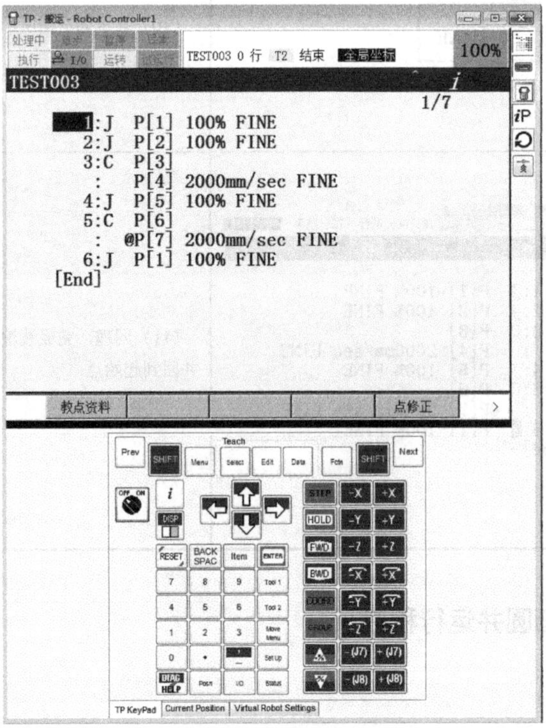
TP - 搬运 - Robot Controller1
处理中
执行
I/O
运转
TEST003 0 行 T2 结束 全局坐标
100%
TEST003
1/7
1:J P[1] 100% FINE
2:J P[2] 100% FINE
3:C P[3]
: P[4] 2000mm/sec FINE
4:J P[5] 100% FINE
5:C P[6]
: @P[7] 2000mm/sec FINE
6:J P[1] 100% FINE
[End]
教点资料
点修正
TP KeyPad
Current Position
Virtual Robot Settings</td><td>（1）打开仿真示教器，打开程序“TEST003”</td></tr>
</table>

续表

软件界面与仿真效果	操 作 步 骤
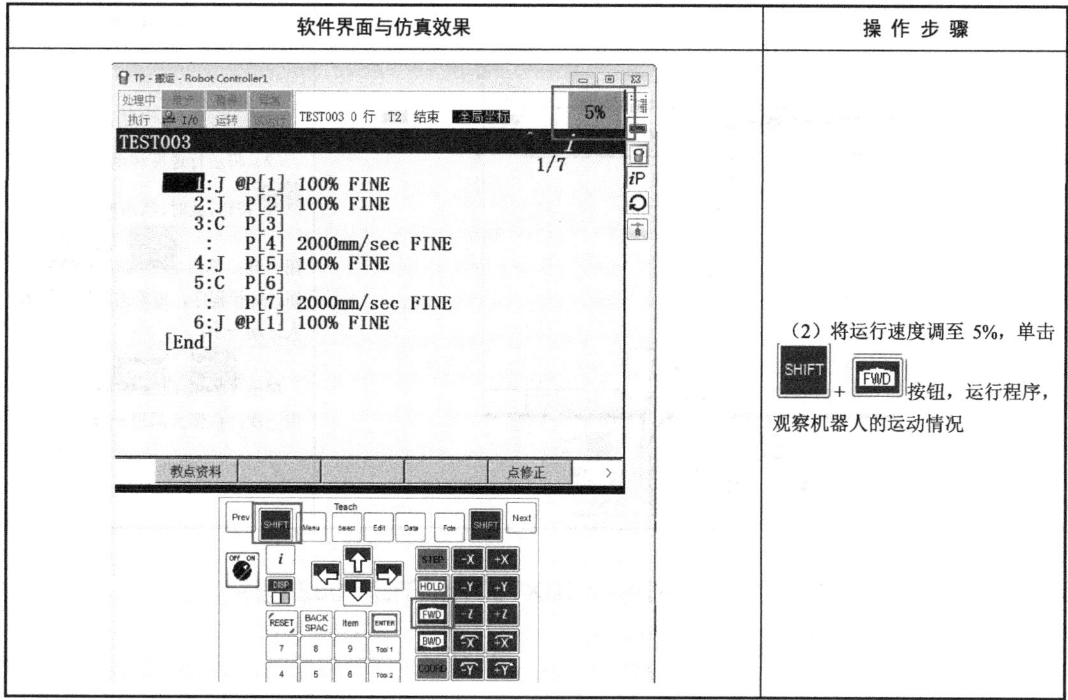	（2）将运行速度调至 5%，单击 SHIFT + FWD 按钮，运行程序，观察机器人的运动情况

任务二：机器人单步运行

具体操作见表 2-14。

表 2-14　机器人单步运行的操作步骤

软 件 界 面	操 作 步 骤
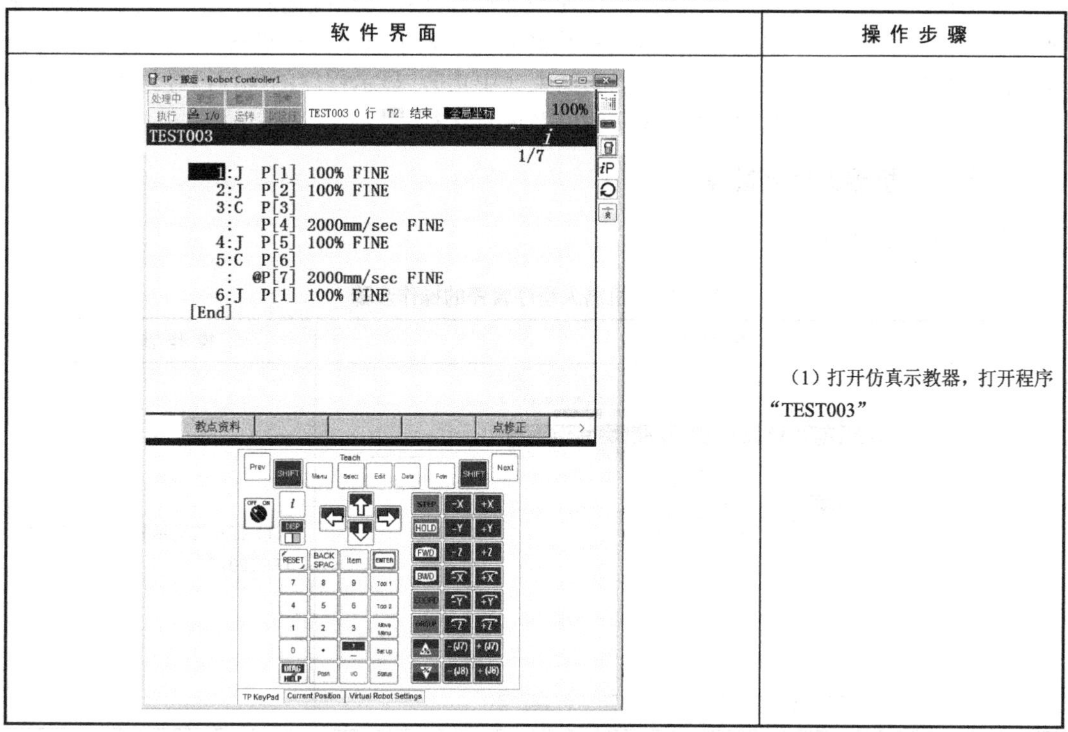	（1）打开仿真示教器，打开程序“TEST003”

续表

软 件 界 面	操 作 步 骤
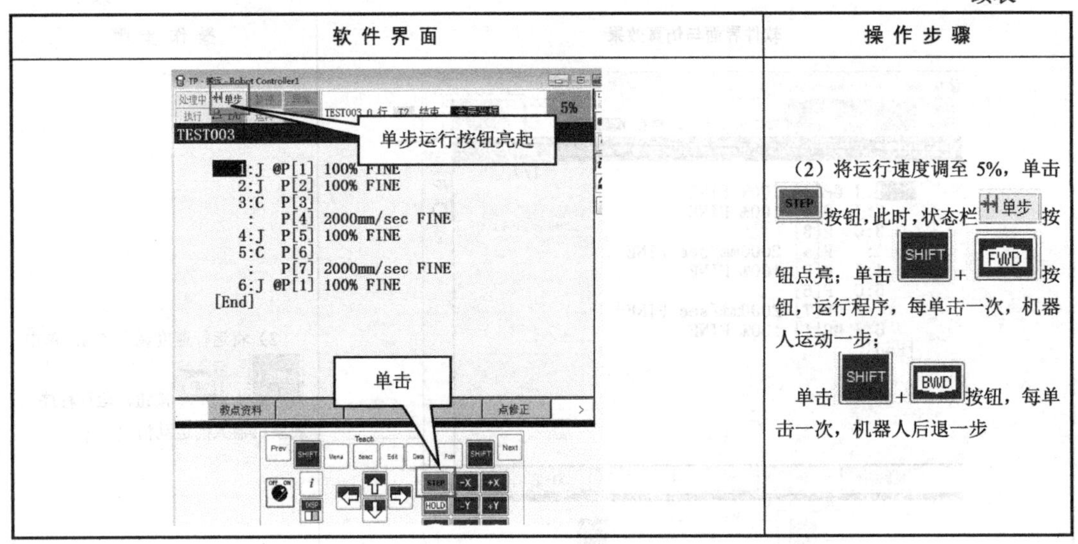	（2）将运行速度调至 5%，单击 STEP 按钮，此时，状态栏 单步 按钮点亮；单击 SHIFT + FWD 按钮，运行程序，每单击一次，机器人运动一步； 单击 SHIFT + BWD 按钮，每单击一次，机器人后退一步

任务三：分别单步运行、连续运行 TEXT001 和 TEXT002 程序

详细操作请学习者自行完成。

2.5 程序暂停、恢复运行

程序执行过程中的停止是由两种情况引起：人为停止程序运行和报警引起程序停止。程序停止后，机器人不再继续下面的动作，而正在动作中的机器人因程序停止造成减速的方法有两种，一是瞬时停止，即机器人迅速减速后停止；二是减速后停止，即机器人慢慢减速后停止。而程序停止后，在机器人示教器上可以表示以下两种状态，一是暂停，表示程序的执行被暂时中断的状态；二是强制结束（中止），显示程序的执行已经结束的状态。

任务目标：学习和掌握机器人程序暂停及恢复运行。

任务一：机器人程序暂停

具体操作见表 2-15。

表 2-15　机器人程序暂停的操作步骤

软 件 界 面	操 作 步 骤
	（1）打开仿真示教器，打开程序“TEST001”

续表

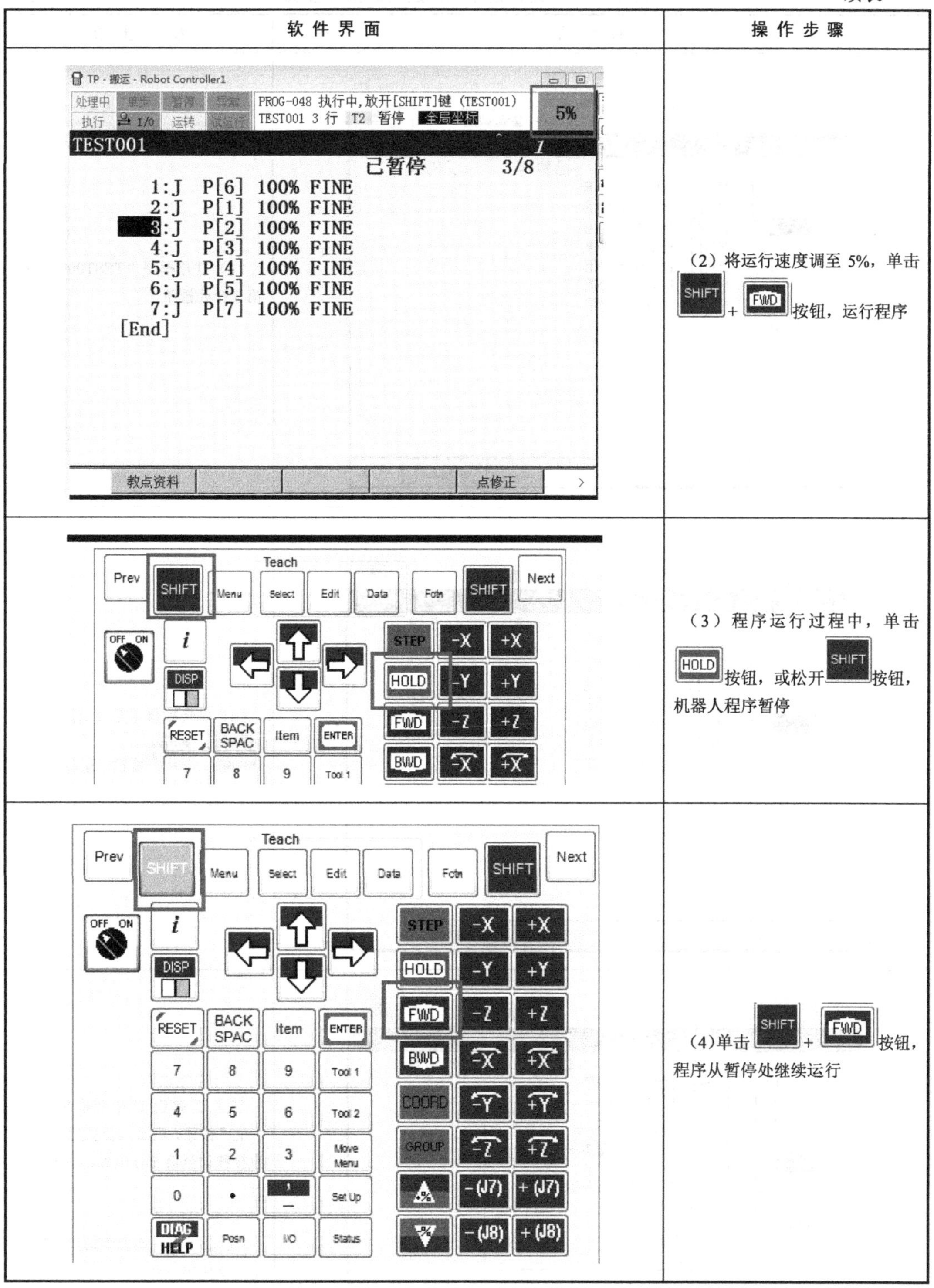

软件界面	操作步骤
	（2）将运行速度调至 5%，单击 SHIFT + FWD 按钮，运行程序
	（3）程序运行过程中，单击 HOLD 按钮，或松开 SHIFT 按钮，机器人程序暂停
	（4）单击 SHIFT + FWD 按钮，程序从暂停处继续运行

任务二：机器人程序隔行运行

具体操作见表 2-16。

表 2-16　机器人程序隔行运行的操作步骤

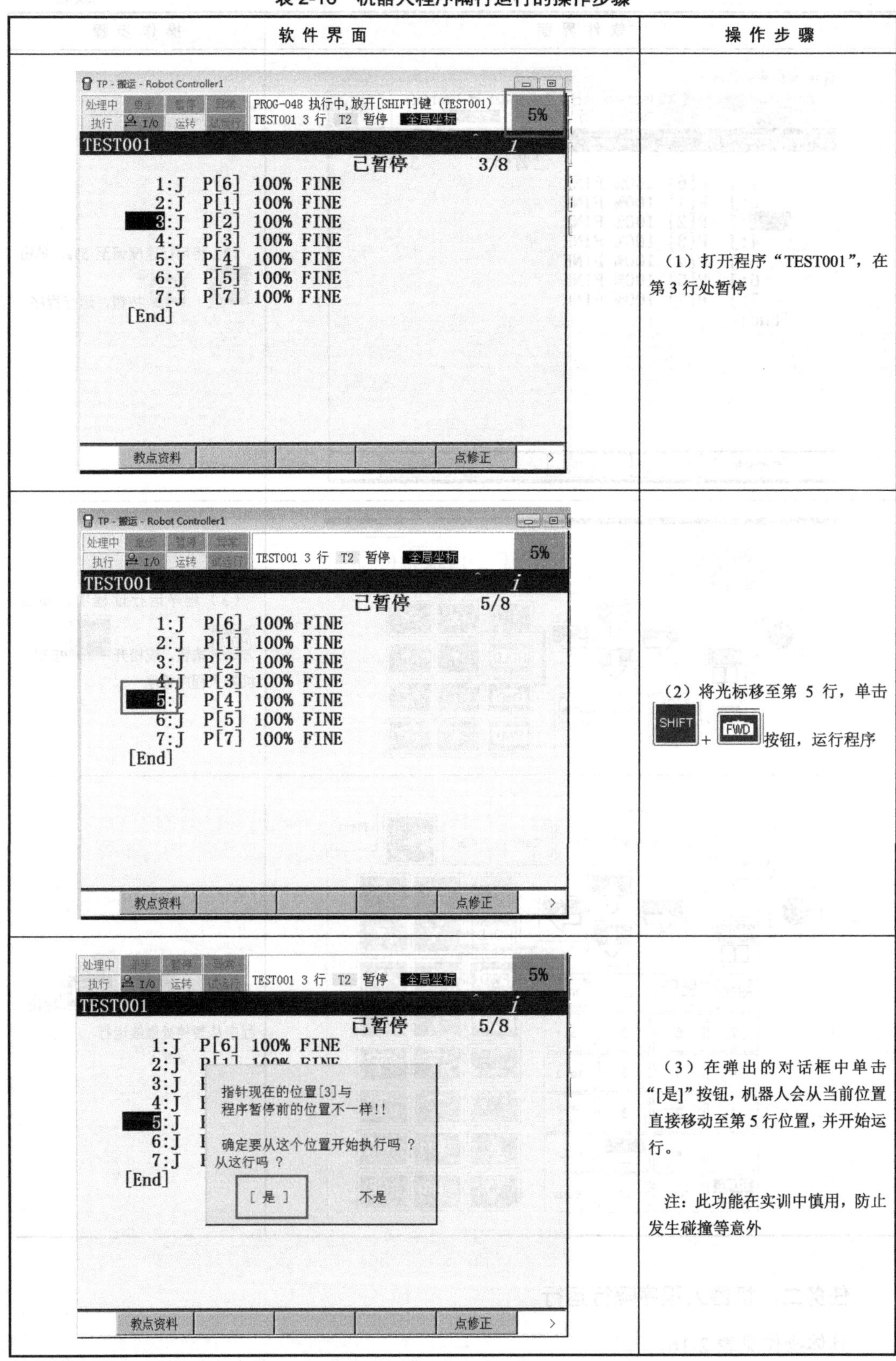

软 件 界 面	操 作 步 骤
	（1）打开程序“TEST001”，在第 3 行处暂停
	（2）将光标移至第 5 行，单击 SHIFT + FWD 按钮，运行程序
	（3）在弹出的对话框中单击“[是]”按钮，机器人会从当前位置直接移动至第 5 行位置，并开始运行。 注：此功能在实训中慎用，防止发生碰撞等意外

任务三：运行程序 TEST001、TEST002，暂停和恢复运行程序

详细操作请学习者自行完成。

2.6　机器人运动指令的终止类型

知识储备：机器人运动指令的终止类型分为 FINE 和 CNT 两种。

FINE：机器人在目标位置停止（定位）后，向下一个目标位置移动。

CNT：机器人靠近目标位置，但是不在该位置停止而向下一个目标位置移动。使用 CNT 作为运动终止类型，可以使机器人的运动看上去更连贯。

任务目标：编程并观察机器人两种运动指令终止类型 FINE 和 CNT 的区别。

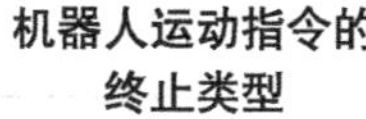

机器人运动指令的终止类型

任务一：将机器人运动指令终止类型 FINE 改为 CNT

具体操作见表 2-17。

表 2-17　机器人运动指令终止类型 FINE 改为 CNT 的操作步骤

软件界面与仿真效果	操 作 步 骤
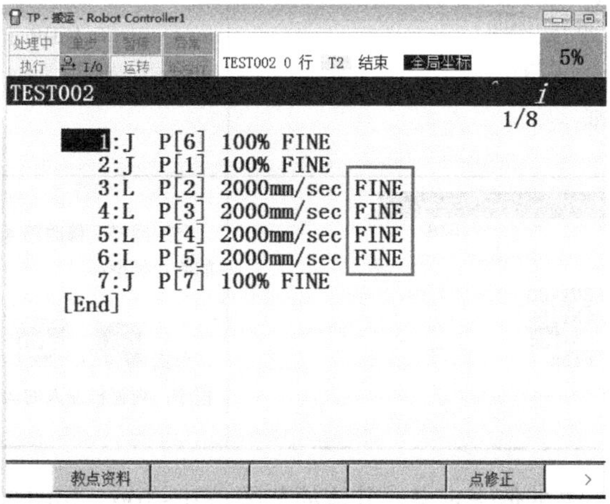 TP - 搬运 - Robot Controller1 TEST002 0 行 T2 结束 全局坐标 5% TEST002 1/8 1:J P[6] 100% FINE 2:J P[1] 100% FINE 3:L P[2] 2000mm/sec FINE 4:L P[3] 2000mm/sec FINE 5:L P[4] 2000mm/sec FINE 6:L P[5] 2000mm/sec FINE 7:J P[7] 100% FINE [End] 教点资料 点修正	（1）打开仿真示教器，打开并运行程序“TEST002”
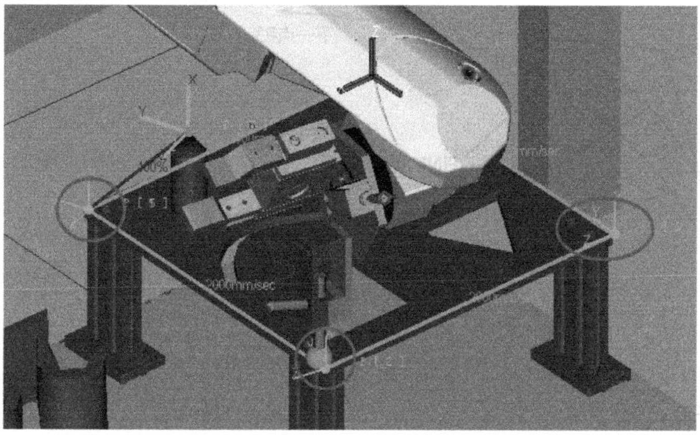	（2）观察机器人运行轨迹

续表

软件界面与仿真效果	操作步骤
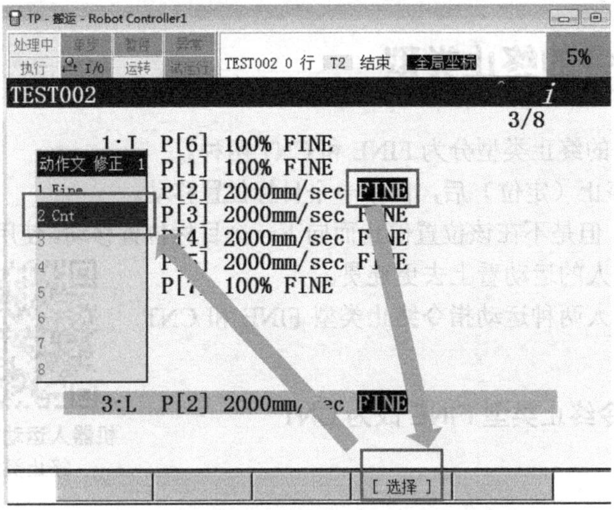 TP - 搬运 - Robot Controller1 处理中 单步 暂停 异常 执行 I/O 运转 试运行 TEST002 0 行 T2 结束 全局坐标 5% TEST002 3/8 1:J P[6] 100% FINE P[1] 100% FINE P[2] 2000mm/sec FINE P[3] 2000mm/sec FINE P[4] 2000mm/sec FINE P[5] 2000mm/sec FINE P[7] 100% FINE 动作文 修正 1 1 Fine 2 Cnt 3:L P[2] 2000mm/sec FINE [选择]	（3）将光标移至第 3 行“FINE”处，单击“选择”按钮，选择“Cnt”选项，单击 ENTER 按钮
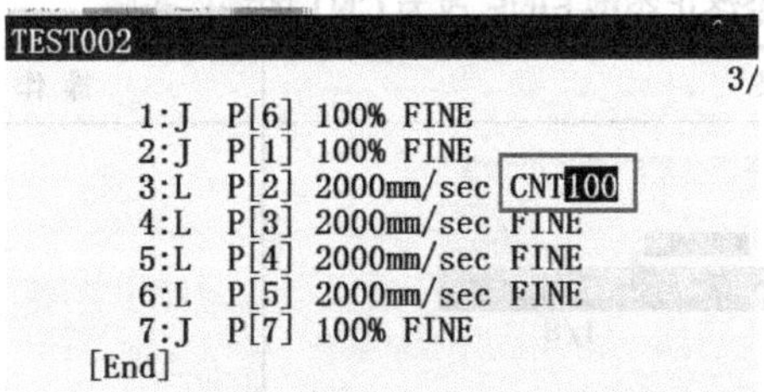 TEST002 3/ 1:J P[6] 100% FINE 2:J P[1] 100% FINE 3:L P[2] 2000mm/sec CNT100 4:L P[3] 2000mm/sec FINE 5:L P[4] 2000mm/sec FINE 6:L P[5] 2000mm/sec FINE 7:J P[7] 100% FINE [End]	（4）程序如左图所示
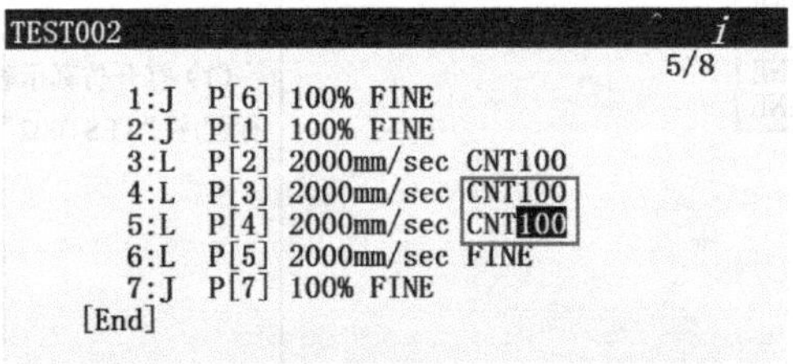 TEST002 5/8 1:J P[6] 100% FINE 2:J P[1] 100% FINE 3:L P[2] 2000mm/sec CNT100 4:L P[3] 2000mm/sec CNT100 5:L P[4] 2000mm/sec CNT100 6:L P[5] 2000mm/sec FINE 7:J P[7] 100% FINE [End]	（5）同样，修改第 4、5 行指令的终止类型； 单击 SHIFT + FWD 按钮，运行程序，观察机器人的运动情况

机器人靠近目标位置的程度由 CNT 的值来定义，其值的范围是 0～100，如图 2-3 所示。

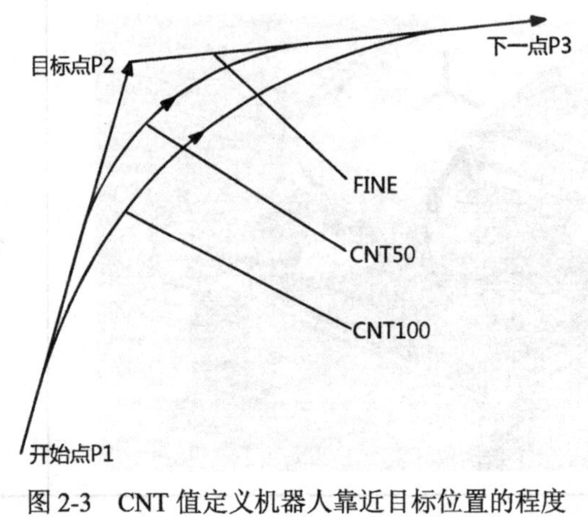

图 2-3　CNT 值定义机器人靠近目标位置的程度

任务二：修改 CNT 值

具体操作见表 2-18。

表 2-18　修改 CNT 值的操作步骤

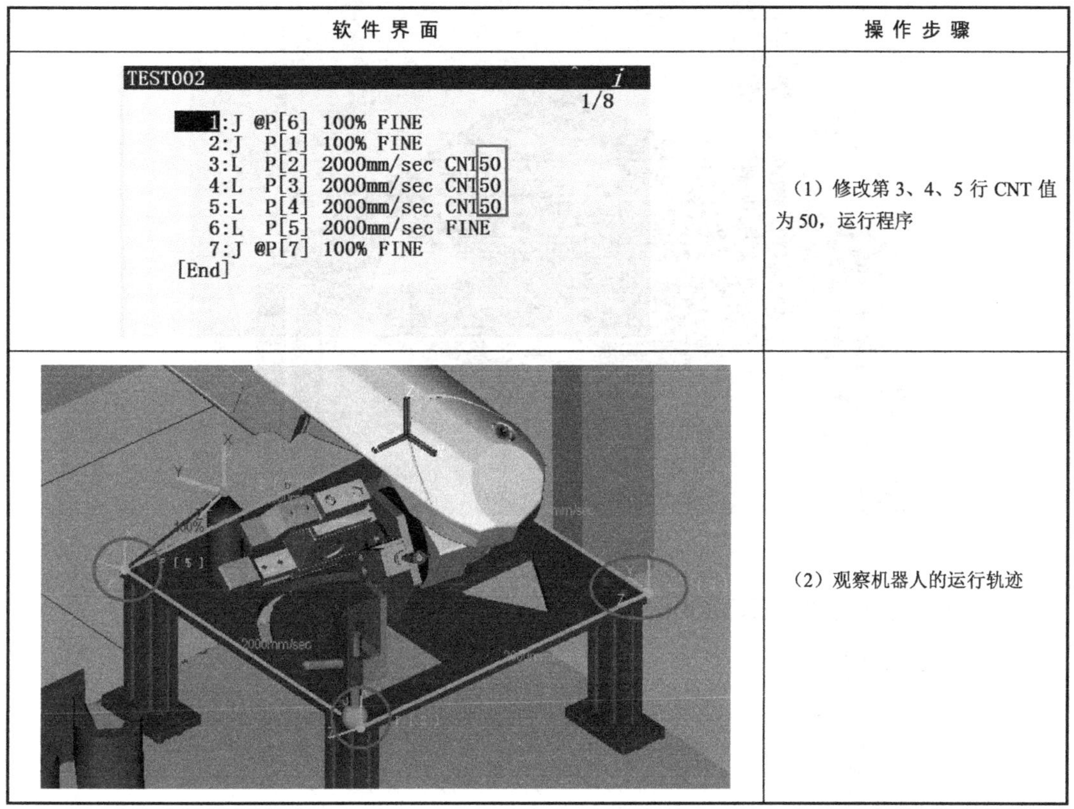

软 件 界 面	操 作 步 骤
TEST002　1/8 1:J @P[6] 100% FINE 2:J P[1] 100% FINE 3:L P[2] 2000mm/sec CNT50 4:L P[3] 2000mm/sec CNT50 5:L P[4] 2000mm/sec CNT50 6:L P[5] 2000mm/sec FINE 7:J @P[7] 100% FINE [End]	（1）修改第 3、4、5 行 CNT 值为 50，运行程序
	（2）观察机器人的运行轨迹

任务三：创建或修改程序，画一个连贯的圆

结果如图 2-4 所示。

图 2-4　连贯的圆

任务四：创建或修改程序，画一条连贯的波浪线

结果如图 2-5 所示。

图 2-5　连贯的波浪线

任务五：创建程序 TEXT2098，画一个连贯的"2"

结果如图 2-6 所示。

图 2-6　连贯的"2"

2.7　2098 轨迹编程及录制

多机位录制 2098 视频

上一节已经介绍了简单轨迹的编程，这一节主要介绍一个连续轨迹的编程，在仿真软件 ROBOGUIDE 中运行整个程序时，可以对机器人的运动过程进行录制。

任务目标：编写"2098"轨迹程序，熟悉机器人的编程，同时利用多机位录制程序视频。

任务一：编写“2098”轨迹程序

编写“2098”轨迹程序的过程从略，程序的运行结果如图 2-7 所示。

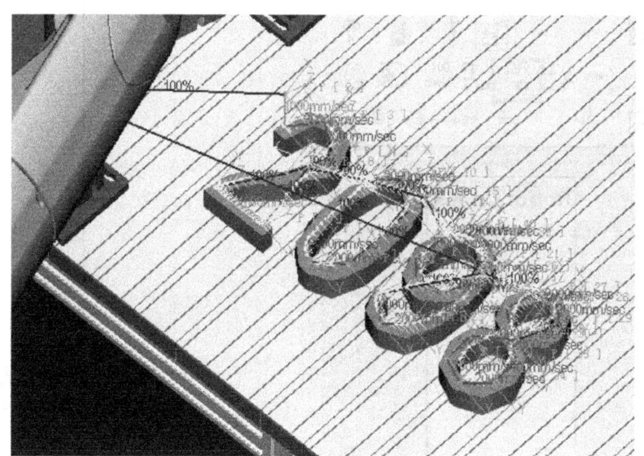

图 2-7　“2098”轨迹

任务二：多机位录制程序视频

具体操作见表 2-19。

表 2-19　多机位录制程序视频的操作步骤

软件界面与仿真效果	操 作 步 骤
	（1）单击 按钮，打开录制视频属性对话框
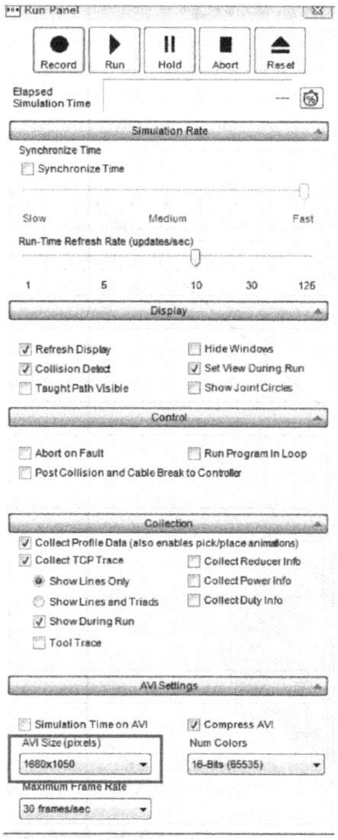	（2）调整录制视频的分辨率，其余采用默认设置即可

续表

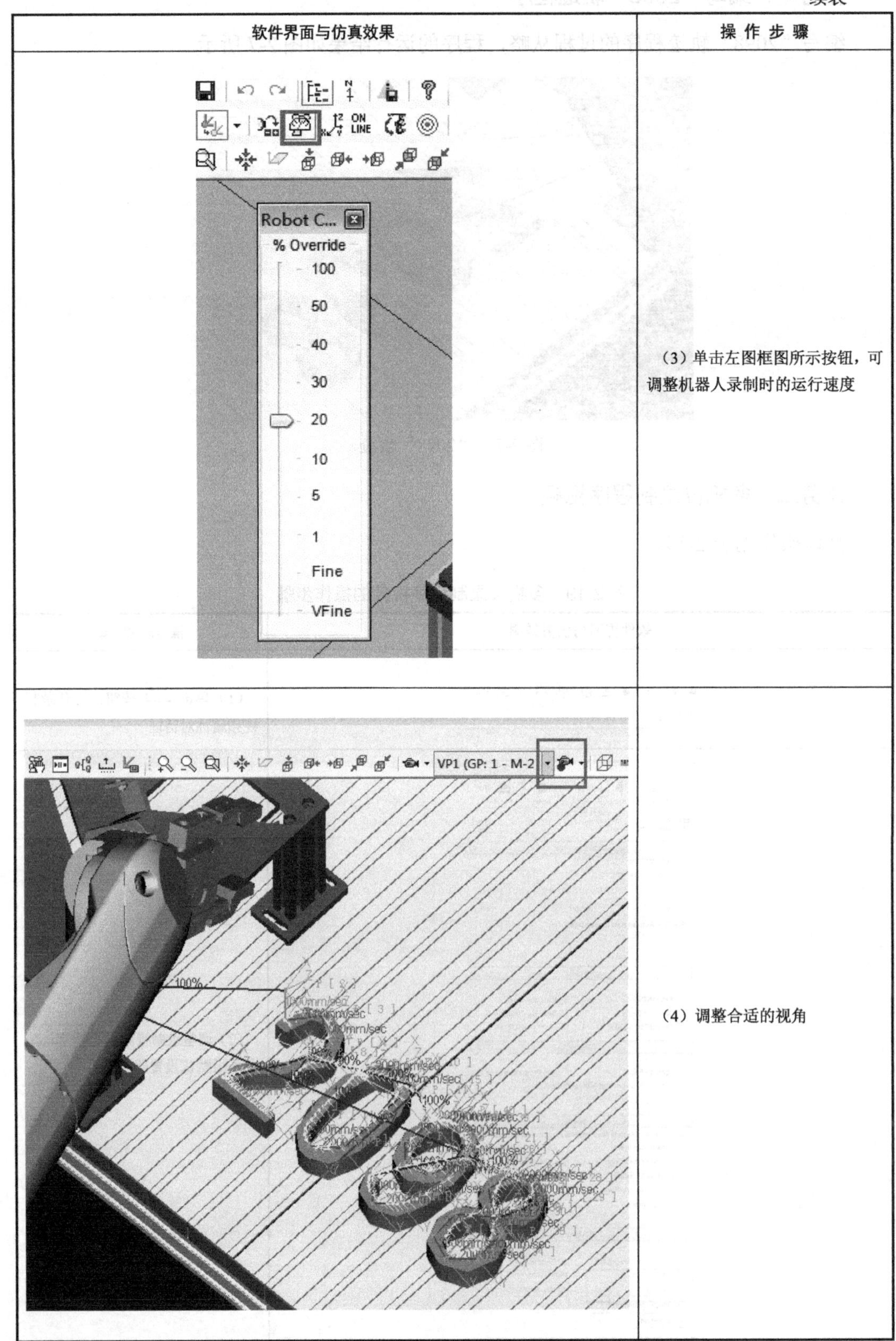

软件界面与仿真效果	操 作 步 骤
	（3）单击左图框图所示按钮，可调整机器人录制时的运行速度
	（4）调整合适的视角

续表

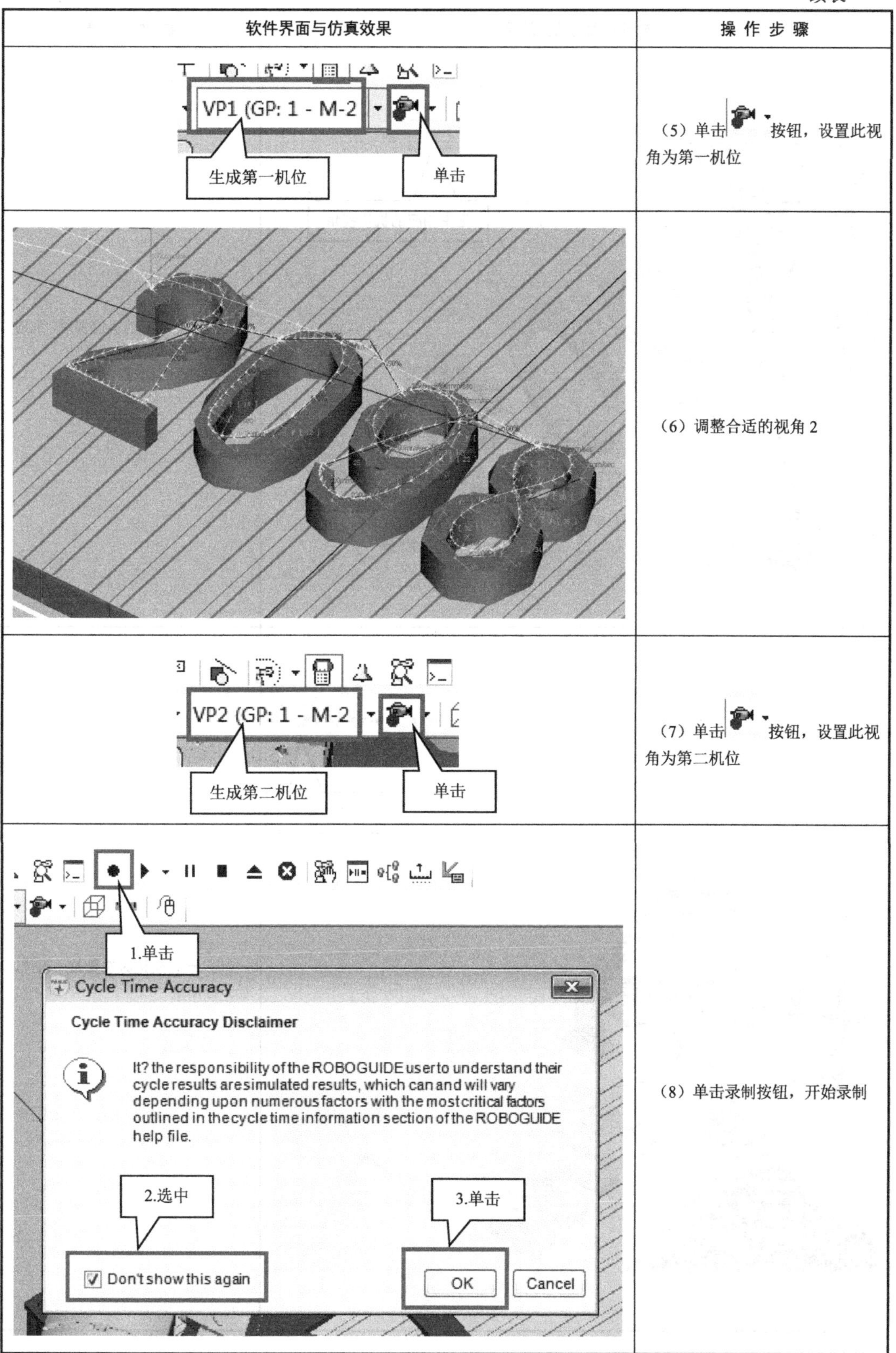

软件界面与仿真效果	操 作 步 骤
	（5）单击 按钮，设置此视角为第一机位
	（6）调整合适的视角 2
	（7）单击 按钮，设置此视角为第二机位
	（8）单击录制按钮，开始录制

续表

软件界面与仿真效果	操作步骤
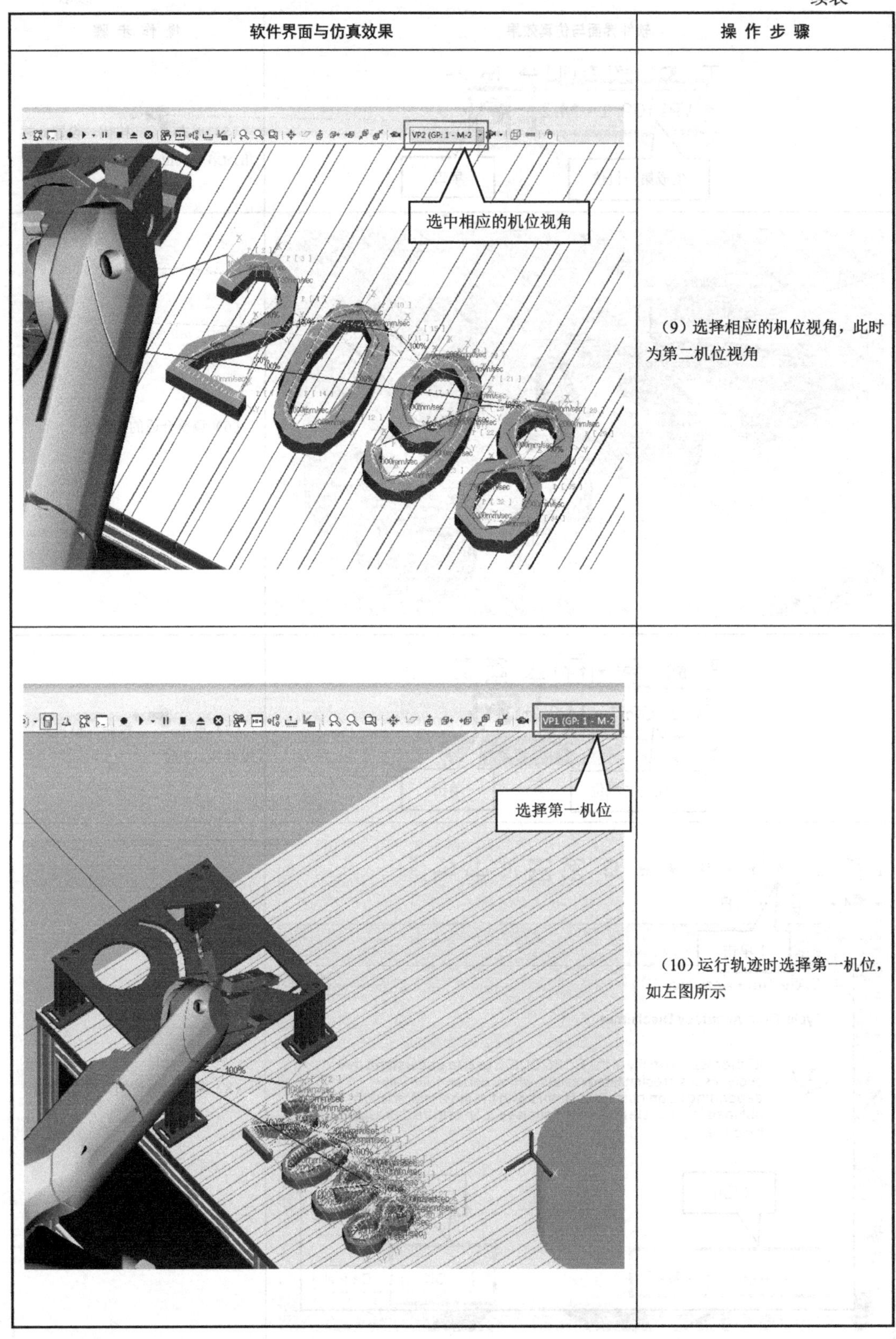	(9) 选择相应的机位视角，此时为第二机位视角
	(10) 运行轨迹时选择第一机位，如左图所示

续表

软件界面与仿真效果	操 作 步 骤
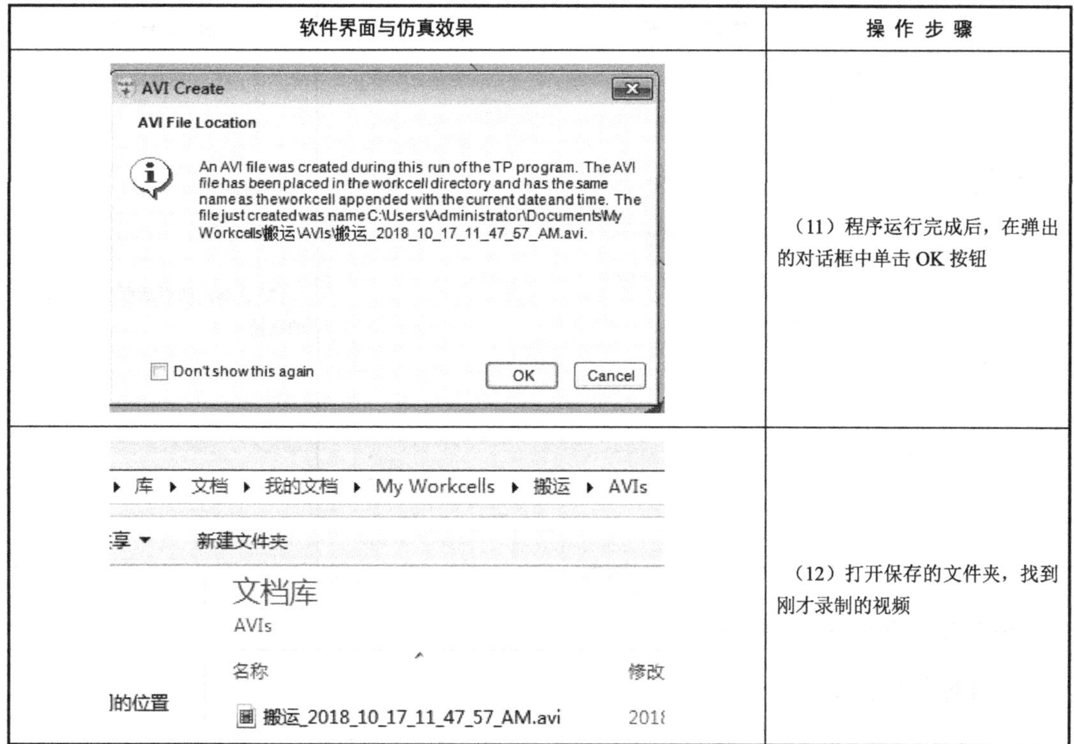	（11）程序运行完成后，在弹出的对话框中单击 OK 按钮
	（12）打开保存的文件夹，找到刚才录制的视频

2.8　TP 程序的导入和导出

TP 程序的导入和导出

任务目标：掌握 TP 程序的导出和导入操作。

任务一：单个 TP 程序的导出

具体操作见表 2-20。

表 2-20　导出单个 TP 程序的操作步骤

软 件 界 面	操 作 步 骤
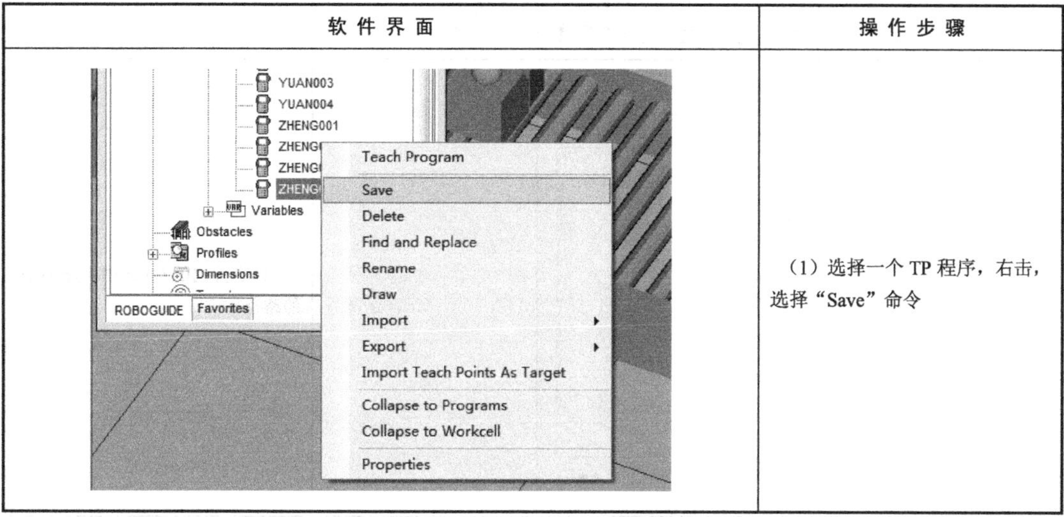	（1）选择一个 TP 程序，右击，选择“Save”命令

续表

软 件 界 面	操 作 步 骤
	（2）在弹出的对话框中选择保存的路径

任务二：多个 TP 程序的导出

具体操作见表 2-21。

表 2-21　导出多个 TP 程序的操作步骤

软 件 界 面	操 作 步 骤
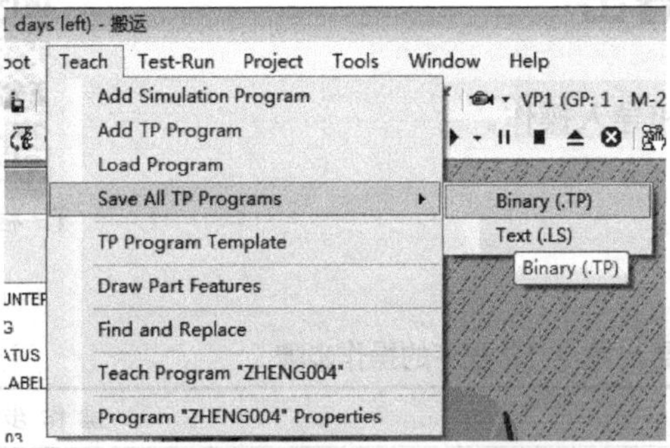	（1）选择“Teach”→“Save All TP Programs”→“Binary（.TP）”命令
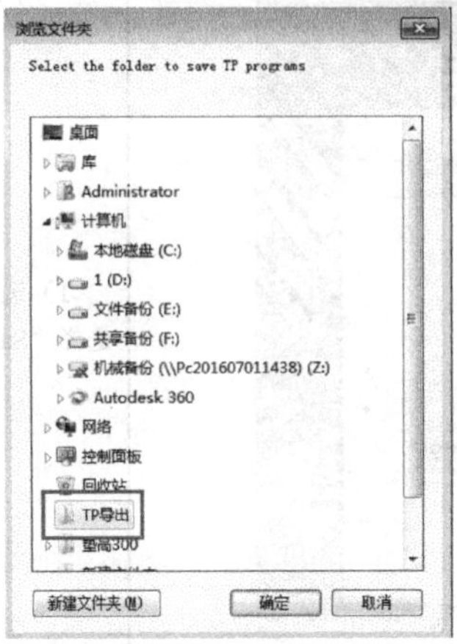	（2）在弹出的对话框中选择保存的路径

续表

软 件 界 面	操 作 步 骤
	（3）在保存文件夹中可以看到所有的 TP 文件

任务三：TP 程序的导入

具体操作见表 2-22。

表 2-22　导入 TP 程序的操作步骤

软 件 界 面	操 作 步 骤
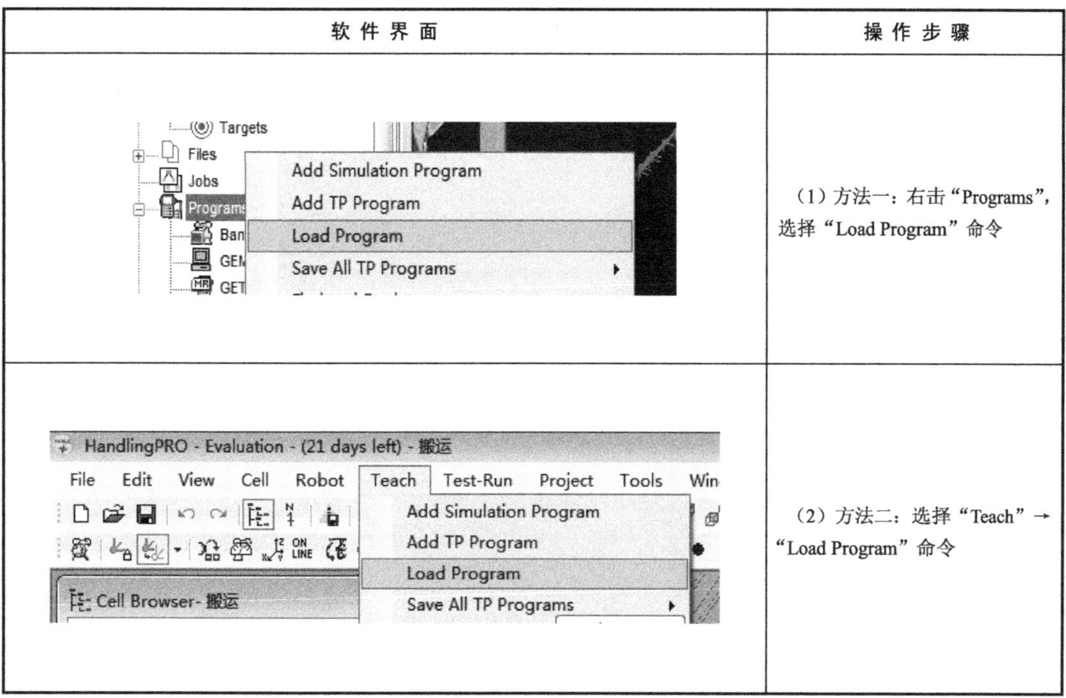	（1）方法一：右击“Programs”，选择“Load Program”命令
	（2）方法二：选择“Teach”→“Load Program”命令

续表

软 件 界 面	操 作 步 骤
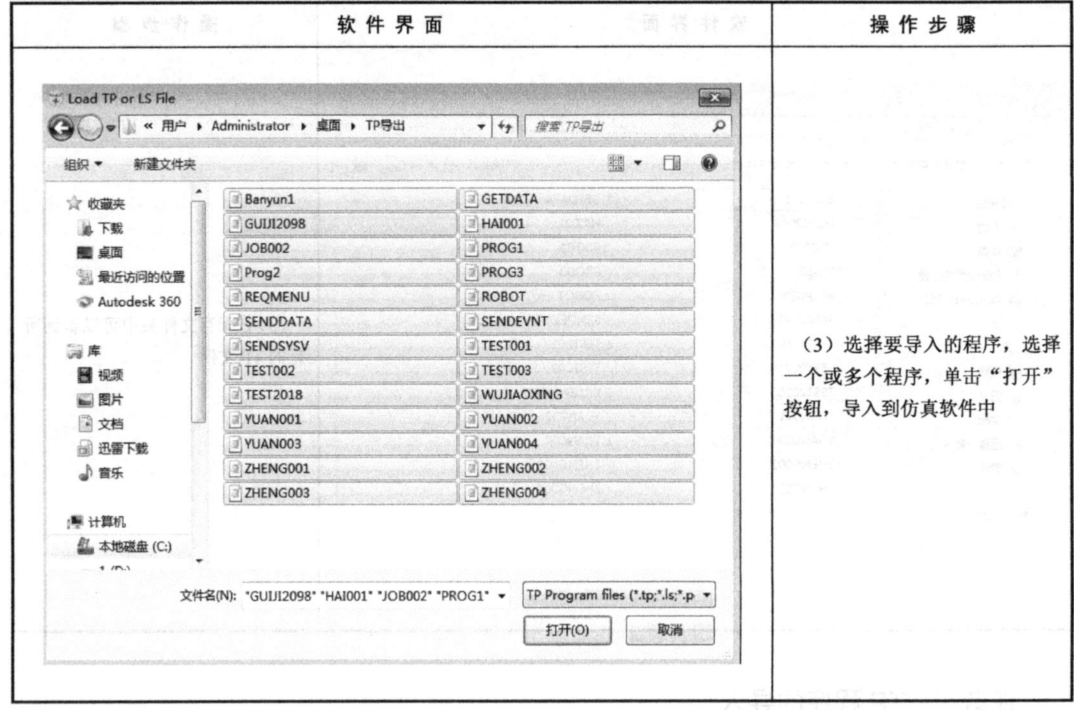	（3）选择要导入的程序，选择一个或多个程序，单击“打开”按钮，导入到仿真软件中

第 3 章

轨迹编程

3.1 正方形轨迹

知识储备： 位置寄存器 PR[i]是记录位置信息的寄存器，其中 i 为位置寄存器号；PR[i, j]是记录位置信息的个别参数的寄存器，如图 3-1 所示。

PR[i, j]

位置寄存器号码（1～100）

位置寄存器参数编号

直角坐标系：	关节坐标系：
1=X	1=J1
2=Y	2=J2
3=Z	3=J3
4=W	4=J4
5=P	5=J5
6=R	6=J6
	n=Jn

图 3-1 PR[i，j]寄存器

例：PR[4, 2]，对于直角坐标系，表示 4 号位置寄存器、Y 方向的数据。PR[4, 2]=PR[4, 2]+100，表示 PR[4]在 Y 轴上的值加 100。

任务目标： 熟悉寄存器的运算，通过寄存器的运算，编写正方形轨迹程序。具体操作见表 3-1。

正方形轨迹

表 3-1 寄存器运算编写正方形轨迹程序的操作步骤

软件界面与程序	操 作 步 骤
	（1）打开“搬运”工作站，将机器人移动至指定位置，新建程序“ZHENG001”

续表

软件界面与程序	操 作 步 骤

1: UFRAME_NUM=1; //用户坐标系号码选用组 1
2: UTOOL_NUM=2; //工具坐标系号码选用组 2
3: PR[1]=LPOS; //把当前 TCP 点的位置赋值给 PR[1]
4: PR[2]=PR[1]; //PR[1]赋值给 PR[2]
5: PR[2,2]=PR[1,2]+396; //PR[2]在 Y 轴上的值加 396
6: PR[3]=PR[2]; //PR[2]赋值给 PR[3]
7: PR[3,1]=PR[2,1]-396; //PR[3]在 X 轴上的值减 396
8: PR[4]=PR[3]; //PR[1]赋值给 PR[4]
9: PR[4,2]=PR[3,2]-396; //PR[4]在 Y 轴上的值减 396
10: L PR[2] 100mm/sec FINE;
11: L PR[3] 100mm/sec FINE;
12: L PR[4] 100mm/sec FINE;
13: L PR[1] 100mm/sec FINE;
	（2）参考程序

1: PR[1]=LPOS 2: PR[2]=PR[1] 3: PR[2,2]=PR[1,2]+396 4: PR[3]=PR[2] 5: PR[3,1]=PR[2,1]-396 6: PR[4]=PR[3] 7: PR[4,2]=PR[3,2]-396 8:L PR[2] 100mm/sec FINE 9:L PR[3] 100mm/sec FINE 10:L PR[4] 100mm/sec FINE 11:L PR[1] 100mm/sec FINE	（3）示教程序如左图所示

3.2 圆形轨迹

圆形轨迹

任务目标：通过寄存器的运算，编写圆形轨迹程序。

具体操作步骤见表 3-2。

表 3-2 寄存器运算编写圆形轨迹程序的操作步骤

软件界面与程序	操 作 步 骤
	（1）打开“搬运”工作站，将机器人移动至指定位置，新建程序“YUAN001”

续表

软件界面与程序	操 作 步 骤
1: UFRAME_NUM=1;　　　　　//用户坐标系号码选用组 1 2: UTOOL_NUM=2;　　　　　//工具坐标系号码选用组 2 3: J P[1] 100% FINE;　　　//移动机器人至指定位置（圆的起始点） 4: PR[1]=LPOS;　　　　　　//把当前 TCP 点的位置赋值给 PR[1] 5: PR[2]=PR[1];　　　　　　//PR[1]赋值给 PR[2] 6: PR[2,1]=PR[1,1]+125;　　//PR[2]在 X 轴上的值加 125 7: PR[2,2]=PR[1,2]+125;　　//PR[2]在 Y 轴上的值加 125 8: PR[3]=PR[1];　　　　　　//PR[1]赋值给 PR[3] 9: PR[3,2]=PR[1,2]+250;　　//PR[3]在 Y 轴上的值加 250 10: PR[4]=PR[2];　　　　　　//PR[2]赋值给 PR[4] 11: PR[4,1]=PR[2,1]-250;　//PR[4]在 Y 轴上的值减 250 12: C PR[2] : PR[3] 500mm/sec FINE;　//第一个半圆弧 13: C PR[4] : PR[1] 500mm/sec FINE;　//第二个半圆弧	（2）参考程序

3.3　偏移指令编写正方形轨迹

偏移指令编写正方形轨迹

知识储备：

位置补偿指令：Offset

OFFSET CONDITION PR［2］

J P［1］ 50%　FINE　Offset

或　J P［1］ 50%　FINE　Offset，PR［2］

位置补偿指令，在位置资料中所记录的目标位置，使机器人移动到仅在偏移位置补偿条件中所指定的补偿量后的位置。偏移的条件，由位置补偿条件指令来指定。

位置补偿条件指令，预先指定位置补偿指令中所使用的位置补偿条件。位置补偿条件指令必须在执行位置补偿指令前执行。

位置补偿条件指定如下要素：

- ◆ 位置寄存器指定偏移的方向和偏移量；
- ◆ 位置资料为关节坐标值的情况下，使用关节的偏移量；
- ◆ 位置资料为直角坐标值的情况下，指定作为基准的用户坐标系（UFRAME）。

任务目标：通过偏移指令编写正方形轨迹程序。

具体操作见表 3-3。

表 3-3 偏移指令编写正方形轨迹程序的操作步骤

软件界面与程序	操 作 步 骤
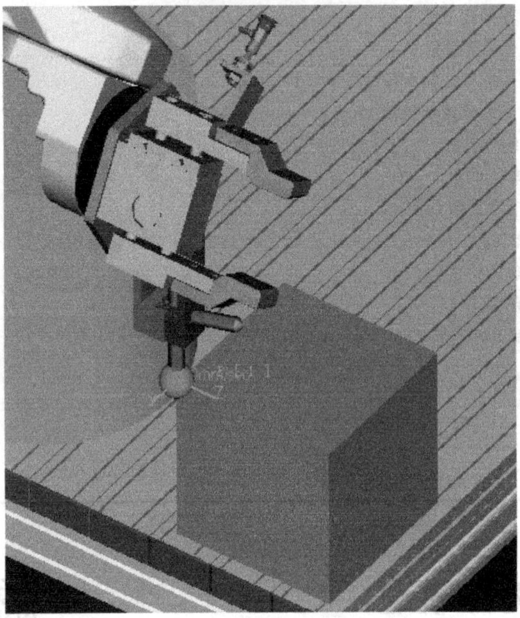	（1）打开“搬运”工作站，将机器人移动至指定位置，新建程序“ZHENG002”

1: PR[2]= P[1]-P[1];　　　　//将 PR[2]值清零
2: PR[2, 1]=150;　　　　//PR[2]位置信息 X=150
3: PR[3]= P[1]-P[1];　　　　//将 PR[3]值清零
4: PR[3,1]=150;　　　　//PR[3]位置信息 X=150
5: PR[3,2]=150;　　　　//PR[3]位置信息 Y=150
6: PR[4]= P[1]-P[1];　　　　//将 PR[4]值清零
7: PR[4,2]=150;　　　　//PR[4]位置信息 Y=150
8: J P[1] 100% FINE;　　　　//机器人移动至 P[1]位置
9: L P[1] 100mm/sec FINE offset, PR[2];
//机器人移动至 P[1]位置，偏移量为 PR[2]，轨迹为正方形的第一条边
11: L P[1] 100mm/sec FINE offset, PR[3]
//机器人移动至 P[1]位置，偏移量为 PR[3]，轨迹为正方形的第二条边
13: L P[1] 100mm/sec FINE offset, PR[4]
//机器人移动至 P[1]位置，偏移量为 PR[4]，轨迹为正方形的第三条边
14: L P[1] 100mm/sec FINE
//机器人回到 P[1]位置，轨迹为正方形的第四条边
	（2）参考程序

3.4 正方形综合轨迹

知识储备：

1. 计时器指令 TIMER[i]

计时器指令 TIMER[i]（如图 3-2 所示），用来启动或停止程序计时器。程序计时器的运行状态，可通过程序计时器界面（状态/程序计时器）进行参照。程序计时器的值，可使用寄存器指令在程序中进行参照。此时，可使用寄存器指令参照程序计时器是否已经溢出。

程序计时器超过 2147483.647s（约 600h）时溢出。

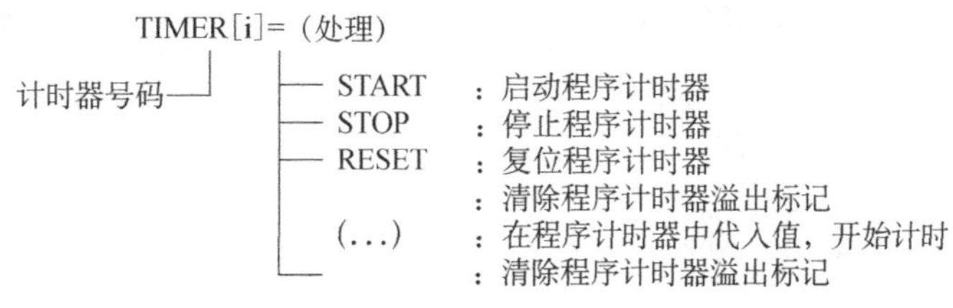

图 3-2　计时器指令

2. 运行速度指令 OVERRIDE

OVERRIDE=(Value)%　Value=1 to 100　倍率指令用来改变速度倍率。

例：OVERRIDE = 100 %　//运行速度 100%。

3. 调用指令 CALL

调用程序指令 CALL（Program），其中 Program 是需调用的程序名。

4. 条件转移指令 IF

条件转移指令的基本形式：

IF　变量 1　比较符号变量表达式的值后执行相应动作

或者是：

IF（Variable）（Operation）（Value）（Processing）

例：IF R[1]<3,JMP LBL[1]　//如果满足 R[1]的值小于 3 的条件，则跳转到标签 1 处。

任务目标：结合计时器指令、运行速度指令等常用指令编写综合轨迹程序。

具体操作见表 3-4。

表 3-4　编写正方形综合轨迹程序的操作步骤

软件界面与程序	操 作 步 骤
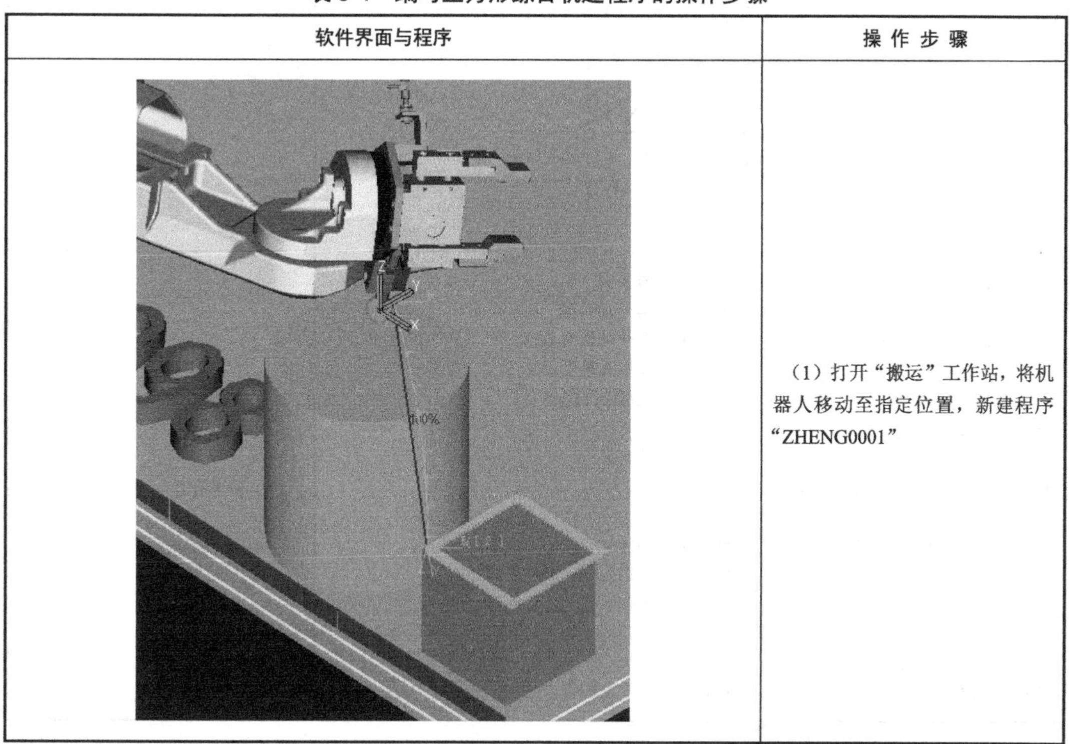	（1）打开“搬运”工作站，将机器人移动至指定位置，新建程序“ZHENG0001”

续表

软件界面与程序	操 作 步 骤
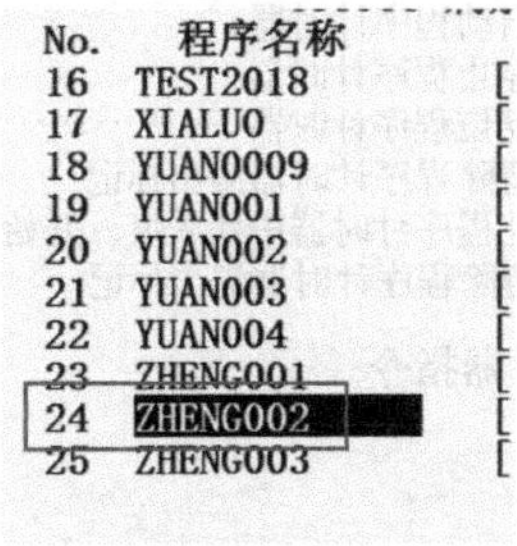 No. 程序名称 16 TEST2018 17 XIALUO 18 YUAN0009 19 YUAN001 20 YUAN002 21 YUAN003 22 YUAN004 23 ZHENG001 24 ZHENG002 25 ZHENG003	（2）新建程序“ZHENG002”，完成一个正方形轨迹绘制
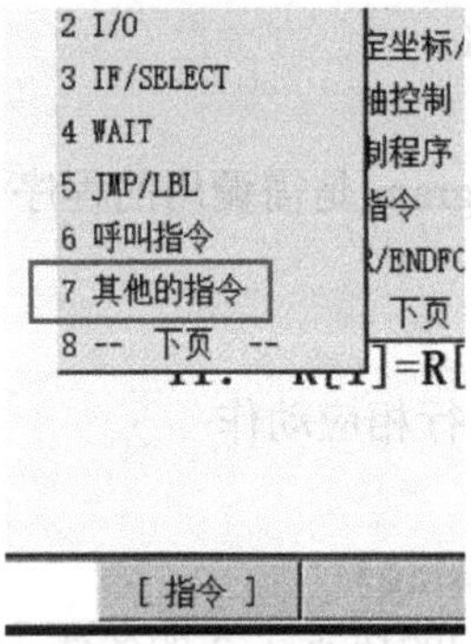 2 I/O 3 IF/SELECT 4 WAIT 5 JMP/LBL 6 呼叫指令 7 其他的指令 8 -- 下页 -- [指令]	（3）指令位置：单击“指令”按钮，选择“其他指令”命令
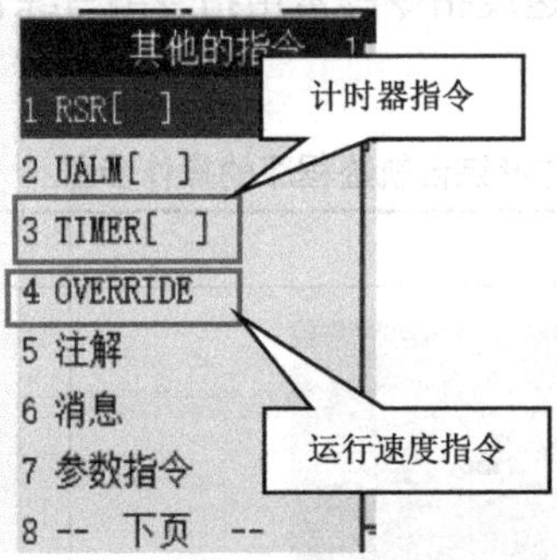 其他的指令 1 RSR[ ] 2 UALM[ ] 3 TIMER[ ] 4 OVERRIDE 5 注解 6 消息 7 参数指令 8 -- 下页 -- 计时器指令 运行速度指令	（4）计时器指令和运行速度指令如左图所示

1: TIME[1]=RESET; //程序计时器重置
2: TIME[1]=START; //程序计时器开始计时
3: UFRAME_NUM=1; //用户坐标系号码选用组 1
4: UTOOL_NUM=2; //工具坐标系号码选用组 2
5: OVERRIDE=50%; //程序运行速度为 50%
6: J P [1] 100% FINE;
7: R[1]=0; //一般寄存器赋值
8: J P [2] 100% CUT100;
9. LBL[1]; //标签 1
10: CALL ZHENG0002; //调用程序 ZHANG0002
11: R[1]= R[1]+1; //运行一遍子程序，一般寄存器值加 1
12: IF R[1]<3, JMP LBL[1]; //若寄存器值小于 3，跳至标签 1
13: J P [1] 100% FINE;
14: TIME[1]=STOP; //计时停止
15: MESSAGE[DONE]; //消息指令，屏幕显示“DONE”
	（5）参考程序

续表

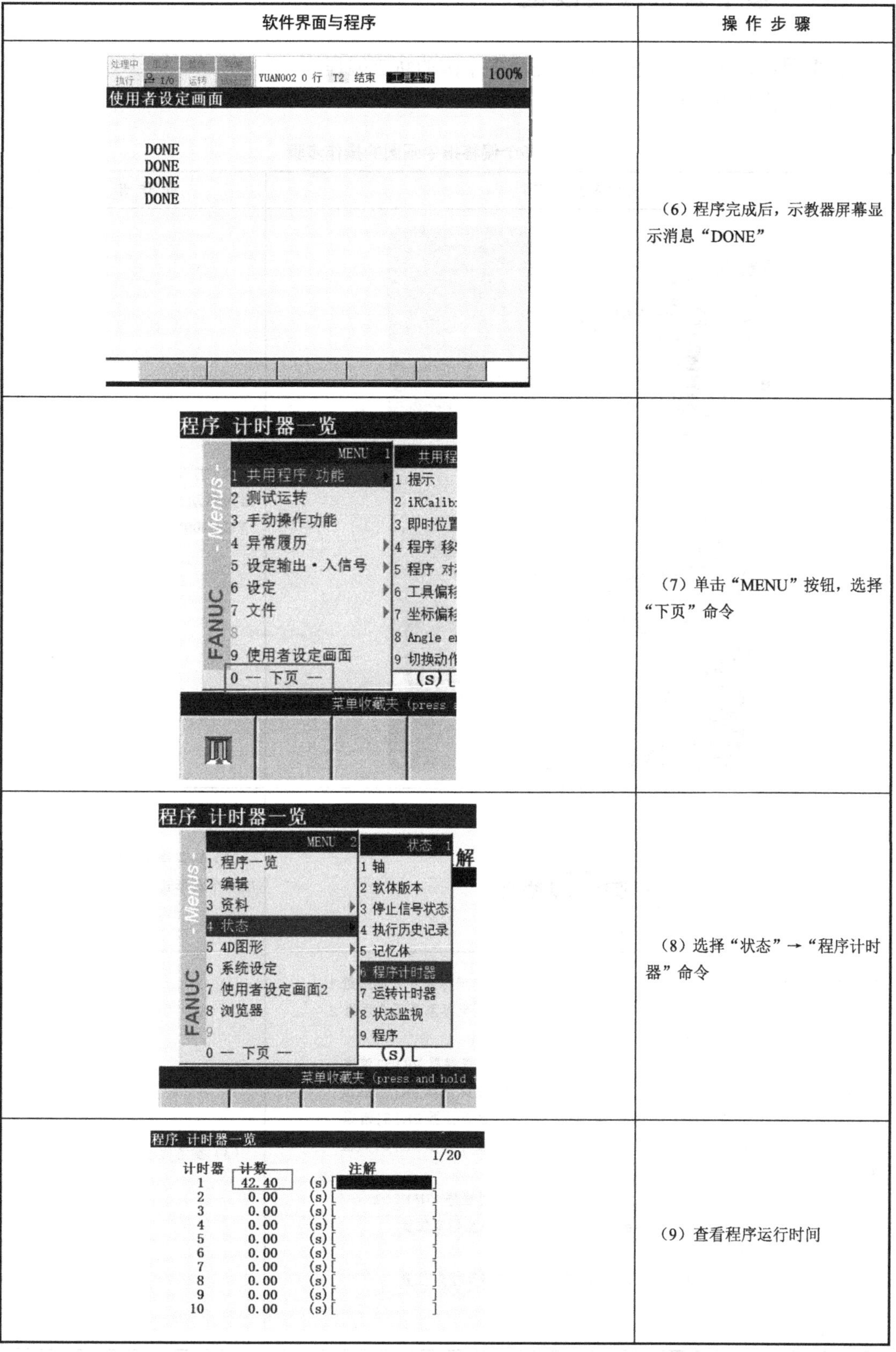

软件界面与程序	操 作 步 骤
处理中 执行 I/O 运转 YUAN002 0 行 T2 结束 工具坐标 100% 使用者设定画面 DONE DONE DONE DONE	（6）程序完成后，示教器屏幕显示消息“DONE”
程序 计时器一览 MENU 1 1 共用程序/功能 2 测试运转 3 手动操作功能 4 异常履历 5 设定输出・入信号 6 设定 7 文件 8 9 使用者设定画面 0 -- 下页 -- FANUC - Menus - 菜单收藏夹（press	（7）单击“MENU”按钮，选择“下页”命令
程序 计时器一览 MENU 2 1 程序一览 2 编辑 3 资料 4 状态 5 4D图形 6 系统设定 7 使用者设定画面2 8 浏览器 9 0 -- 下页 -- 状态 1 1 轴 2 软体版本 3 停止信号状态 4 执行历史记录 5 记忆体 6 程序计时器 7 运转计时器 8 状态监视 9 程序 FANUC - Menus - 菜单收藏夹（press and hold	（8）选择“状态”→“程序计时器”命令
程序 计时器一览　1/20 计时器　计数　注解 1　42.40　(s)[　] 2　0.00　(s)[　] 3　0.00　(s)[　] 4　0.00　(s)[　] 5　0.00　(s)[　] 6　0.00　(s)[　] 7　0.00　(s)[　] 8　0.00　(s)[　] 9　0.00　(s)[　] 10　0.00　(s)[　]	（9）查看程序运行时间

3.5 多个偏移指令画圆

任务目标：使用多个偏移指令完成多个圆的轨迹编程。

具体操作见表 3-5。

表 3-5 多个偏移指令画圆的操作步骤

软件界面与程序	操 作 步 骤
	（1）打开“搬运”工作站，将机器人移动至指定位置，新建程序“YUAN003”
No. 程序名称 16 TEST2018 17 XIALUO 18 YUAN0009 19 YUAN001 20 YUAN002 21 YUAN003	（2）新建程序“YUAN001”，完成一个圆形轨迹的绘制

1: UFRAME_NUM=1; //用户坐标系号码选用组 1
2: UTOOL_NUM=2; //工具坐标系号码选用组 2
3: J P [1] 100% FINE;
4: PR[5]= P[1]- P[1]; //位置寄存器 PR[5]清零
5: PR[5, 3]=50; //位置寄存器 PR[5]赋值
6. PR[6]= P[1]- P[1]; //位置寄存器 PR[6]清零
7: PR[6, 3]=100; //位置寄存器 PR[6]赋值
8: J P [2] 100% FINE;
9: CALL YUAN001; //调用程序 YUAN001
10: J P [2] 100% FINE offset PR[5]; //偏移至指定位置
11: CALL YUAN001;
12: J P [2] 100% FINE offset PR[6]; //偏移至指定位置
13: CALL YUAN001;
14: J P [3] 100% FINE;
	（3）参考程序

3.6　计数偏移画圆

计数偏移画圆

任务目标：使用计数器和偏移指令完成多个圆的轨迹编程。

具体操作见表 3-6。

表 3-6　计数偏移画圆的操作步骤

软件界面与程序	操 作 步 骤
	（1）打开“搬运”工作站，将机器人移动至指定位置，新建程序“YUAN004”
1: UFRAME_NUM=1;　　//用户坐标系号码选用组 1 2: UTOOL_NUM=2;　　//工具坐标系号码选用组 2 3: J P [1] 100% FINE; 4: R[1]=0;　　//一般寄存器赋值 5: LBL[1];　　//标签 1 6: PR[9]= P[1]- P[1];　　//位置寄存器 PR[9]清零 7: PR[9, 1]= R[1]* (-250);　　//位置寄存器 PR[9]赋值 8: J P [2] 100% FINE offset PR[9];　　//偏移至指定位置 9: CALL YUAN001;　　//调用程序 YUAN001 10: R[1]= R[1]+1;　　//运行一遍子程序，一般寄存器值加 1 11: IF R[1]<3, JMP LBL[1];　　//若寄存器值小于 3，跳至标签 1 12: J P [1] 100% FINE;	（2）参考程序

第 4 章

编程仿真搬运工件

搬运是生产制造业必不可少的环节，在机床上下料及中间运输应用中尤为广泛。货物的搬运、摆放、存取，对人工而言，都是很难完成的，如果单单依靠人工搬运，是不可能实现高效的存储、存取的，而工业机器人可以取代人工实现机床上下料及中间运输环节工件的自动搬运和装卸功能。工业机器人广泛应用在汽车、电子、橡胶及塑料、金属制品、食品等行业。

将工件从工作台上抓取

任务目标：模拟将工件从工作台上抓取的动作并将工件放置在指定位置，如图 4-1 所示。

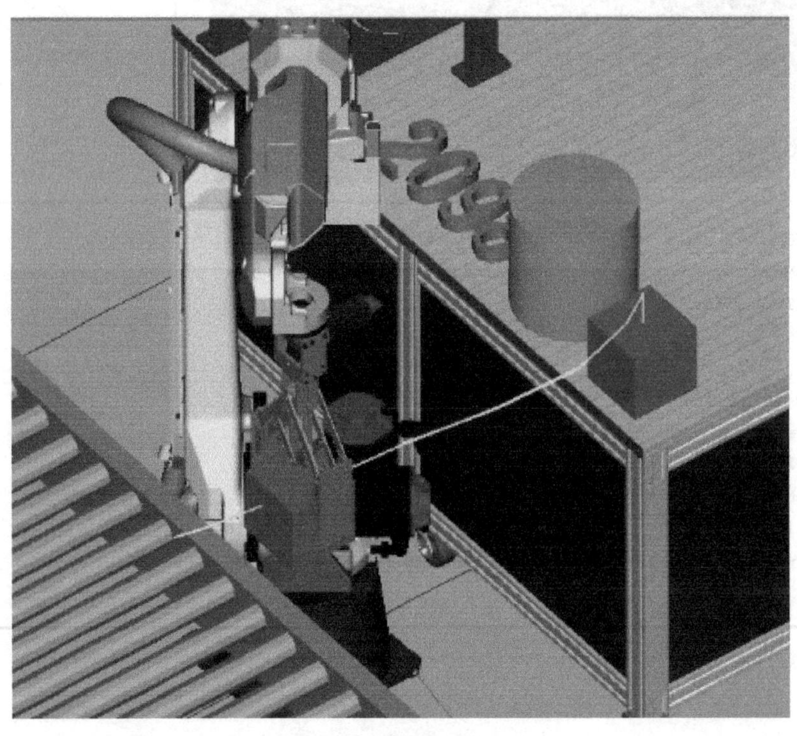

图 4-1　仿真搬运工件

任务一　将工件从工作台上抓取

具体操作见表 4-1。

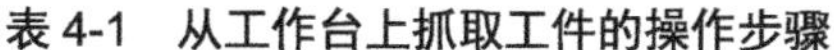

表 4-1　从工作台上抓取工件的操作步骤

软件界面与仿真效果	操 作 步 骤
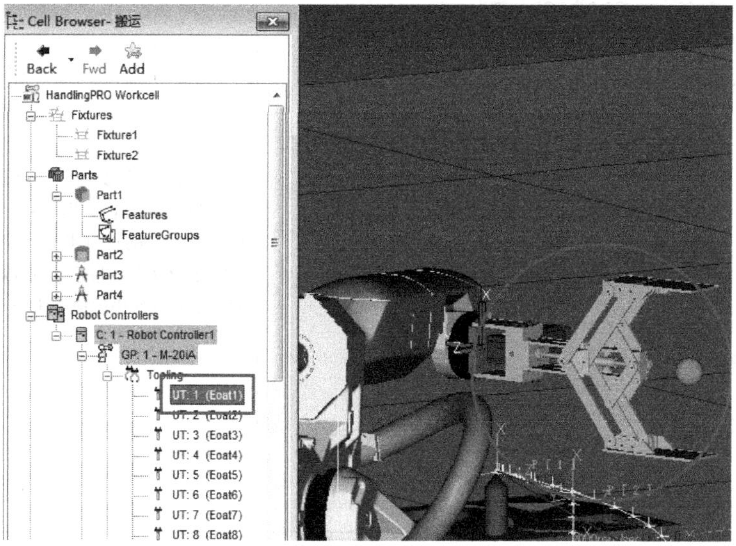	（1）单击“UT：1”，切换机器人抓手
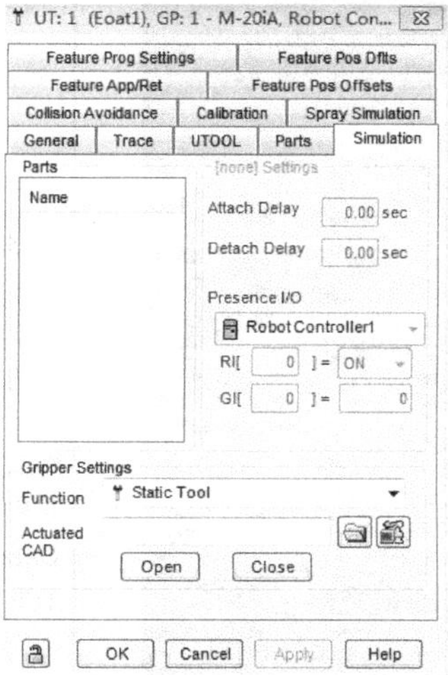	（2）双击抓手，打开属性设置对话框
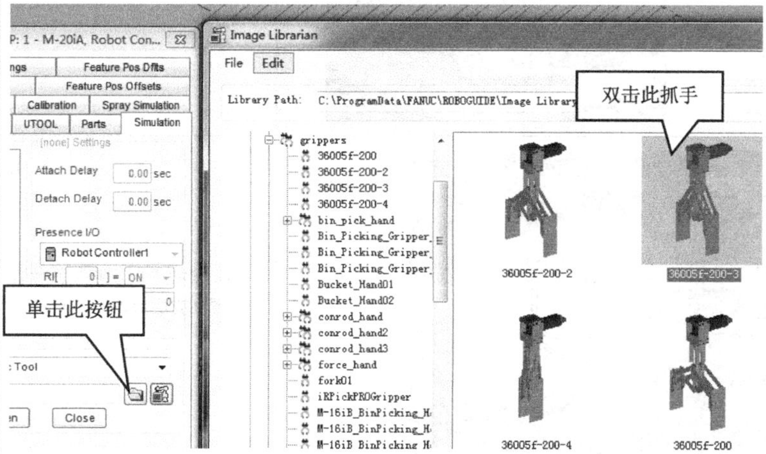	（3）在抓手属性设置对话框中单击“Simulation”（仿真）标签，单击左图所示的按钮，在弹出的对话框中选择“grippers”（夹具）选项，添加“36005f-200-3”抓手

续表

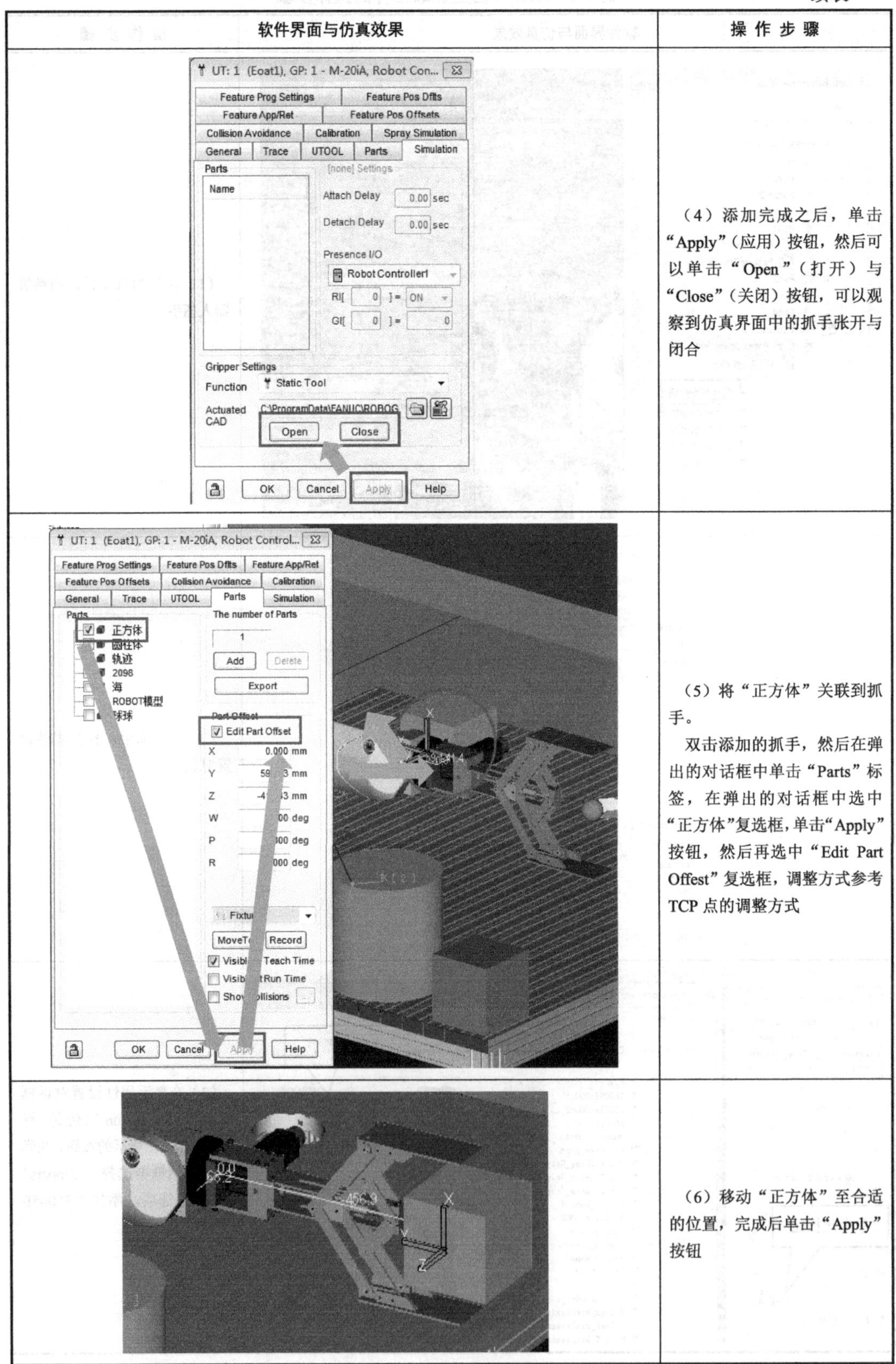

软件界面与仿真效果	操 作 步 骤
	（4）添加完成之后，单击“Apply”（应用）按钮，然后可以单击“Open”（打开）与“Close”（关闭）按钮，可以观察到仿真界面中的抓手张开与闭合
	（5）将“正方体”关联到抓手。 双击添加的抓手，然后在弹出的对话框中单击“Parts”标签，在弹出的对话框中选中“正方体”复选框，单击“Apply”按钮，然后再选中“Edit Part Offest”复选框，调整方式参考TCP点的调整方式
	（6）移动“正方体”至合适的位置，完成后单击“Apply”按钮

续表

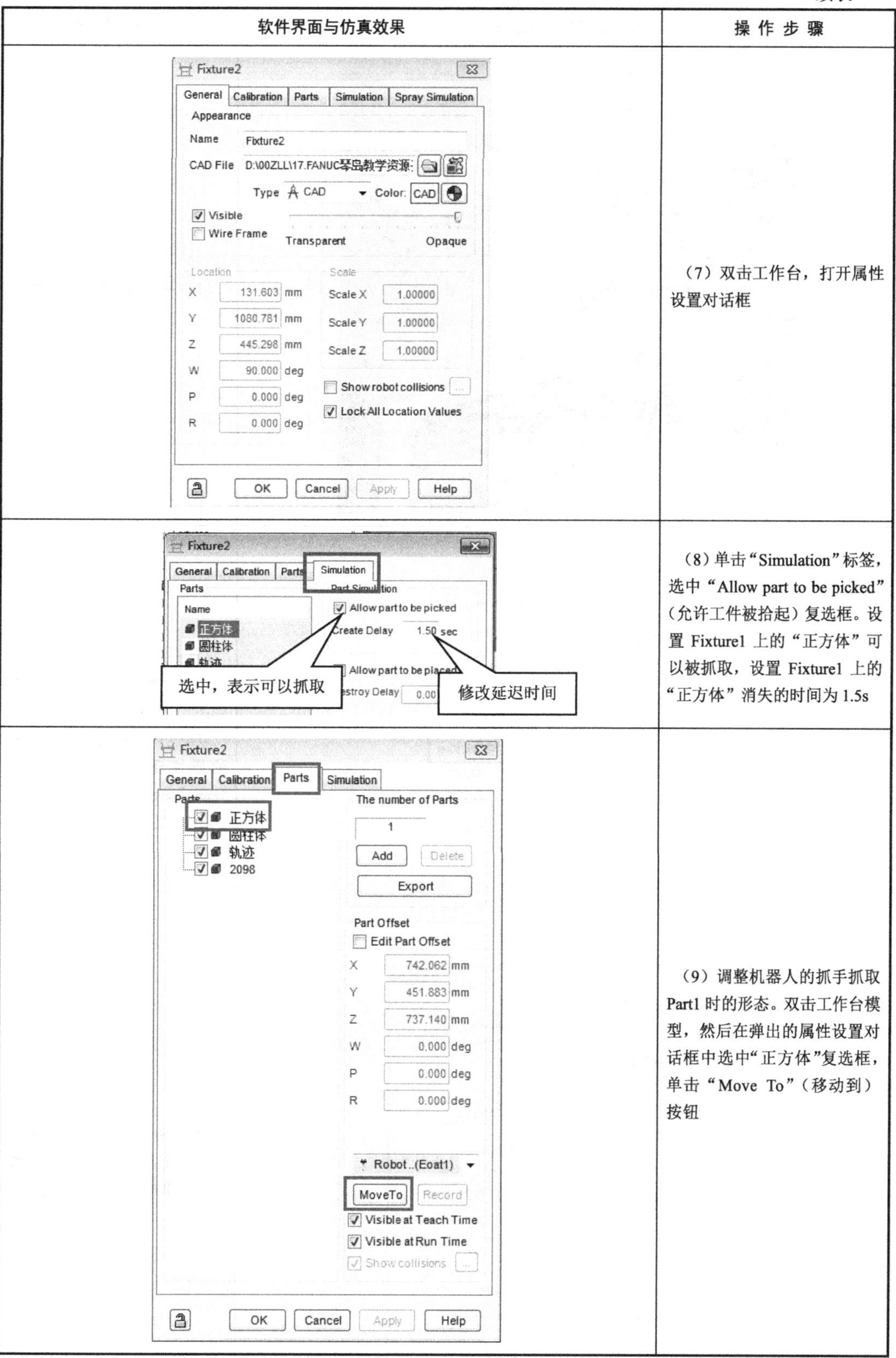

软件界面与仿真效果	操 作 步 骤
	（7）双击工作台，打开属性设置对话框
	（8）单击“Simulation”标签，选中“Allow part to be picked”（允许工件被拾起）复选框。设置 Fixture1 上的“正方体”可以被抓取，设置 Fixture1 上的“正方体”消失的时间为 1.5s
	（9）调整机器人的抓手抓取 Part1 时的形态。双击工作台模型，然后在弹出的属性设置对话框中选中“正方体”复选框，单击“Move To”（移动到）按钮

续表

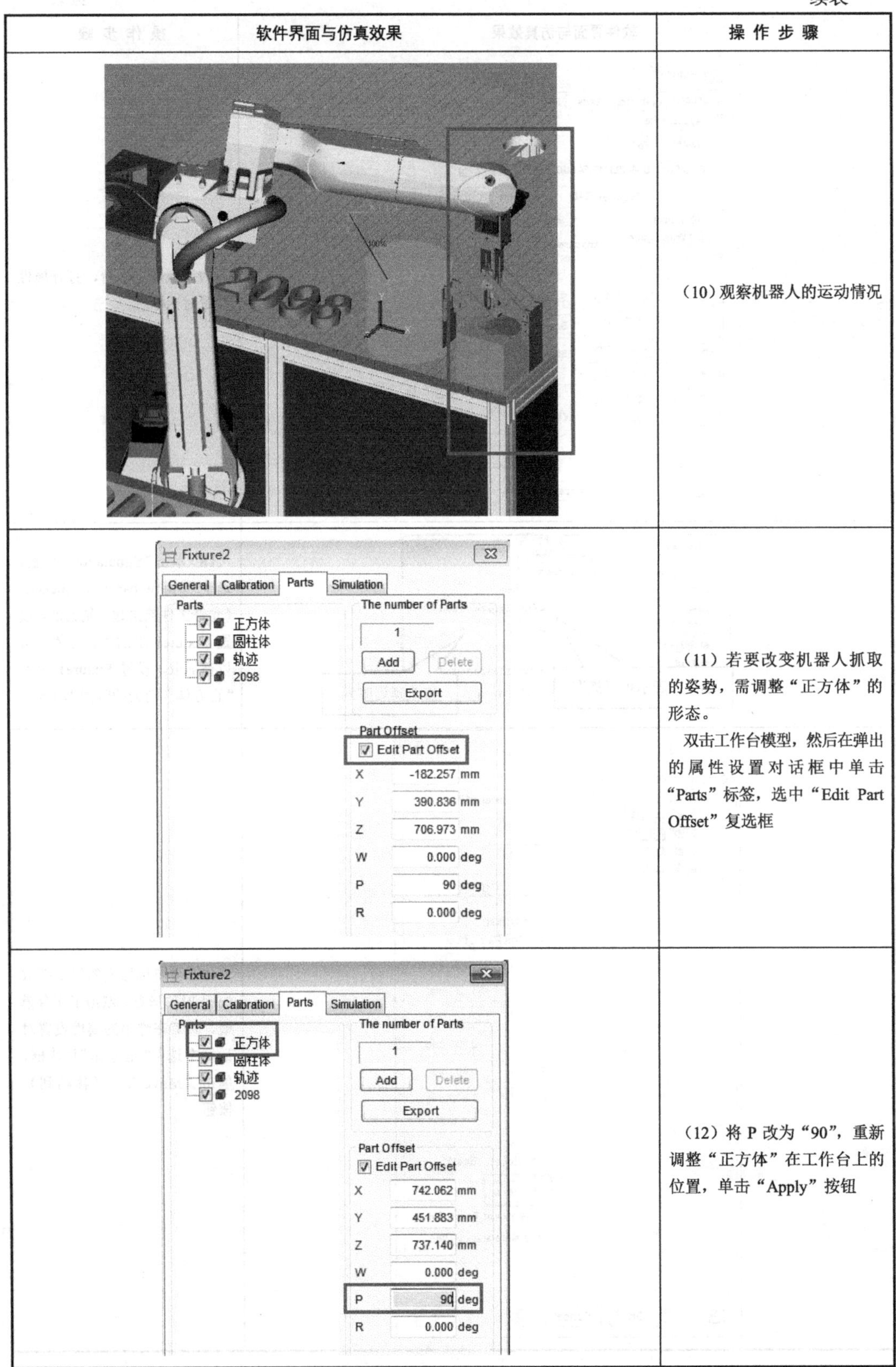

软件界面与仿真效果	操 作 步 骤
	（10）观察机器人的运动情况
	（11）若要改变机器人抓取的姿势，需调整“正方体”的形态。 双击工作台模型，然后在弹出的属性设置对话框中单击“Parts”标签，选中“Edit Part Offset”复选框
	（12）将 P 改为“90”，重新调整“正方体”在工作台上的位置，单击“Apply”按钮

续表

软件界面与仿真效果	操 作 步 骤
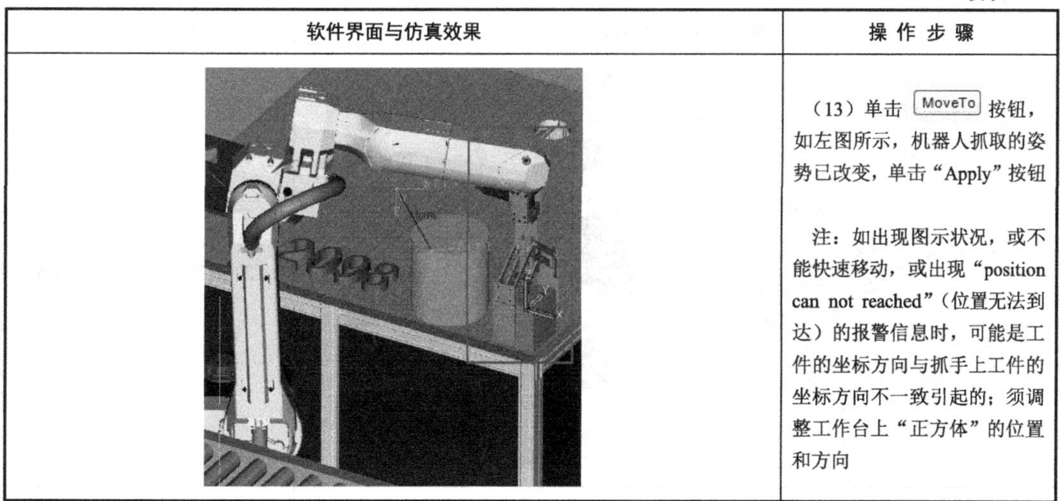	（13）单击 MoveTo 按钮，如左图所示，机器人抓取的姿势已改变，单击“Apply”按钮 注：如出现图示状况，或不能快速移动，或出现“position can not reached”（位置无法到达）的报警信息时，可能是工件的坐标方向与抓手上工件的坐标方向不一致引起的；须调整工作台上“正方体”的位置和方向

任务二　将工件 1 放置到传送台上

具体操作见表 4-2。

将工件放置在传送台上

表 4-2　将工件 1 放置到传送台上的操作步骤

软件界面与仿真效果	操 作 步 骤
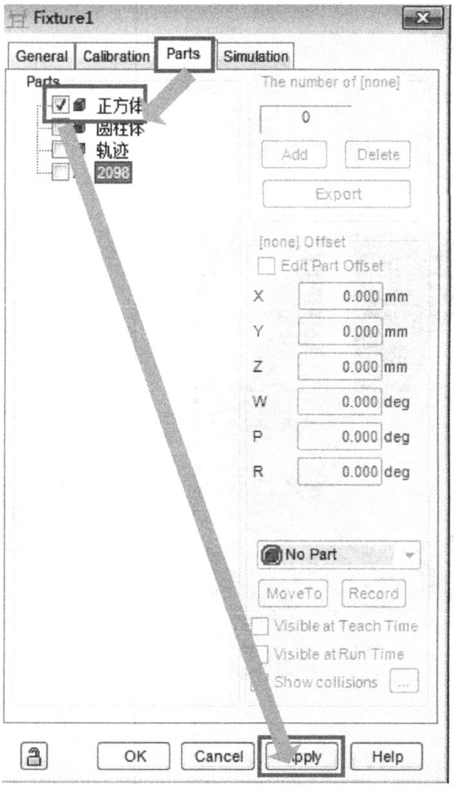	（1）将“正方体”添加到传送台上。 双击传送台“Fixture1”，单击“Parts”标签，选中“正方体”复选框，单击“Apply”按钮

续表

软件界面与仿真效果	操 作 步 骤
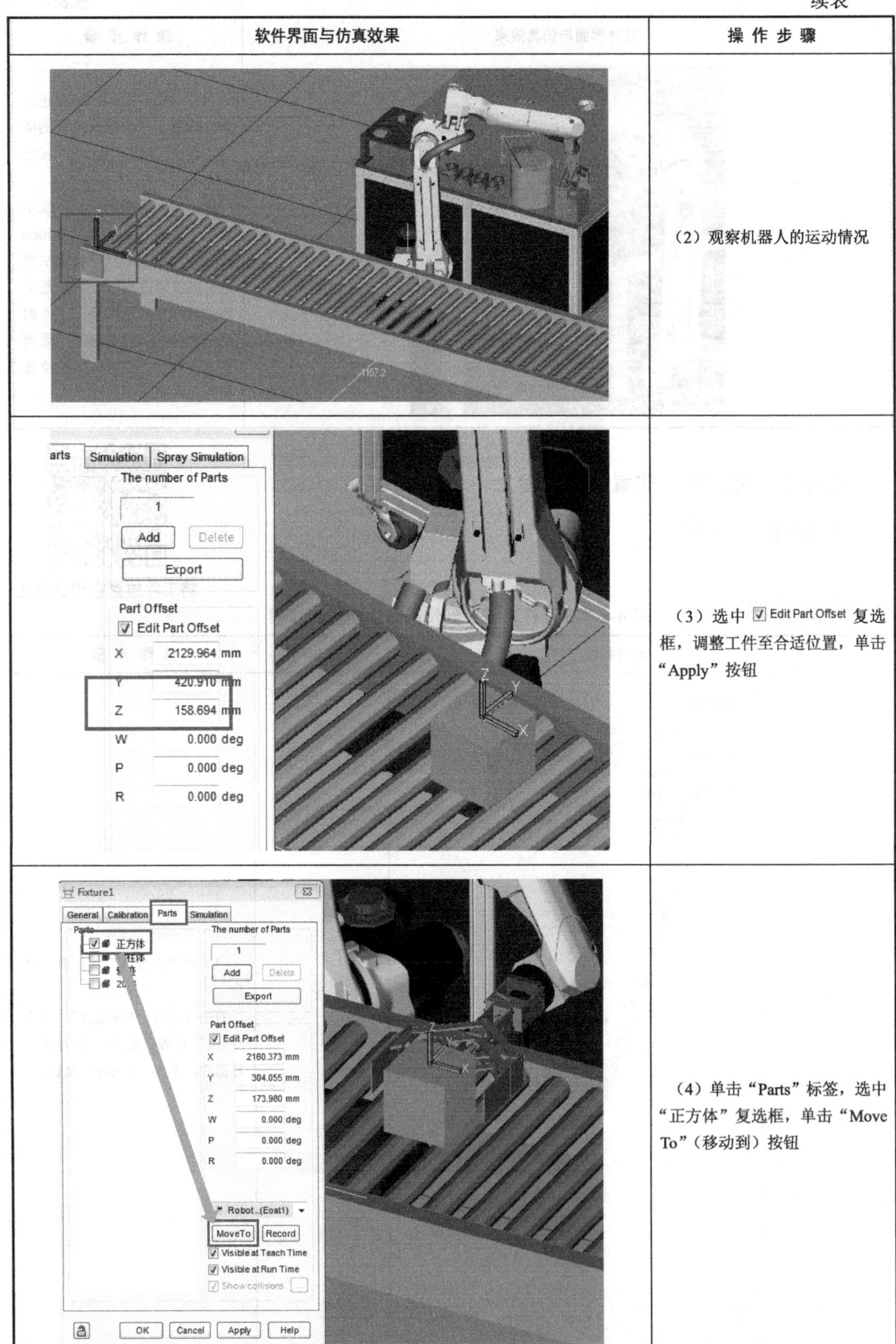	（2）观察机器人的运动情况
	（3）选中 ☑ Edit Part Offset 复选框，调整工件至合适位置，单击“Apply”按钮
	（4）单击“Parts”标签，选中“正方体”复选框，单击“Move To”（移动到）按钮

续表

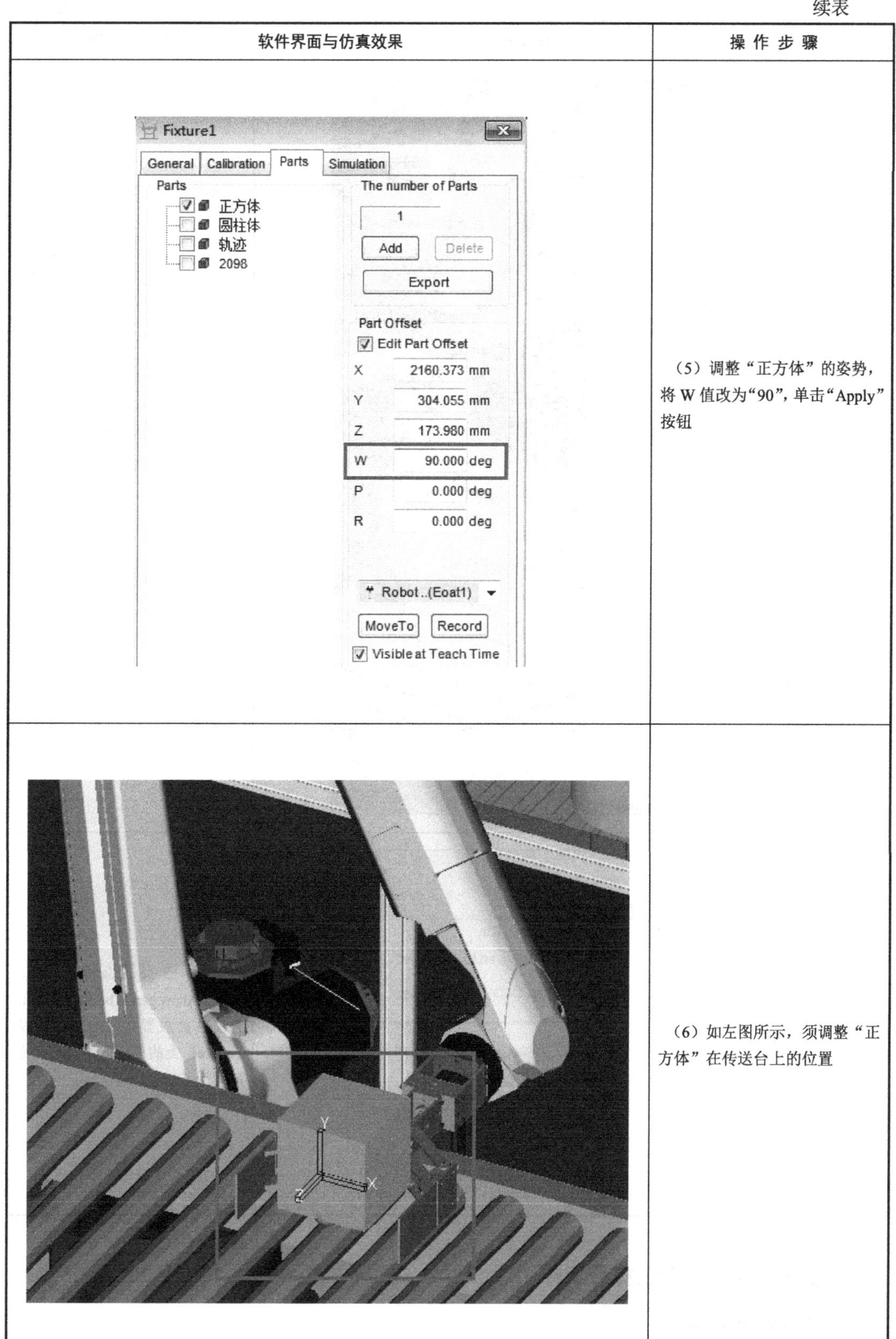

软件界面与仿真效果	操 作 步 骤
Fixture1 General Calibration Parts Simulation Parts 正方体 圆柱体 轨迹 2098 The number of Parts 1 Add Delete Export Part Offset Edit Part Offset X 2160.373 mm Y 304.055 mm Z 173.980 mm W 90.000 deg P 0.000 deg R 0.000 deg Robot..(Eoat1) MoveTo Record Visible at Teach Time	（5）调整“正方体”的姿势，将 W 值改为“90”，单击“Apply”按钮
Y X Z	（6）如左图所示，须调整“正方体”在传送台上的位置

续表

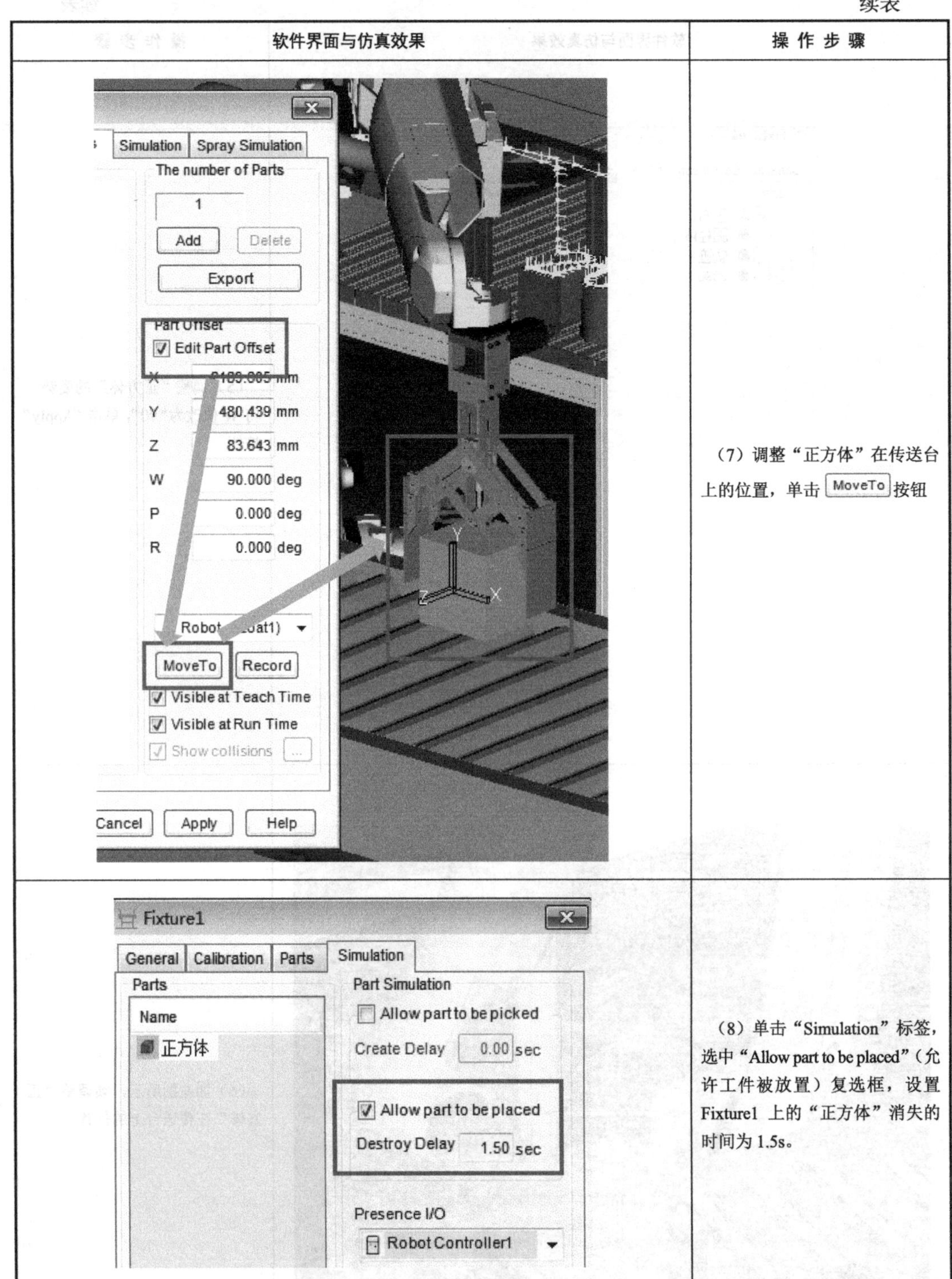

<table>
<tr><th>软件界面与仿真效果</th><th>操 作 步 骤</th></tr>
<tr><td>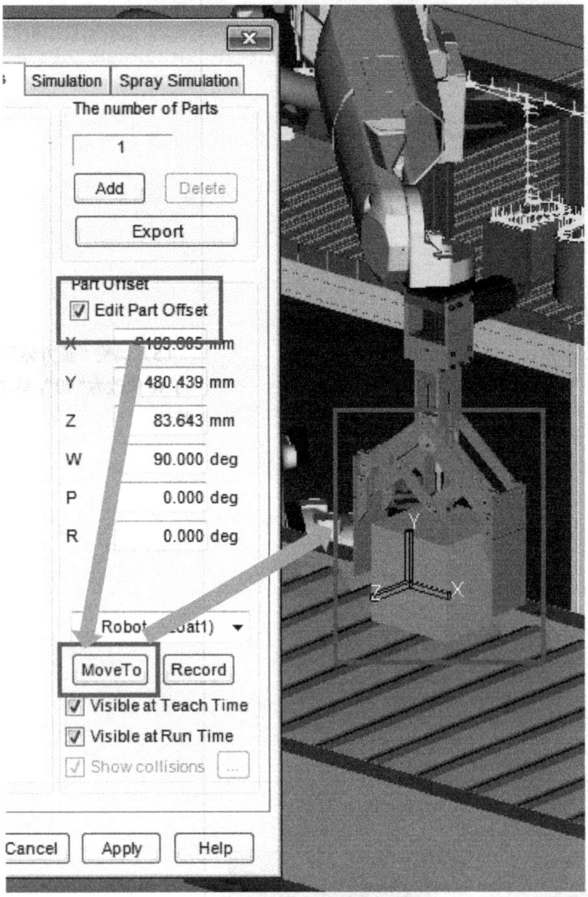
</td><td>（7）调整“正方体”在传送台上的位置，单击 MoveTo 按钮</td></tr>
<tr><td>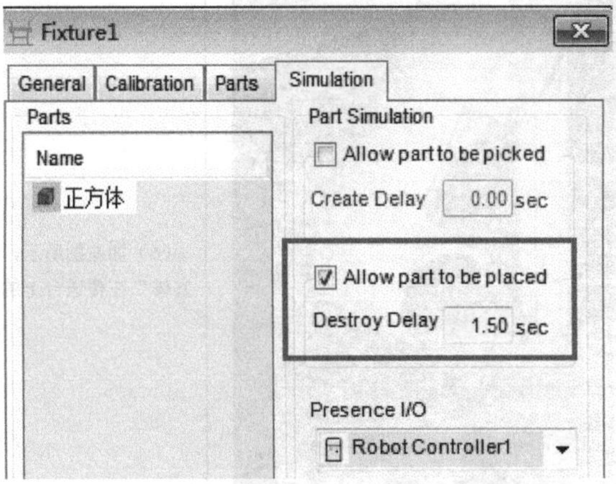
</td><td>（8）单击“Simulation”标签，选中“Allow part to be placed”（允许工件被放置）复选框，设置 Fixture1 上的“正方体”消失的时间为 1.5s。</td></tr>
</table>

任务三　从工作台上抓取工件

具体操作见表 4-3。

表 4-3　编写从工作台上抓取工件程序的操作步骤

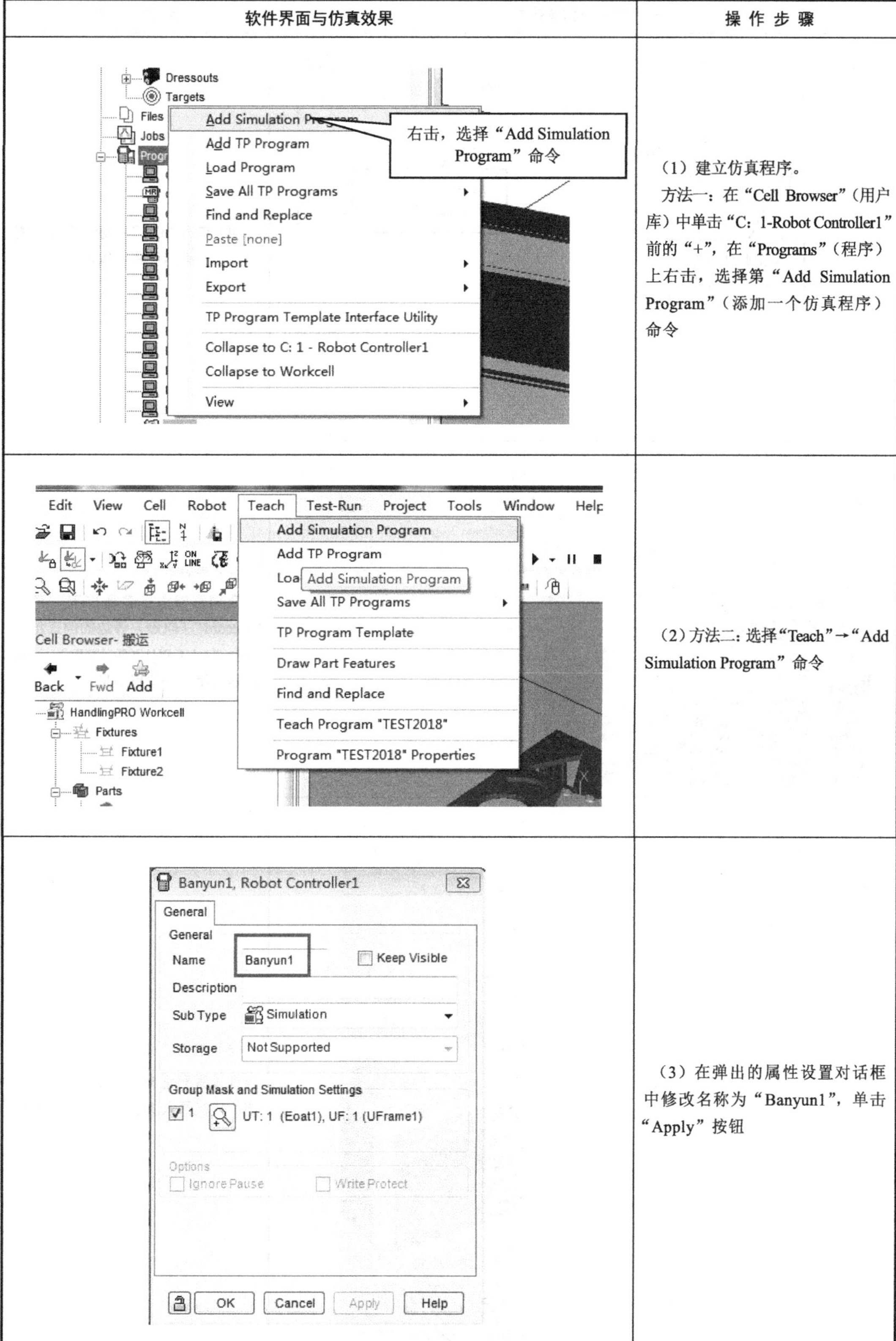

软件界面与仿真效果	操 作 步 骤
	（1）建立仿真程序。 方法一：在“Cell Browser”（用户库）中单击“C：1-Robot Controller1”前的“+”，在“Programs”（程序）上右击，选择第“Add Simulation Program”（添加一个仿真程序）命令
	（2）方法二：选择“Teach”→“Add Simulation Program”命令
	（3）在弹出的属性设置对话框中修改名称为“Banyun1”，单击“Apply”按钮

续表

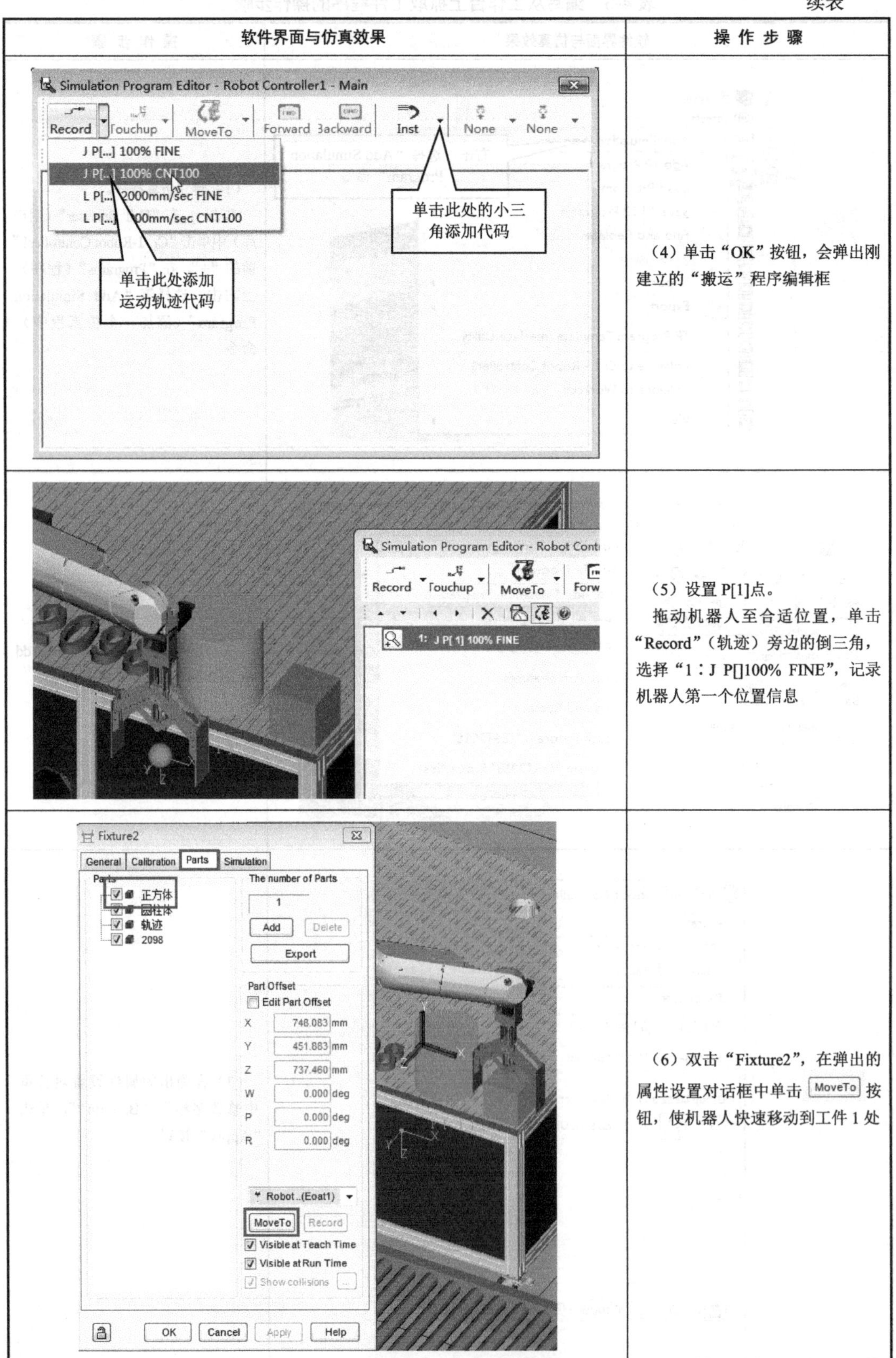

软件界面与仿真效果	操 作 步 骤
	（4）单击“OK”按钮，会弹出刚建立的“搬运”程序编辑框
	（5）设置 P[1]点。 拖动机器人至合适位置，单击“Record”（轨迹）旁边的倒三角，选择“1：J P[]100% FINE”，记录机器人第一个位置信息
	（6）双击“Fixture2”，在弹出的属性设置对话框中单击 MoveTo 按钮，使机器人快速移动到工件 1 处

续表

软件界面与仿真效果	操 作 步 骤
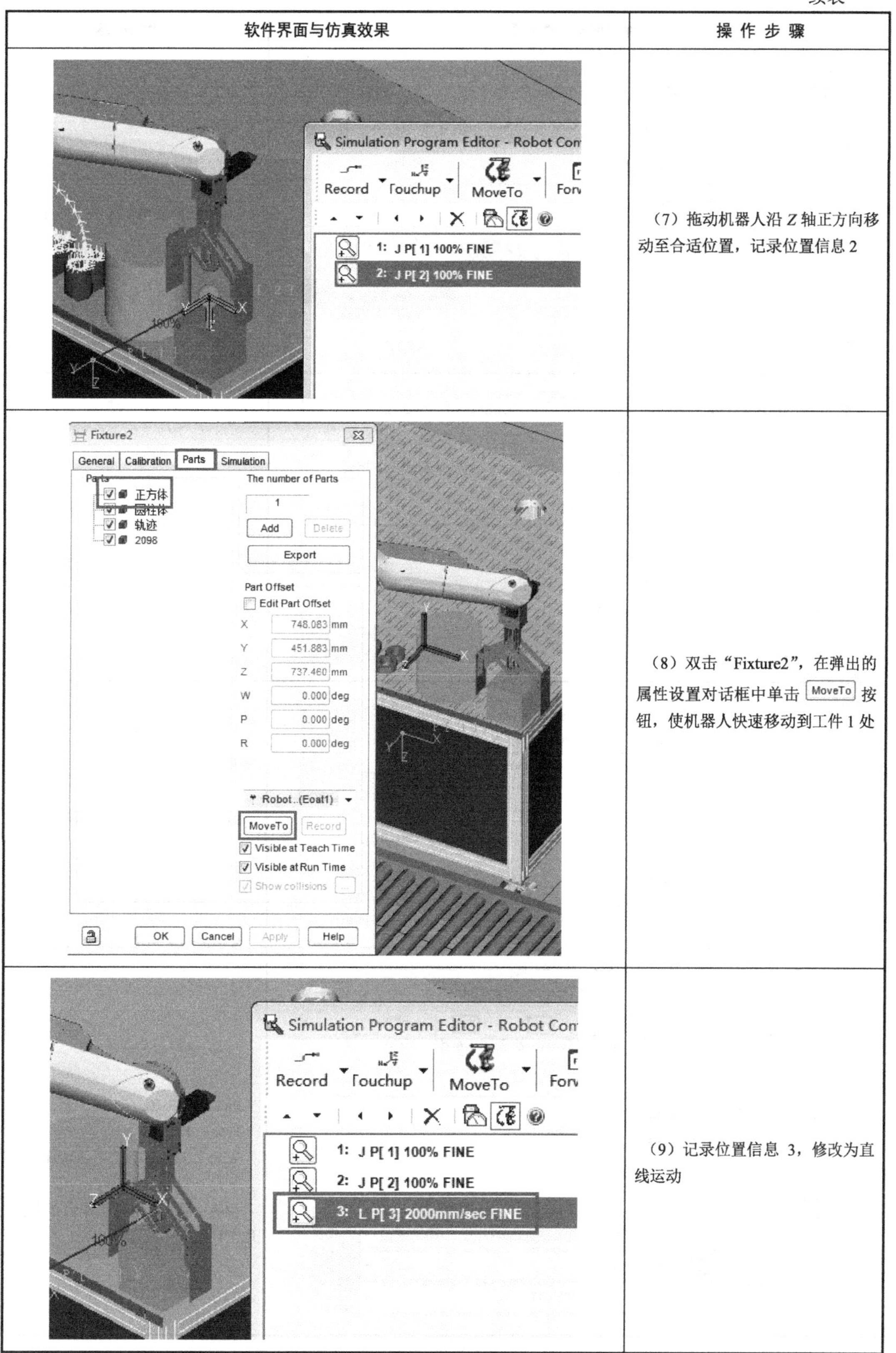	（7）拖动机器人沿 Z 轴正方向移动至合适位置，记录位置信息 2
	（8）双击“Fixture2”，在弹出的属性设置对话框中单击 MoveTo 按钮，使机器人快速移动到工件 1 处
	（9）记录位置信息 3，修改为直线运动

续表

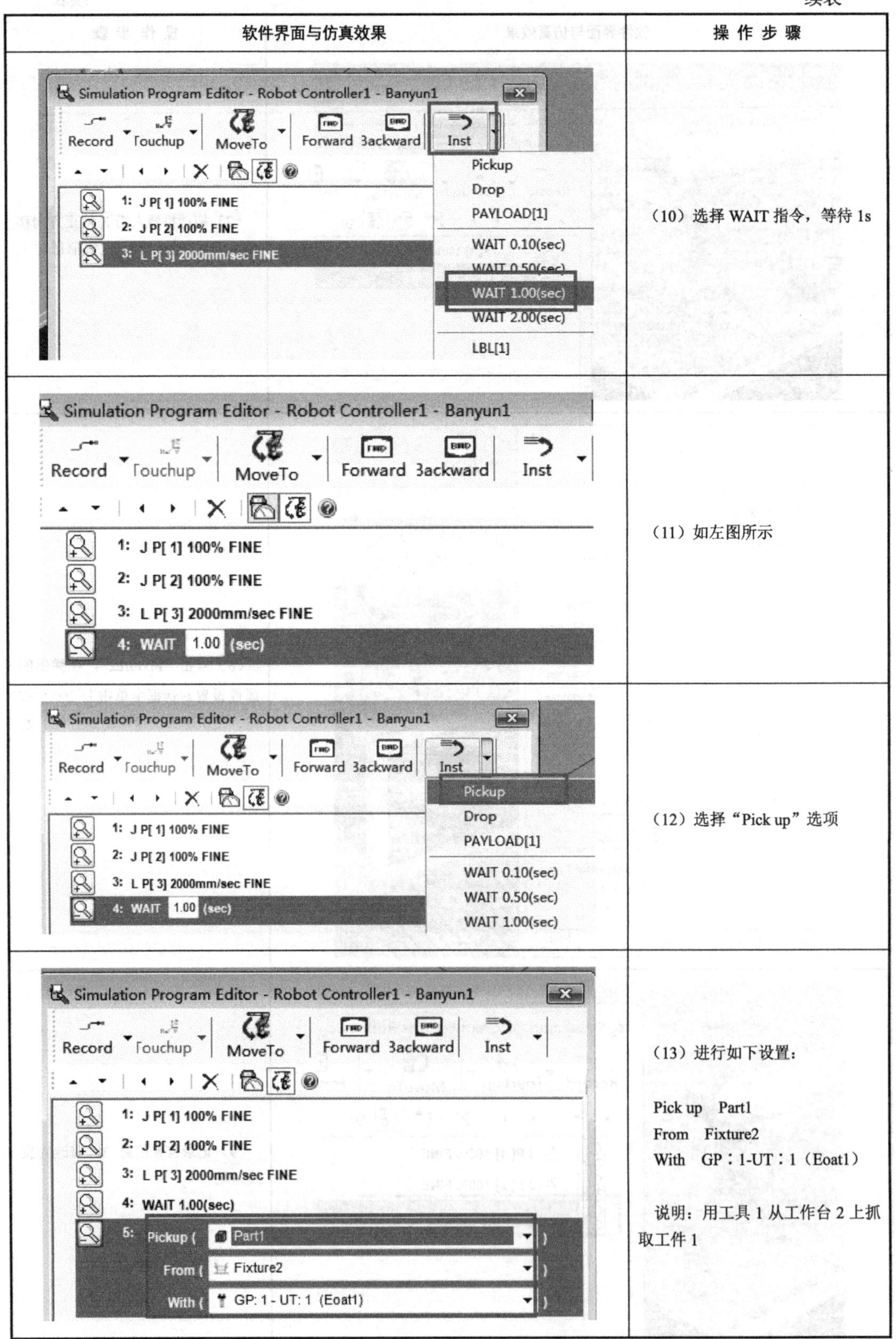

软件界面与仿真效果	操 作 步 骤
	（10）选择 WAIT 指令，等待 1s
	（11）如左图所示
	（12）选择“Pick up”选项
	（13）进行如下设置： Pick up　Part1 From　Fixture2 With　GP：1-UT：1（Eoat1） 说明：用工具 1 从工作台 2 上抓取工件 1

续表

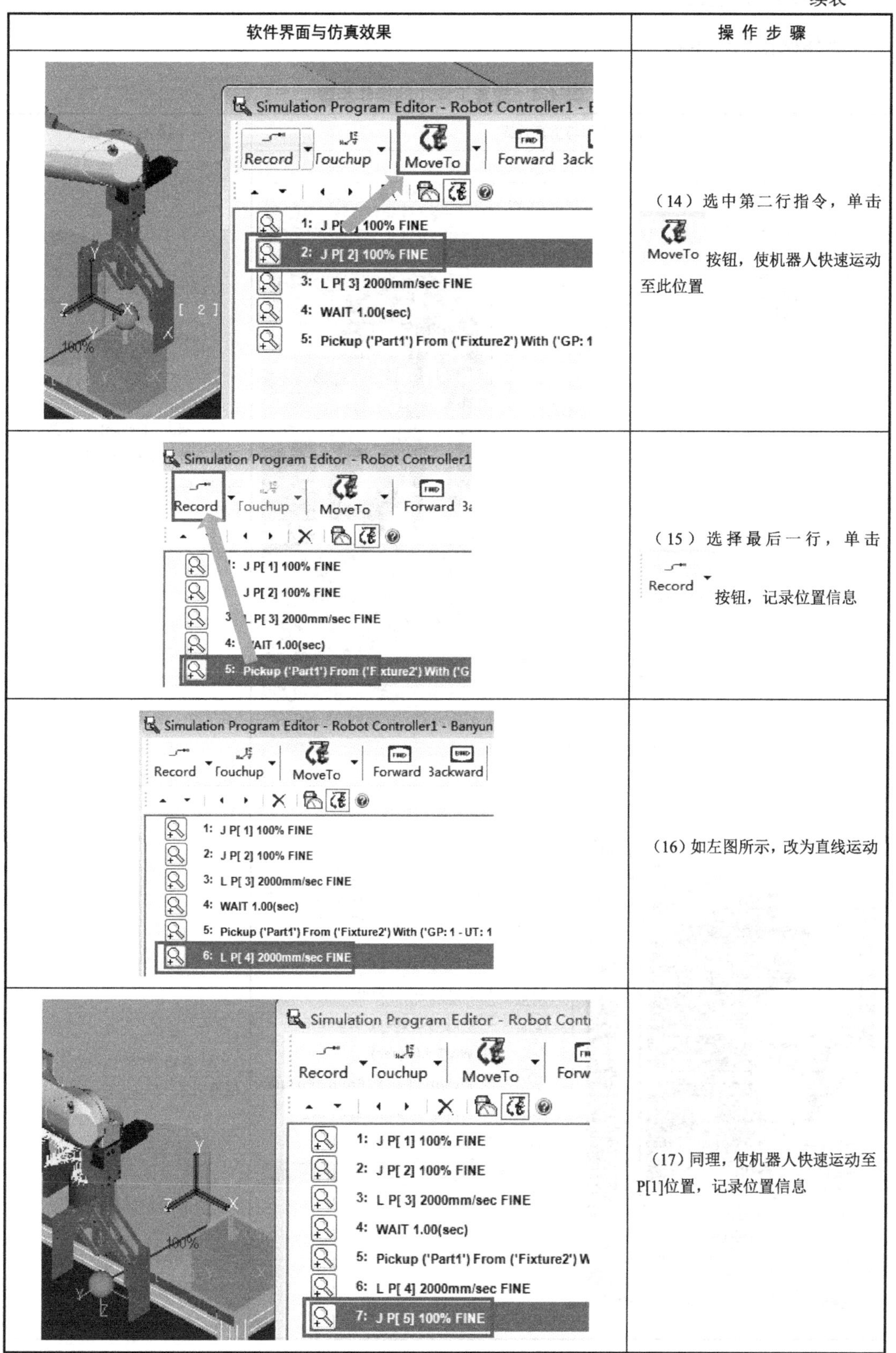

软件界面与仿真效果	操 作 步 骤
	（14）选中第二行指令，单击 MoveTo 按钮，使机器人快速运动至此位置
	（15）选择最后一行，单击 Record 按钮，记录位置信息
	（16）如左图所示，改为直线运动
	（17）同理，使机器人快速运动至 P[1]位置，记录位置信息

任务四　放置工件 1

具体操作见表 4-4。

表 4-4　放置工件 1 的操作步骤

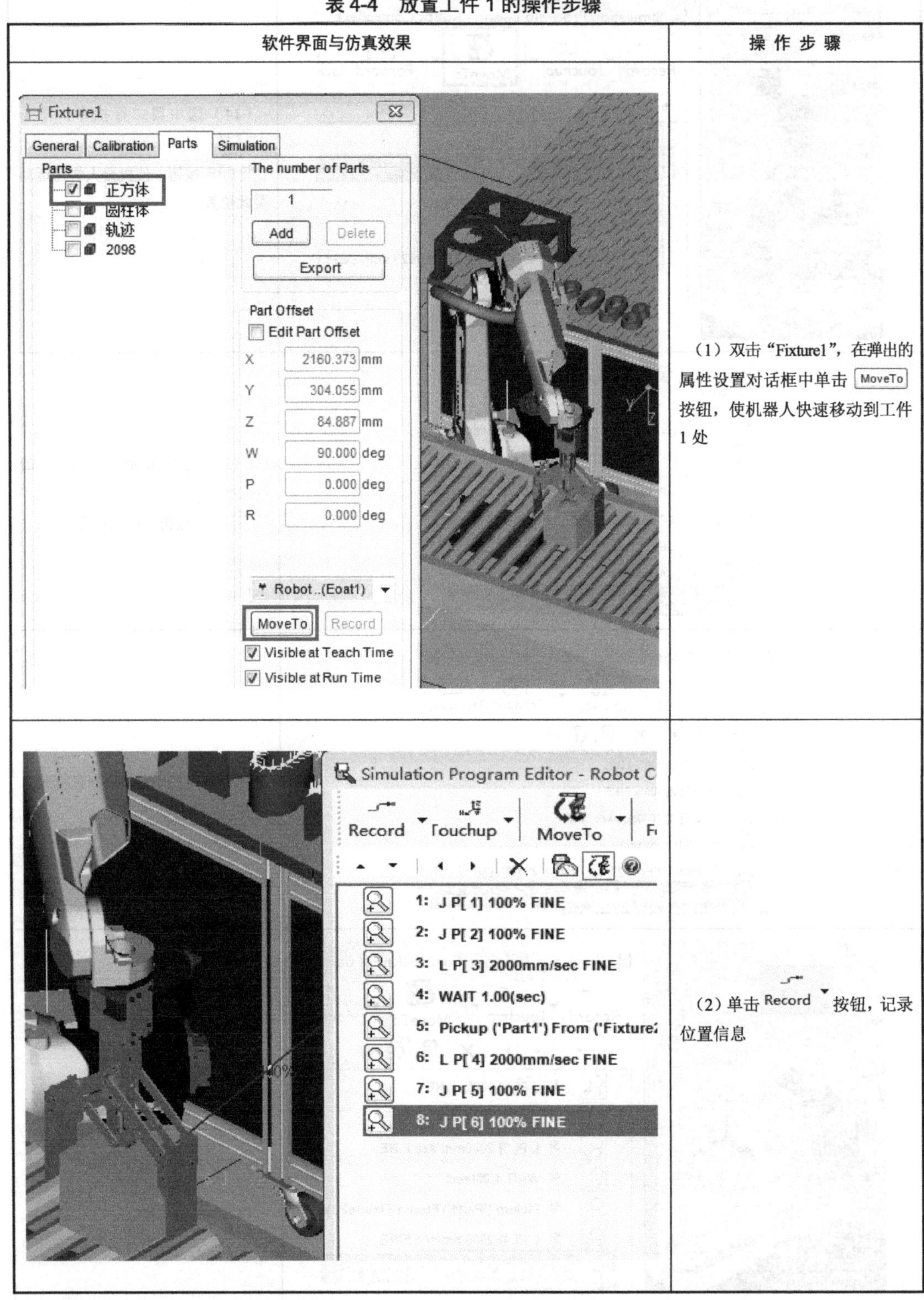

软件界面与仿真效果	操 作 步 骤
	（1）双击“Fixture1”，在弹出的属性设置对话框中单击 MoveTo 按钮，使机器人快速移动到工件 1 处
	（2）单击 Record 按钮，记录位置信息

续表

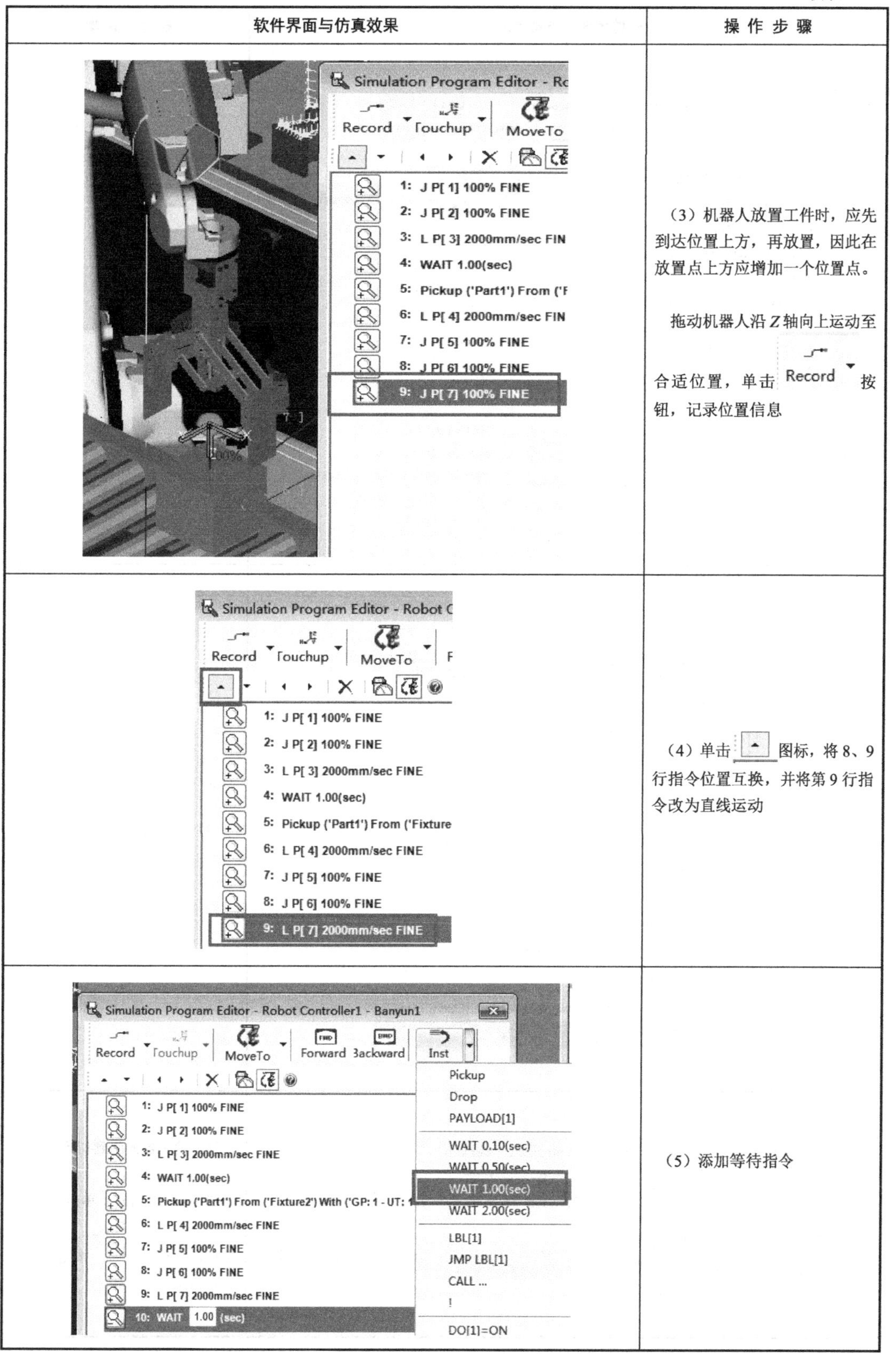

软件界面与仿真效果	操 作 步 骤
	（3）机器人放置工件时，应先到达位置上方，再放置，因此在放置点上方应增加一个位置点。 拖动机器人沿 Z 轴向上运动至合适位置，单击 Record 按钮，记录位置信息
	（4）单击 ▲ 图标，将 8、9 行指令位置互换，并将第 9 行指令改为直线运动
	（5）添加等待指令

续表

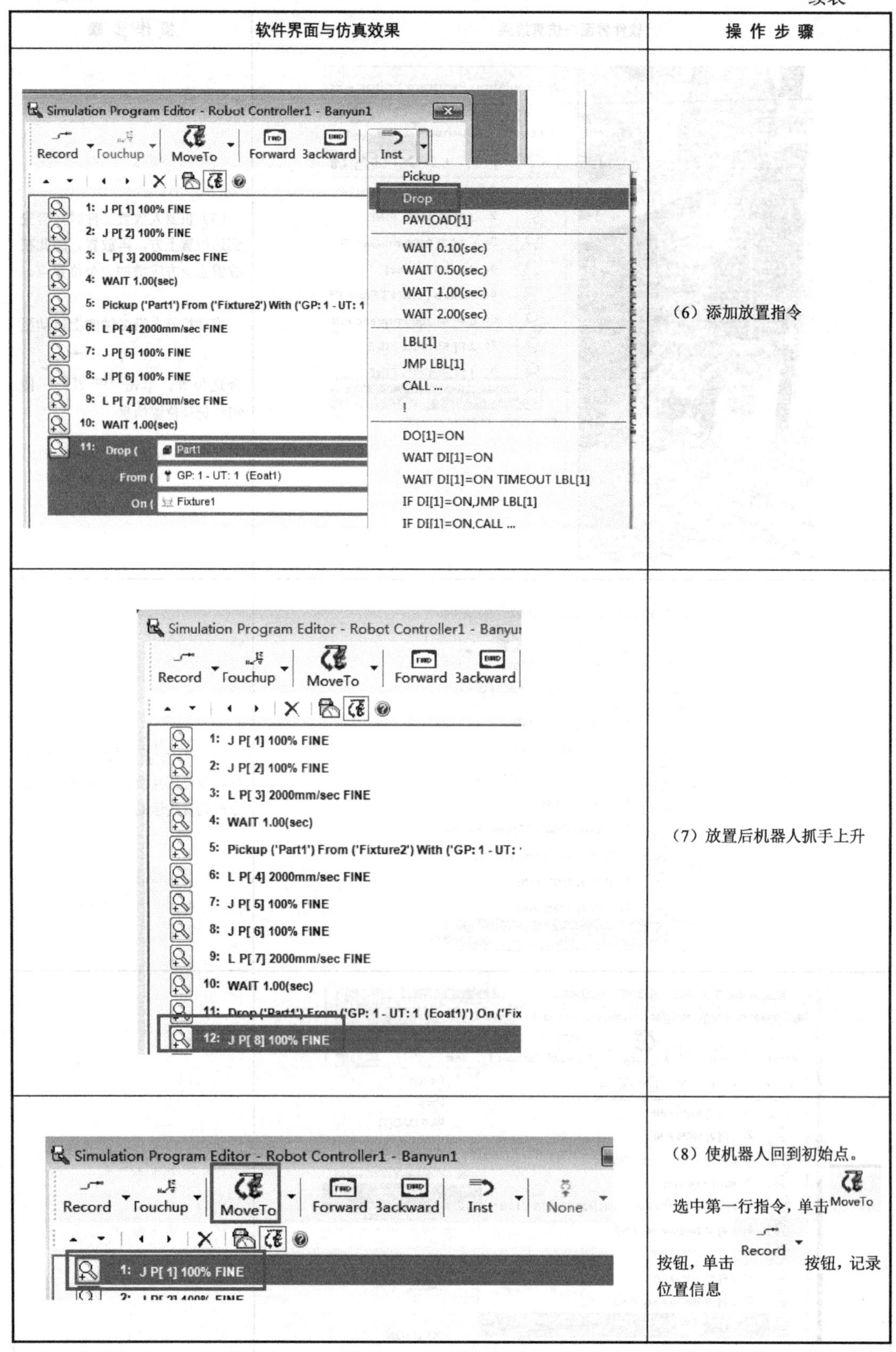

软件界面与仿真效果	操作步骤
	（6）添加放置指令
	（7）放置后机器人抓手上升
	（8）使机器人回到初始点。 选中第一行指令，单击 MoveTo 按钮，单击 Record 按钮，记录位置信息

续表

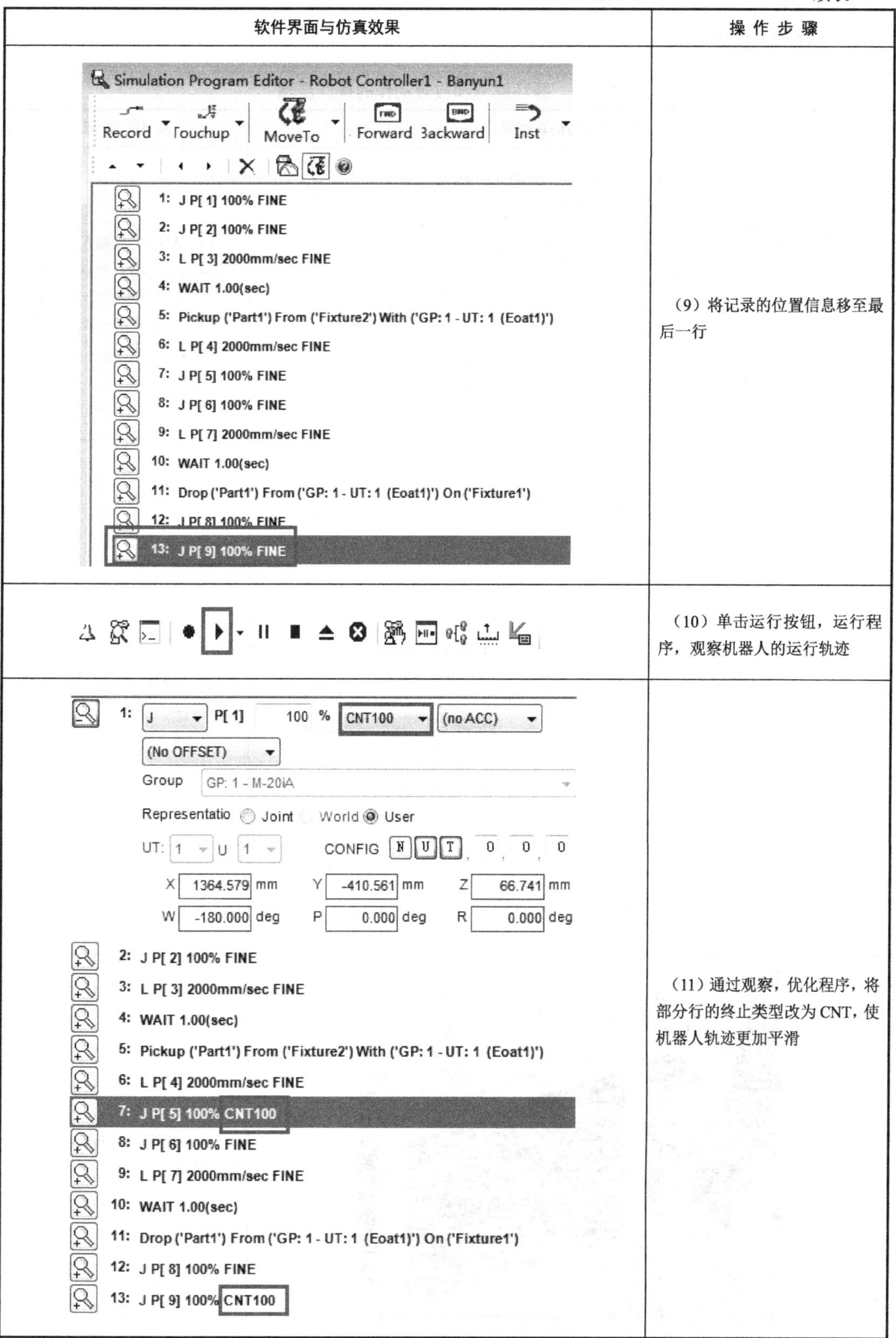

软件界面与仿真效果	操 作 步 骤
	（9）将记录的位置信息移至最后一行
	（10）单击运行按钮，运行程序，观察机器人的运行轨迹
	（11）通过观察，优化程序，将部分行的终止类型改为 CNT，使机器人轨迹更加平滑

任务五　循环抓取和放置动作

具体操作见表 4-5。

表 4-5　循环抓取和放置动作的操作步骤

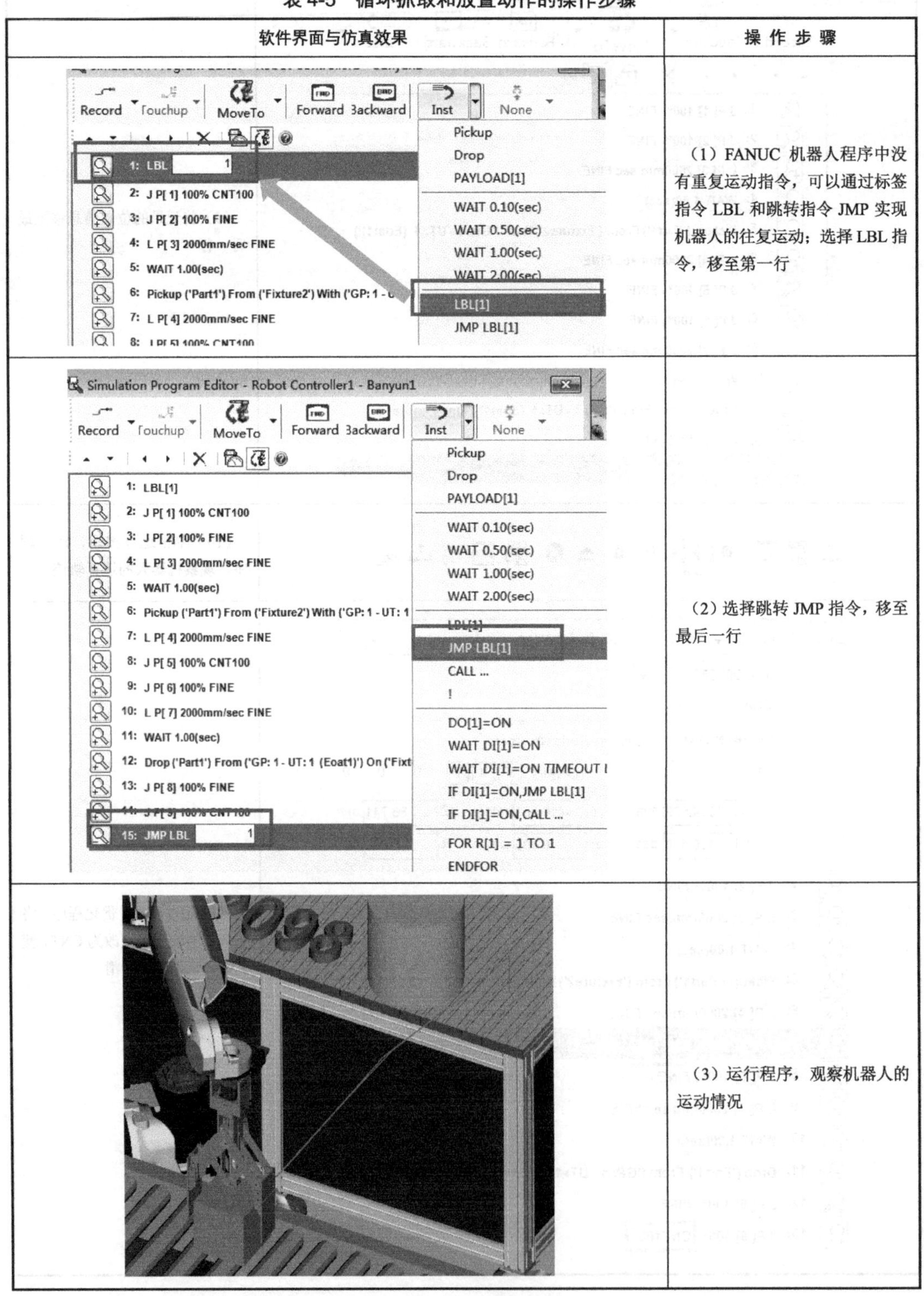

软件界面与仿真效果	操 作 步 骤
	（1）FANUC 机器人程序中没有重复运动指令，可以通过标签指令 LBL 和跳转指令 JMP 实现机器人的往复运动；选择 LBL 指令，移至第一行
	（2）选择跳转 JMP 指令，移至最后一行
	（3）运行程序，观察机器人的运动情况

任务六　设置 3 个机位，录制搬运视频

具体操作见表 4-6。

搬运程序的编写

表 4-6　录制搬运视频的操作步骤

软件界面与仿真效果	操 作 步 骤
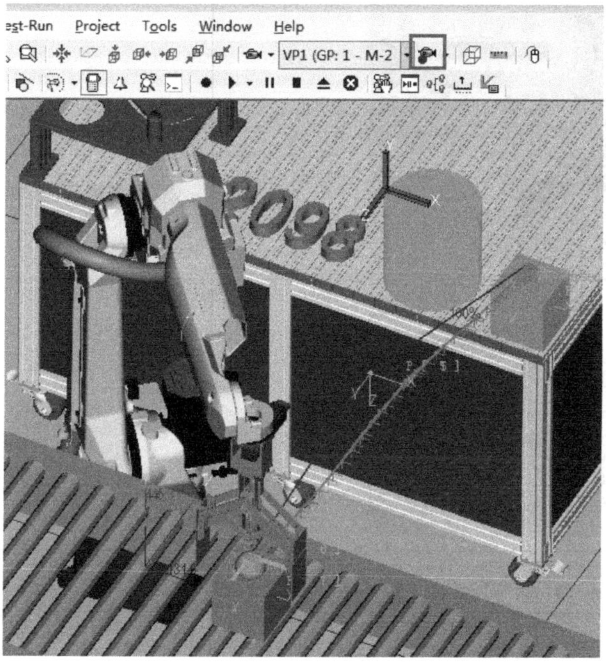	（1）单击按钮，将此视角设置为第一个机位 
	（2）同理，设置第二个机位

续表

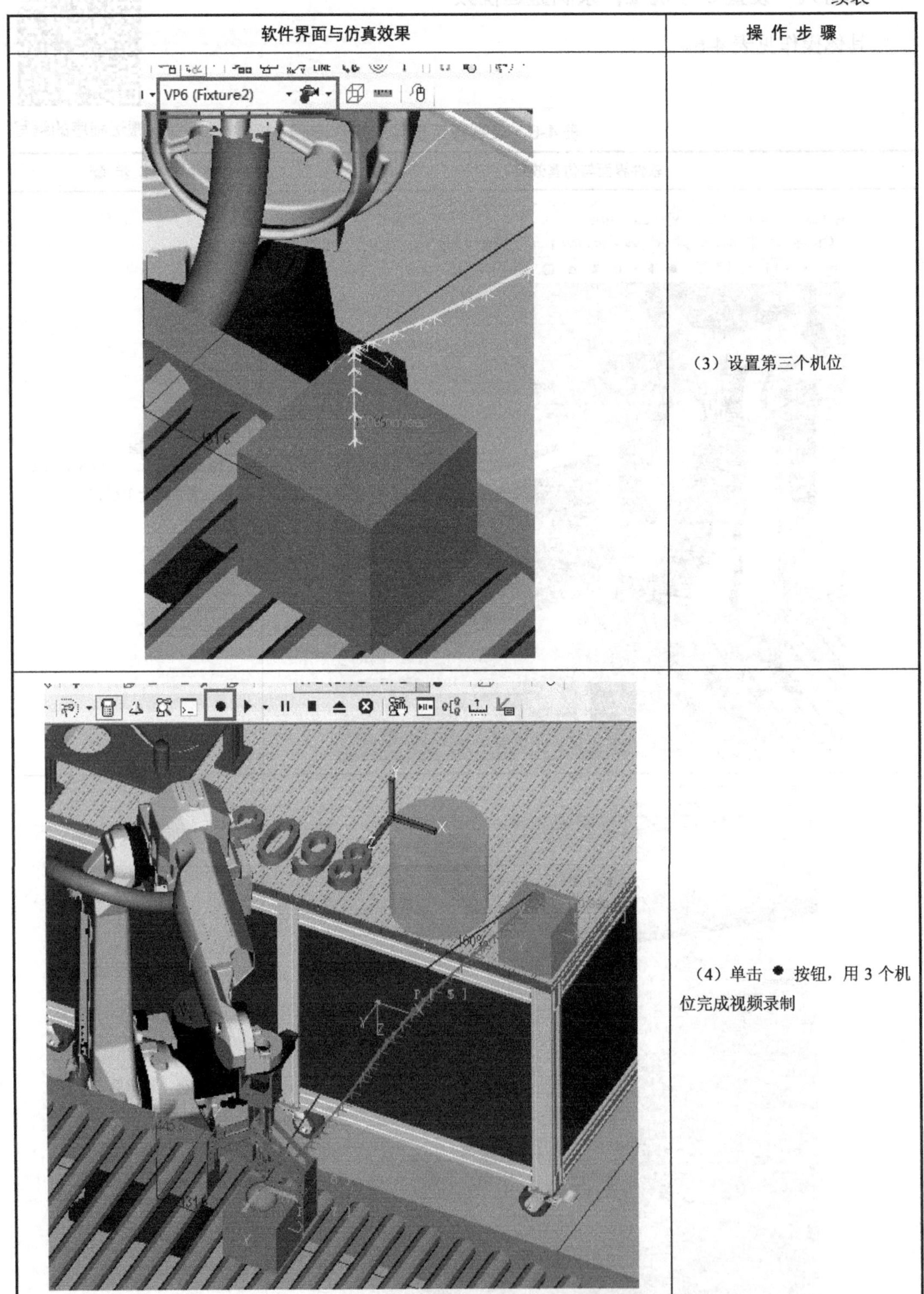

软件界面与仿真效果	操 作 步 骤
	（3）设置第三个机位
	（4）单击 ● 按钮，用 3 个机位完成视频录制

本章总结：本章完成了仿真搬运程序的编写，设计初期可以模拟机器人的工作场景，验证设计方案；后期在给客户演示设计方案的时候，可使客户对方案一目了然。

第 5 章

编程仿真机床上下料工作站

机床上下料机器人在数控机床上下料环节取代人工完成工件的自动装卸功能，主要适应对象为大批量、可重复性强或是工件质量较大及工作环境具有高温、粉尘等恶劣条件情况下使用。使用机器人进行上下料工作的重点是机器人和机床之间的配合。本章主要介绍机床上下料工作站的仿真编程过程。

任务目标：用 ROBOGUIDE 仿真软件新建工作站，机器人选用 M-20iA，机器人从运输带上抓取工件，等待机床门打开后，把工件放入机床，之后机器人退出机床，机床门闭合并开始加工工件，如图 5-1 所示。

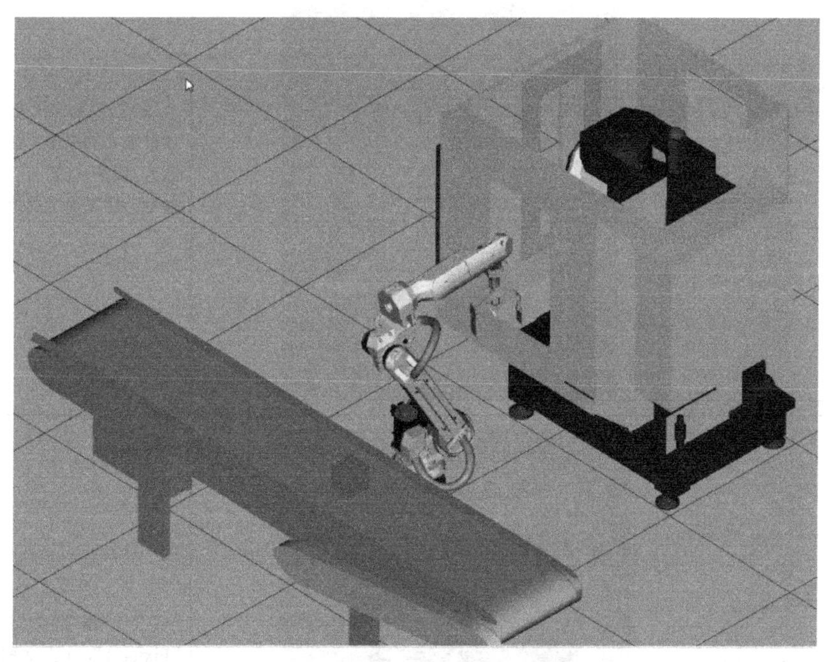

图 5-1　仿真机床上下料工作站

任务一　搭建工作站

具体操作见表 5-1。

表 5-1　搭建工作站的操作步骤

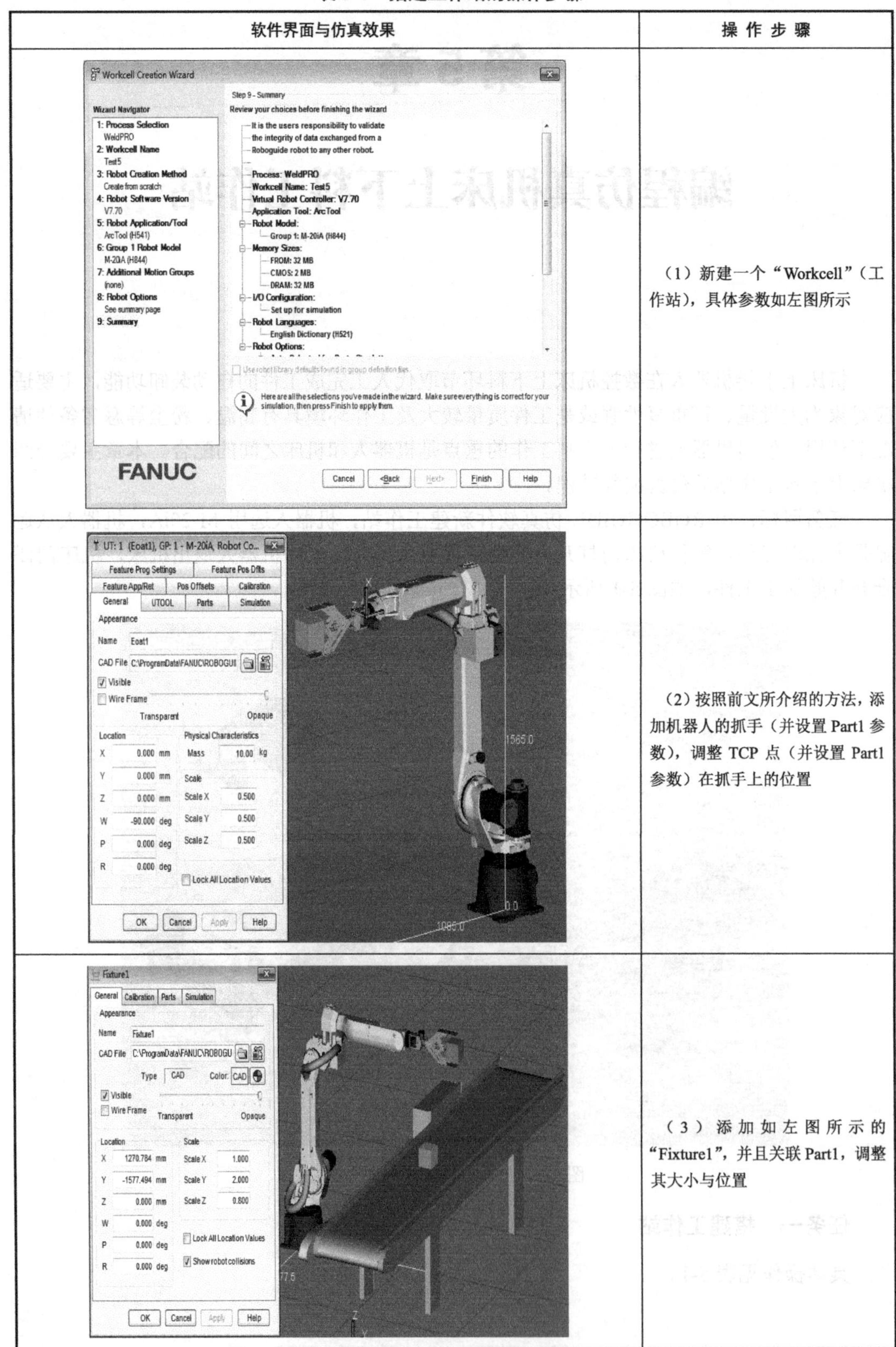

软件界面与仿真效果	操 作 步 骤
	（1）新建一个“Workcell”（工作站），具体参数如左图所示
	（2）按照前文所介绍的方法，添加机器人的抓手（并设置 Part1 参数），调整 TCP 点（并设置 Part1 参数）在抓手上的位置
	（3）添加如左图所示的“Fixture1”，并且关联 Part1，调整其大小与位置

续表

软件界面与仿真效果	操 作 步 骤
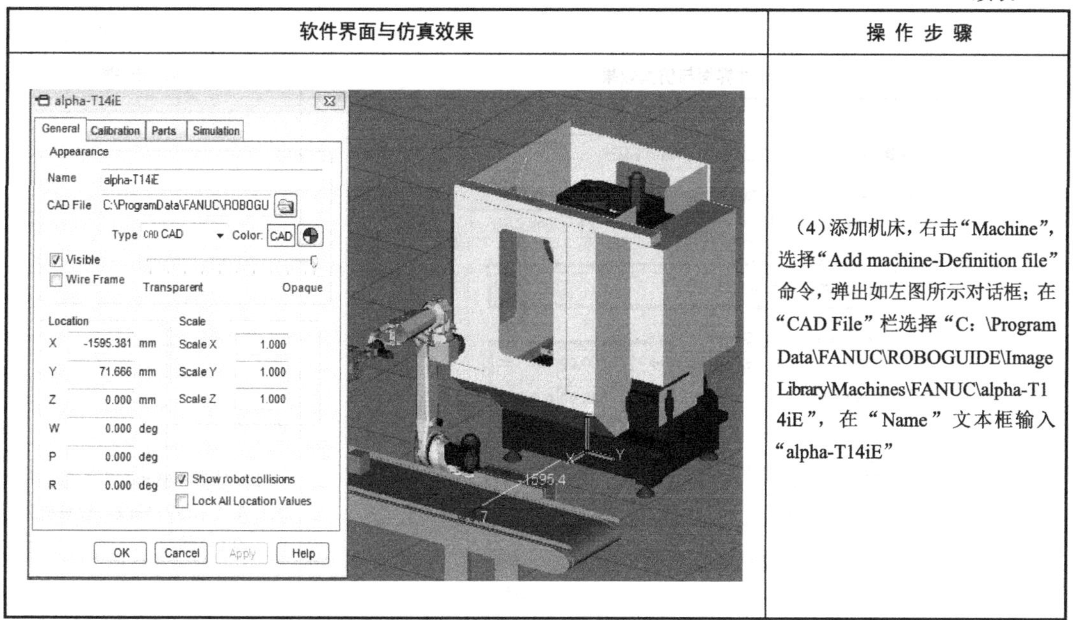	（4）添加机床，右击“Machine”，选择“Add machine-Definition file”命令，弹出如左图所示对话框；在“CAD File”栏选择“C：\Program Data\FANUC\ROBOGUIDE\Image Library\Machines\FANUC\alpha-T14iE”，在“Name”文本框输入“alpha-T14iE”

任务二 设置机床门的 I/O 信号

具体操作见表 5-2。

表 5-2 设置机床门 I/O 信号的操作步骤

软件界面与仿真效果	操 作 步 骤
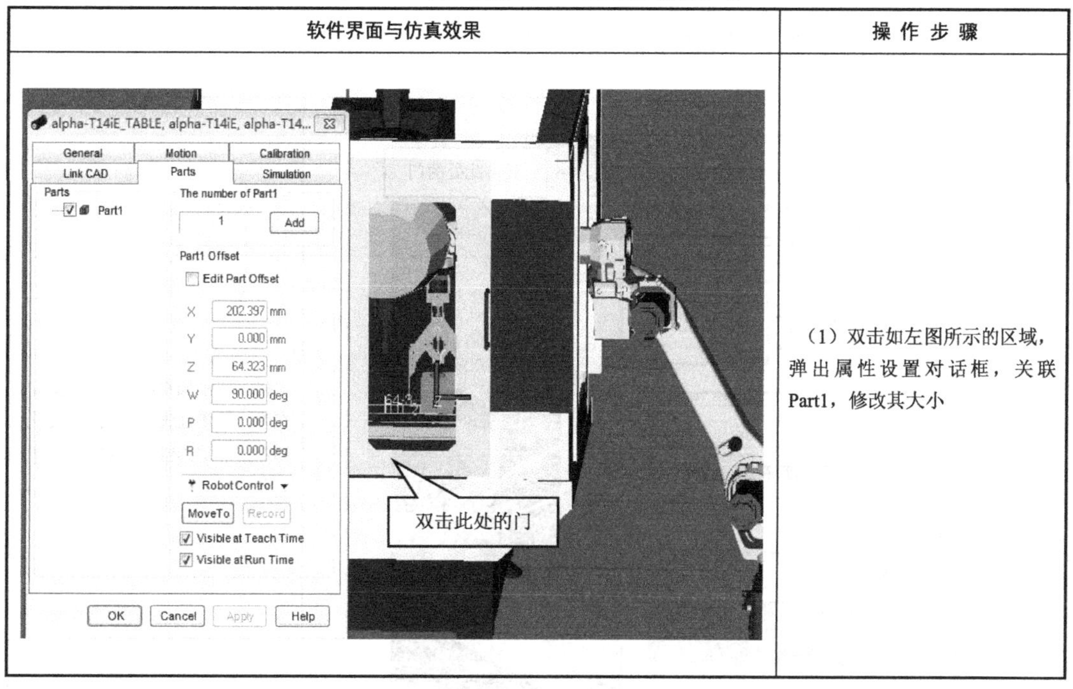	（1）双击如左图所示的区域，弹出属性设置对话框，关联Part1，修改其大小

续表

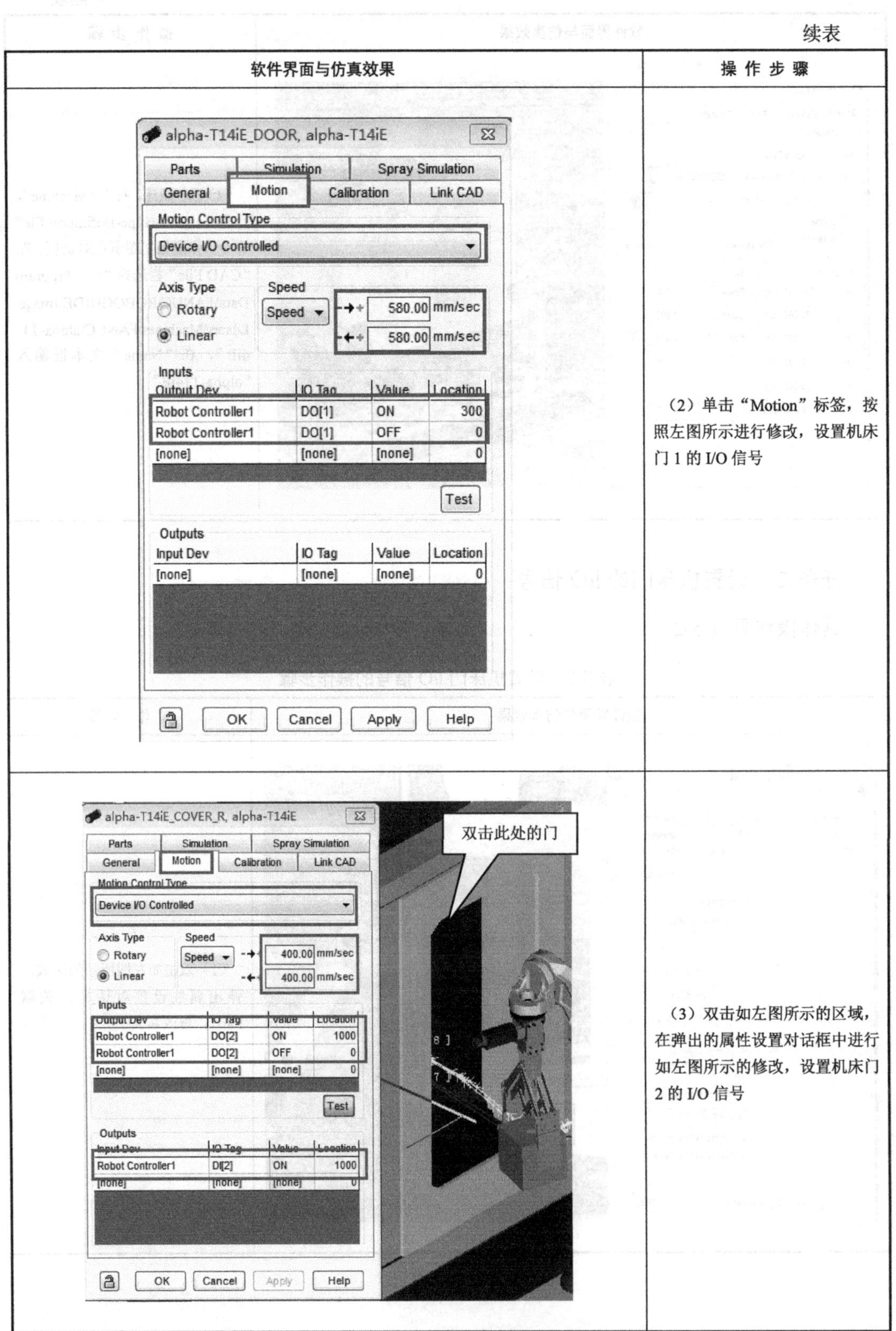

软件界面与仿真效果	操 作 步 骤
	（2）单击“Motion”标签，按照左图所示进行修改，设置机床门 1 的 I/O 信号
	（3）双击如左图所示的区域，在弹出的属性设置对话框中进行如左图所示的修改，设置机床门 2 的 I/O 信号

任务三　编写搬运程序

具体操作见表 5-3。

表 5-3　编写搬运程序的操作步骤

程序与仿真效果	操 作 步 骤
1: LBL[1];　　　　　　　　//标签 1 2: J P[1] 100% FINE;　　　　//起始点 3: WAIT 0.50 (sec);　　　　　//等待 0.5s 4: L P[2] 2000mm/sec FINE; 5: Pickup ('Part1') From ('Fixture1') With ('GP: 1-UT: 1 (Eoat)') //抓取工件 6: L P[3] 2000mm/sec FINE; 7: J P[4] 100% CNT100; 8: J P[5] 100% FINE; 9: DO[2]=ON;　　　　　　　//机床门 2 开 10: DO[1]=ON;　　　　　　　//机床门 1 开 11: WAIT DI[2]=ON;　　　　　//等待机床门打开的反馈信号 12: J P[6] 100% FINE; 13: L P[7] 2000mm/sec FINE; 14: WAIT 0.50 (sec); 15: Drop('Part1')From(''GP: 1-UT: 1(Eoat1)')On('alpha-T14iE: alpha-T14iE_COVER')　　//放置工件 16: L P[8] 2000mm/sec FINE; 17: J P[9] 100% FINE; 18: J P[10] 100% CNT100; 19: J P[11] 100% CNT100; 20: DO[2]=OFF;　　　　　　//机床门 2 关 21: DO[1]=OFF;　　　　　　//机床门 1 关 22: JMP LBL[1];　　　　　　//跳转到标签 1	（1）在"Workcell"中新建一个仿真程序，参考程序如左侧所示
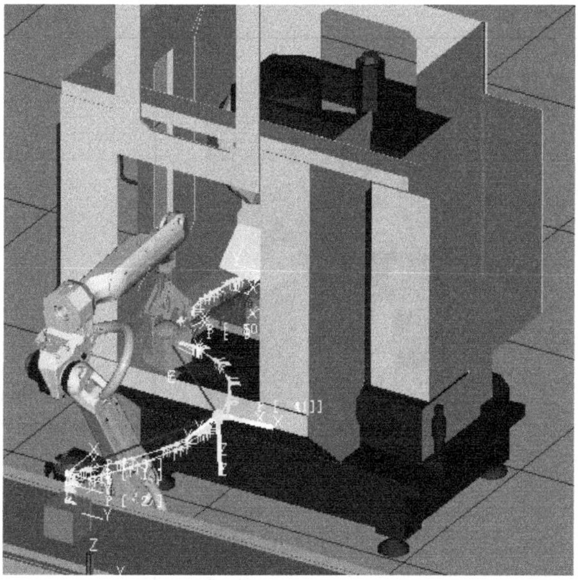	（2）运行程序后的轨迹图如左图所示

第 6 章

综合工作站仿真

在实际的工程应用中，机器人搬运工件是通过传送带输送的。前面的章节主要介绍的是机器人完成搬运动作的设置过程，是静态的搬运，本章介绍的仿真过程则会更加贴近实际应用，即通过传送带传送工件实现搬运、码垛过程。

6.1 自由落体仿真

自由落体仿真

任务目标：通过添加 Link 完成工件的自由落体运动。

自由落体仿真的操作步骤见表 6-1。

表 6-1 自由落体仿真的操作步骤

软 件 界 面	操 作 步 骤
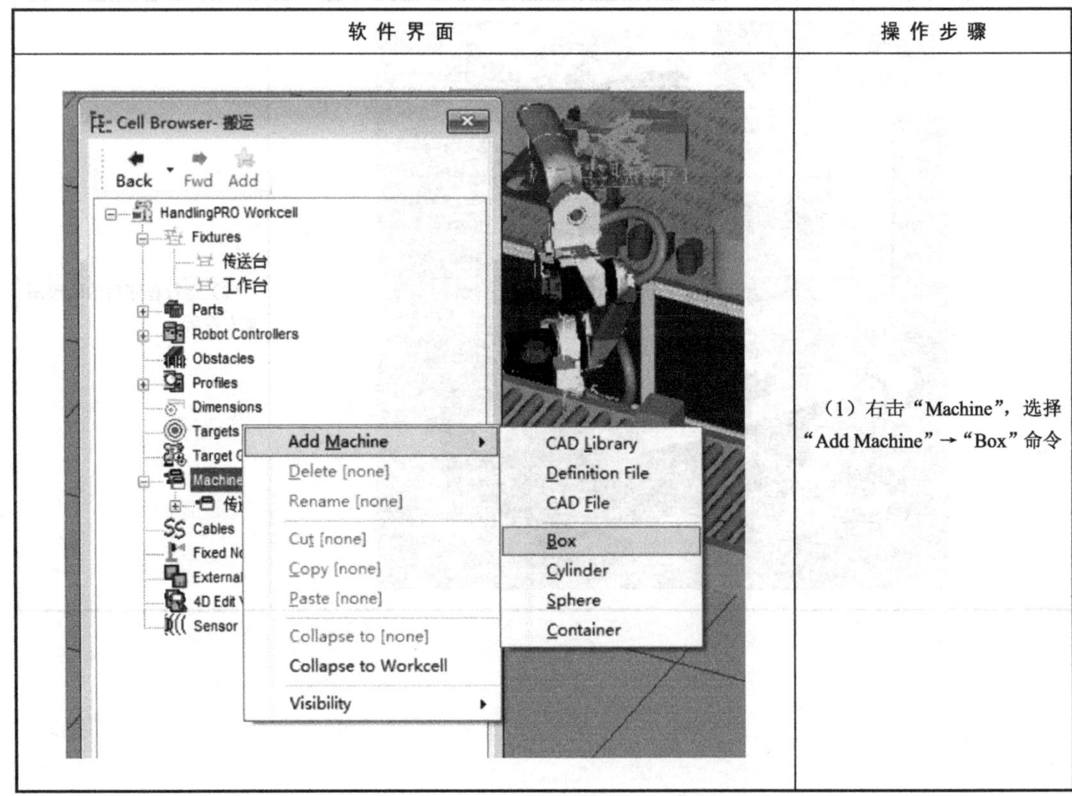	（1）右击“Machine”，选择“Add Machine”→“Box”命令

续表

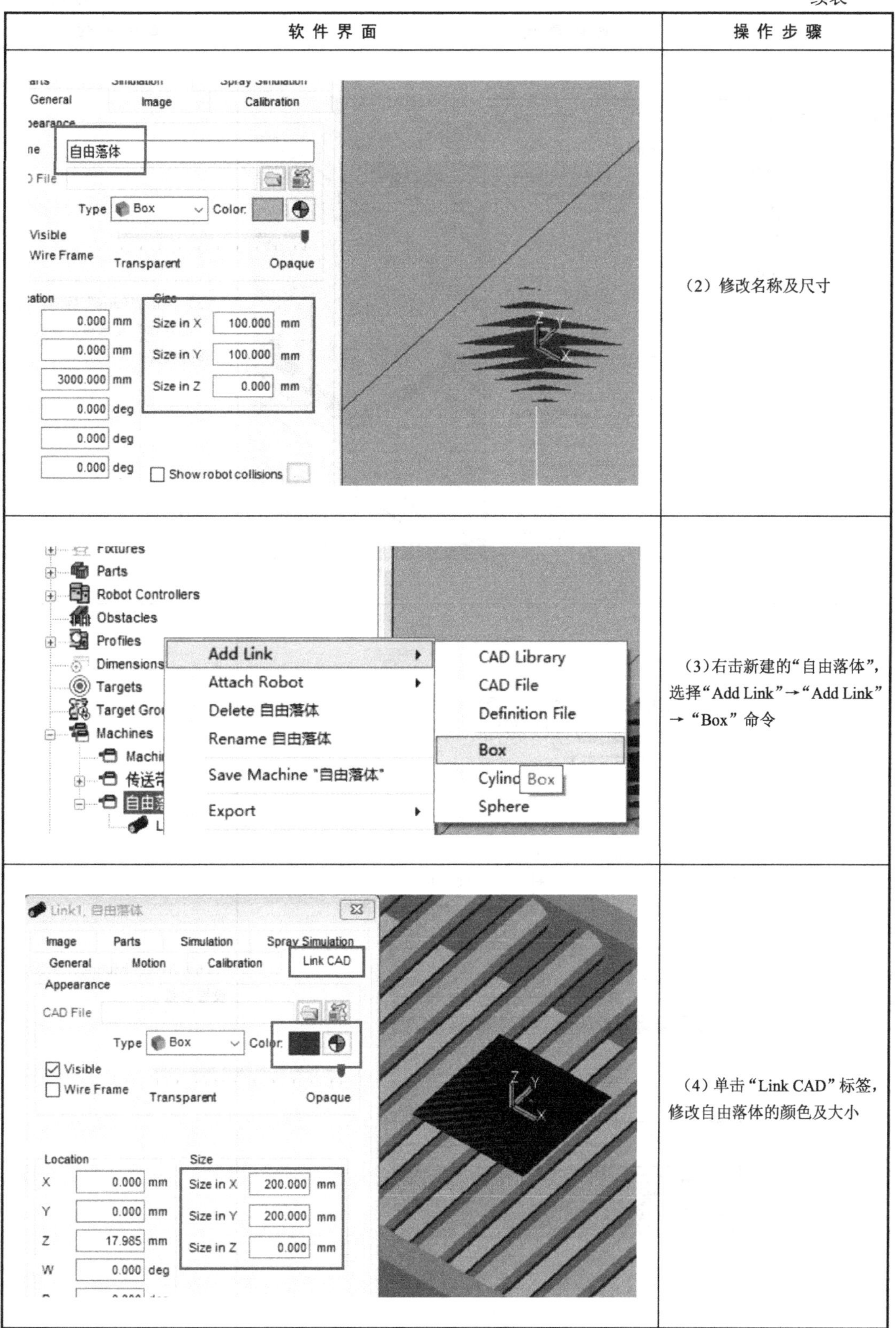

软 件 界 面	操 作 步 骤
	（2）修改名称及尺寸
	（3）右击新建的“自由落体”，选择“Add Link”→“Add Link”→“Box”命令
	（4）单击“Link CAD”标签，修改自由落体的颜色及大小

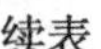

续表

软件界面	操作步骤
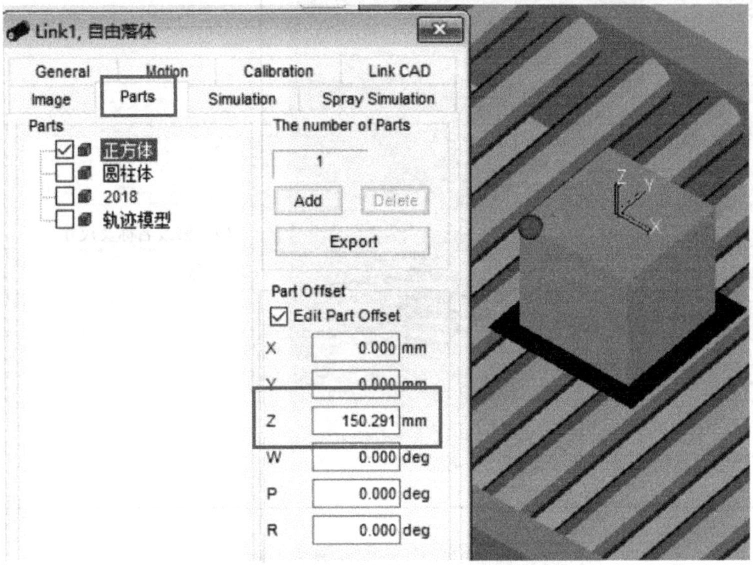	（5）单击“Parts”标签，选中“正方体”复选框，修改正方体的位置
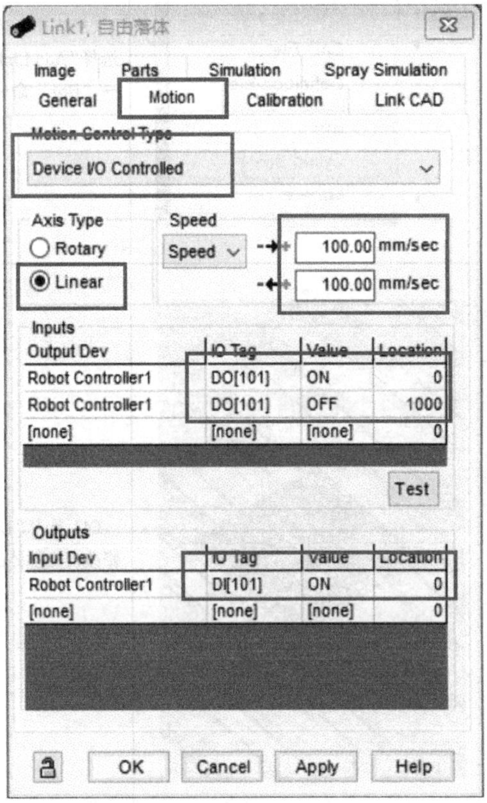	（6）单击“Motion”标签，设置参数

续表

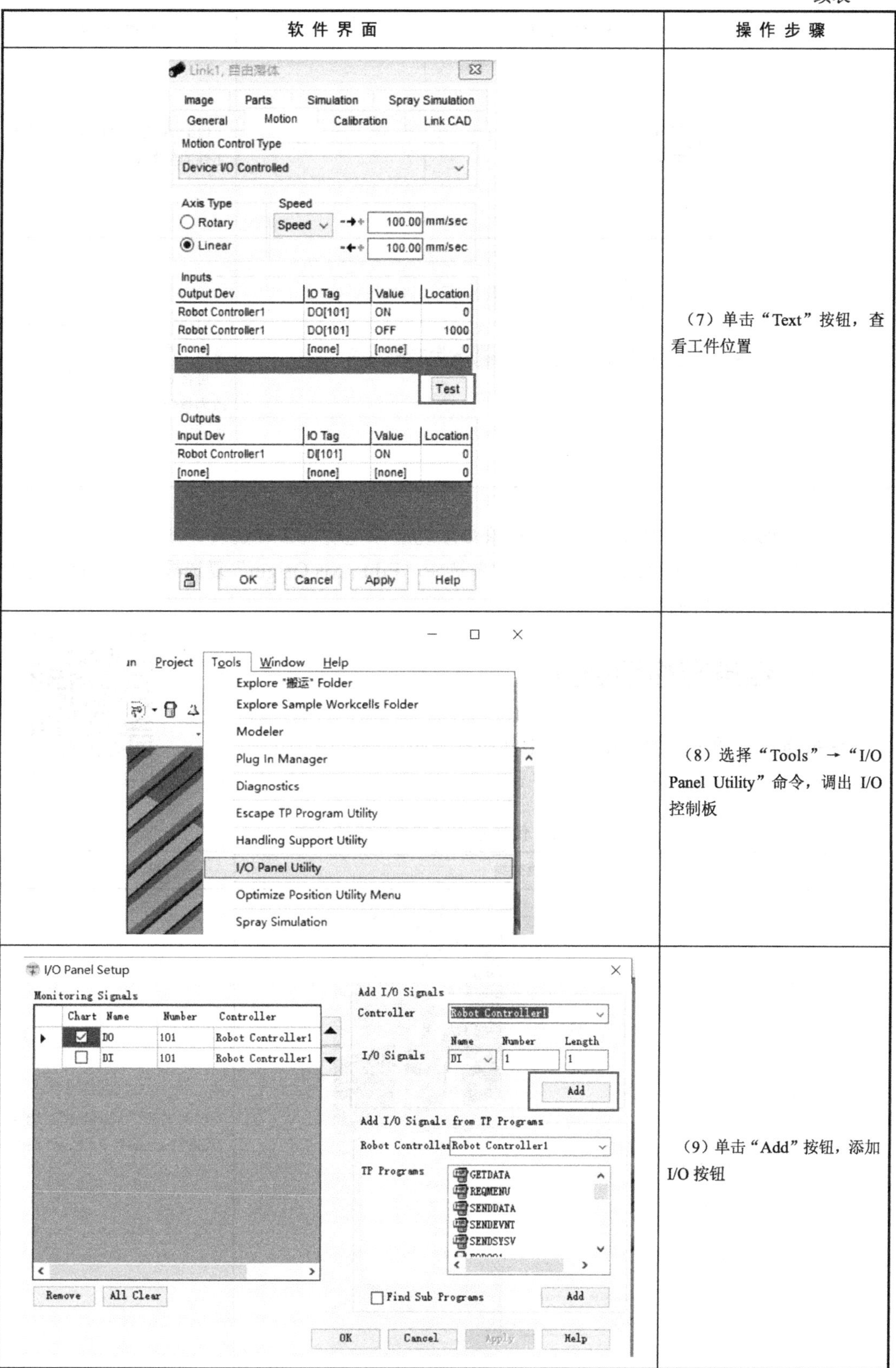

软 件 界 面	操 作 步 骤
	（7）单击“Text”按钮，查看工件位置
	（8）选择“Tools”→“I/O Panel Utility”命令，调出 I/O 控制板
	（9）单击“Add”按钮，添加 I/O 按钮

续表

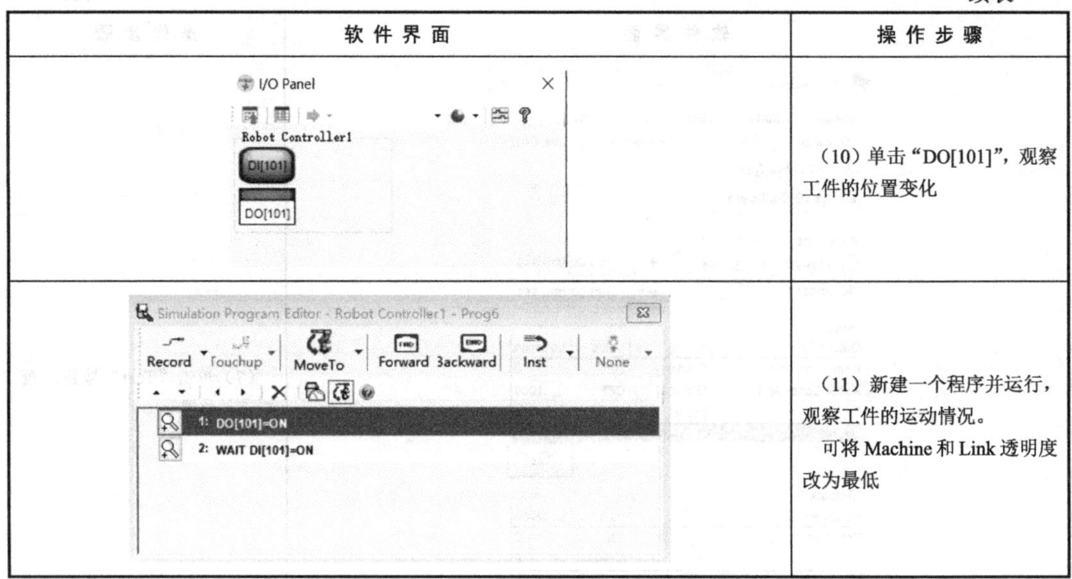

软 件 界 面	操 作 步 骤
	（10）单击“DO[101]”，观察工件的位置变化
	（11）新建一个程序并运行，观察工件的运动情况。 可将 Machine 和 Link 透明度改为最低

注：ROBOGUIDE 中规定，模型对象必须绕虚拟电动机 Z 轴旋转，或者沿虚拟电动机 Z 轴直线运动。只有在“General”选项卡中选中“Edit Axis Origin”复选框，显示的绿色坐标轴才是虚拟电动机的坐标轴。

6.2　传送带移动仿真

传送带移动仿真

任务目标：通过添加 Link 完成工件在传送带上的运动。

传送带移动仿真的操作步骤见表 6-2。

表 6-2　传送带移动仿真的操作步骤

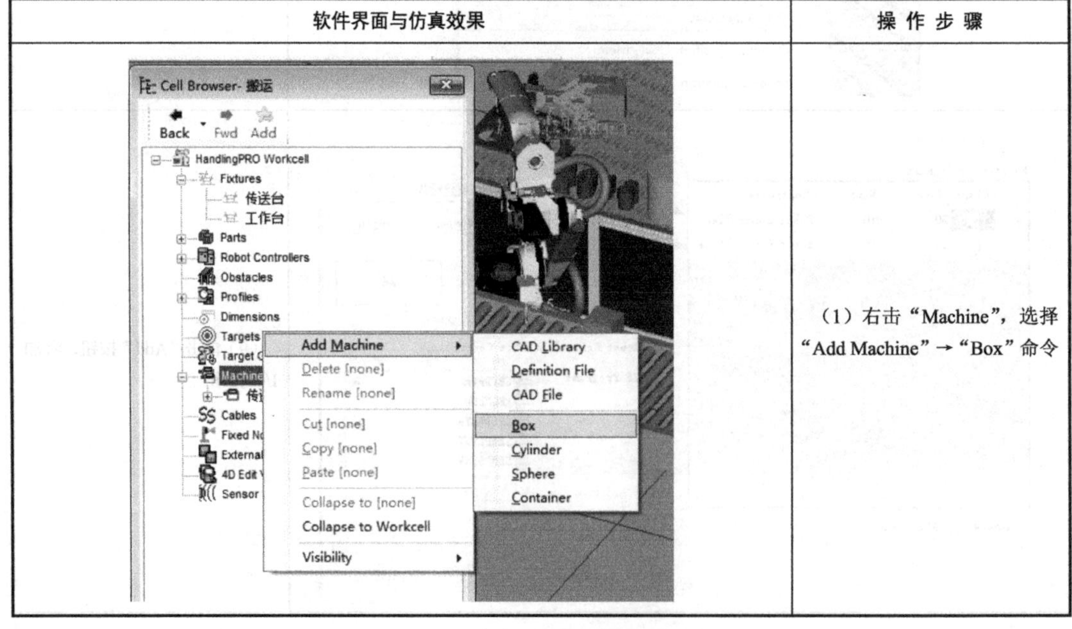

软件界面与仿真效果	操 作 步 骤
	（1）右击“Machine”，选择“Add Machine”→“Box”命令

续表

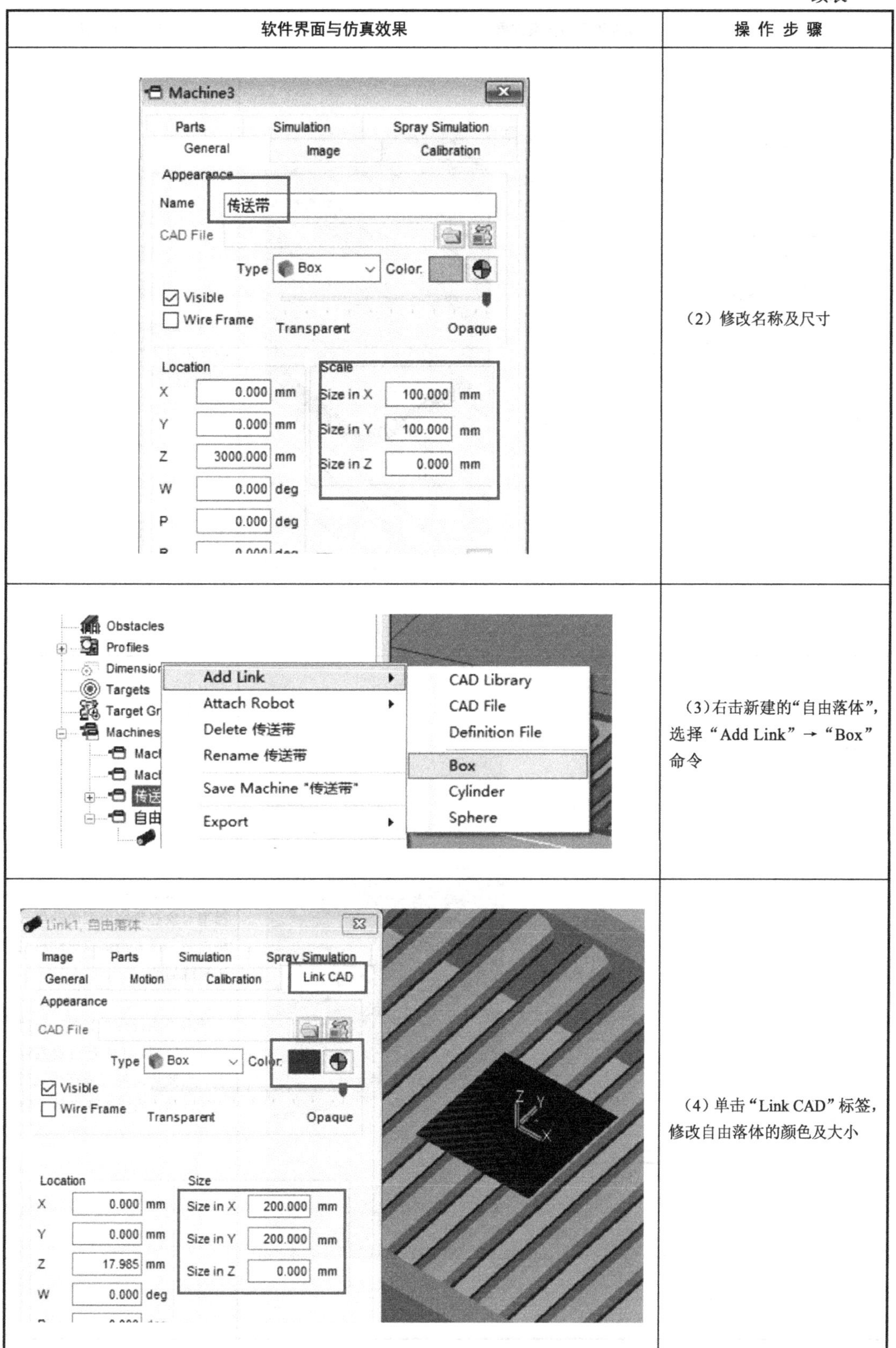

软件界面与仿真效果	操 作 步 骤
	（2）修改名称及尺寸
	（3）右击新建的“自由落体”，选择“Add Link”→“Box”命令
	（4）单击“Link CAD”标签，修改自由落体的颜色及大小

续表

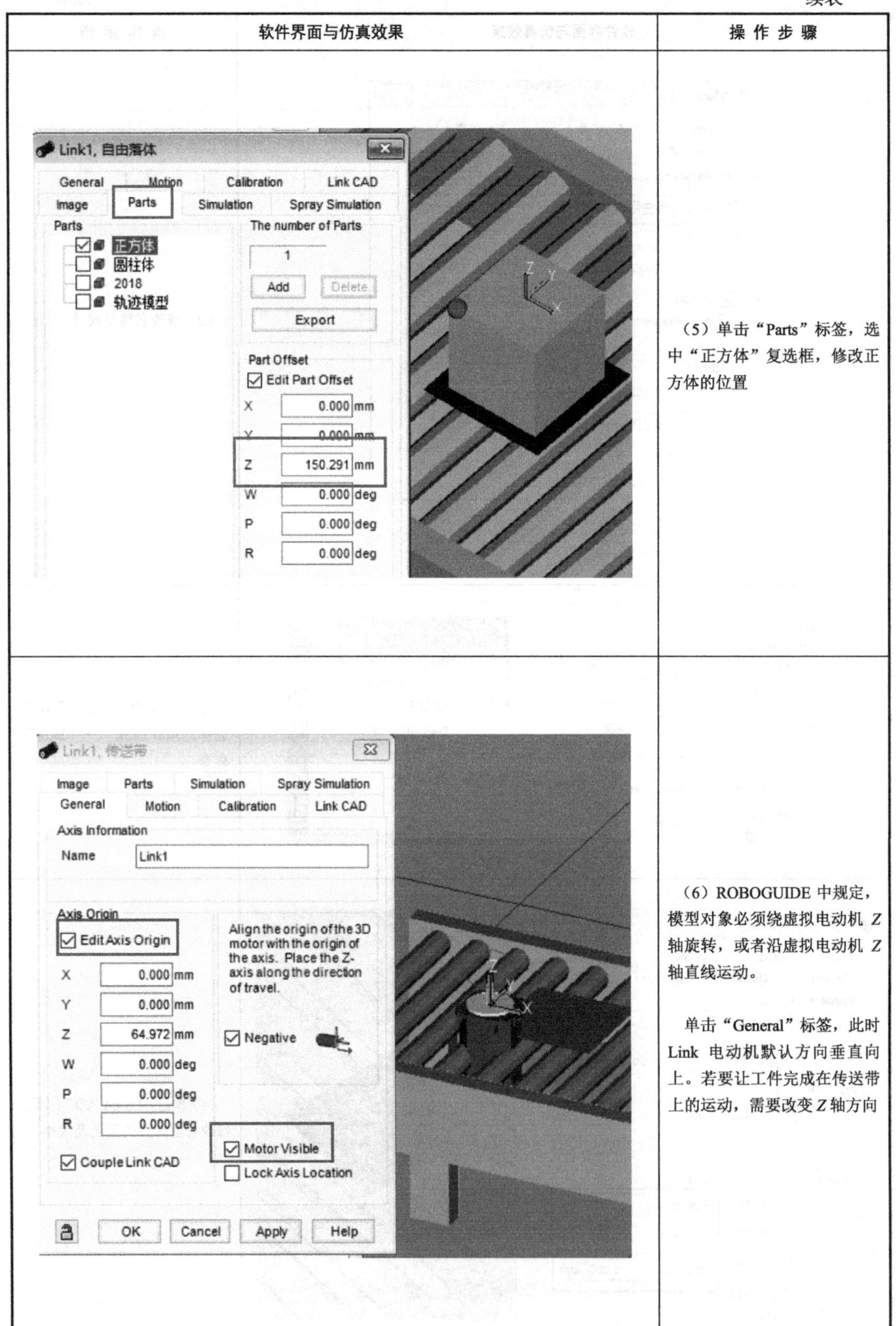

软件界面与仿真效果	操 作 步 骤
	（5）单击“Parts”标签，选中“正方体”复选框，修改正方体的位置
	（6）ROBOGUIDE 中规定，模型对象必须绕虚拟电动机 Z 轴旋转，或者沿虚拟电动机 Z 轴直线运动。 单击“General”标签，此时 Link 电动机默认方向垂直向上。若要让工件完成在传送带上的运动，需要改变 Z 轴方向

续表

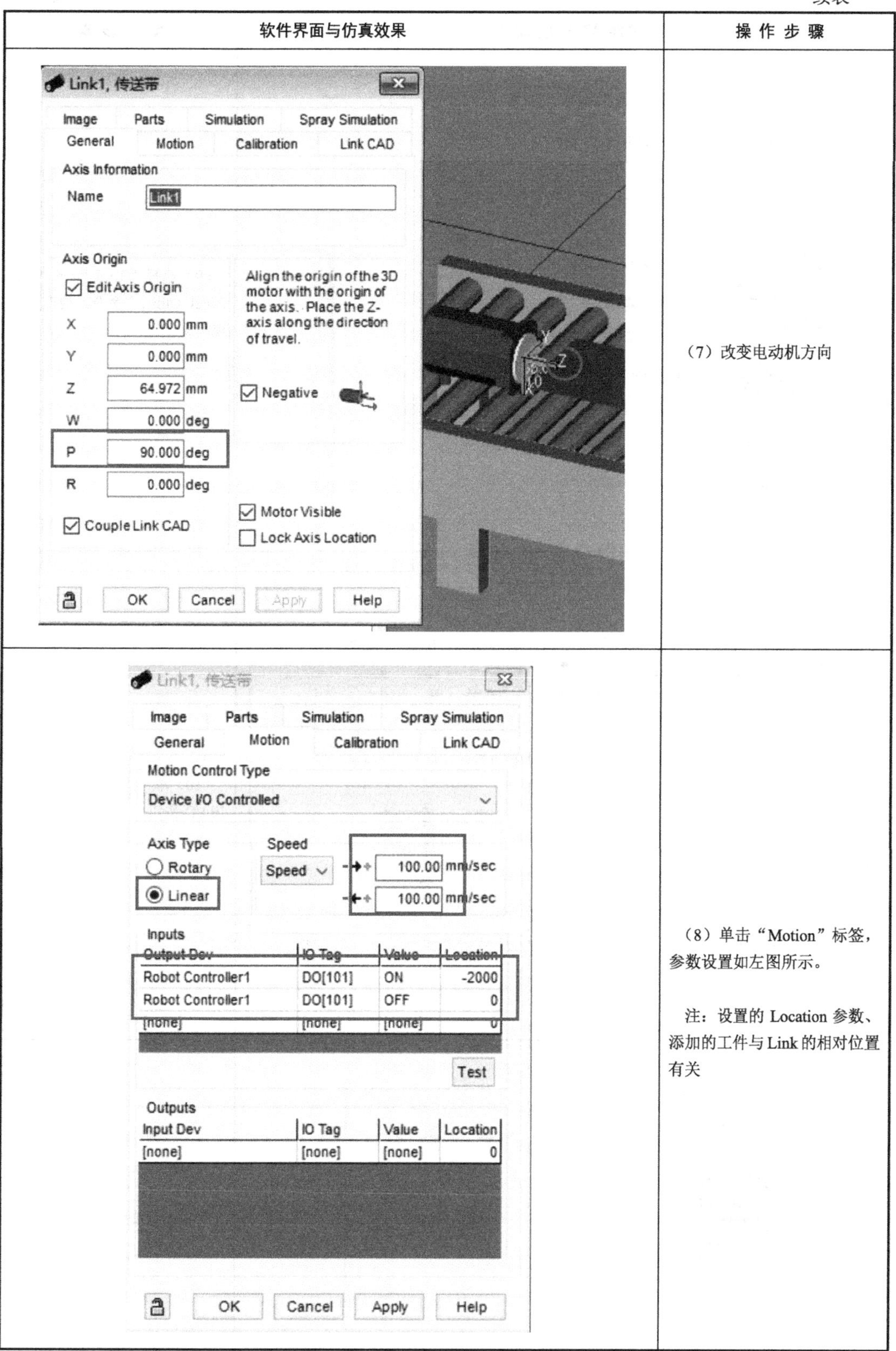

软件界面与仿真效果	操 作 步 骤
	（7）改变电动机方向
	（8）单击“Motion”标签，参数设置如左图所示。 注：设置的 Location 参数、添加的工件与 Link 的相对位置有关

续表

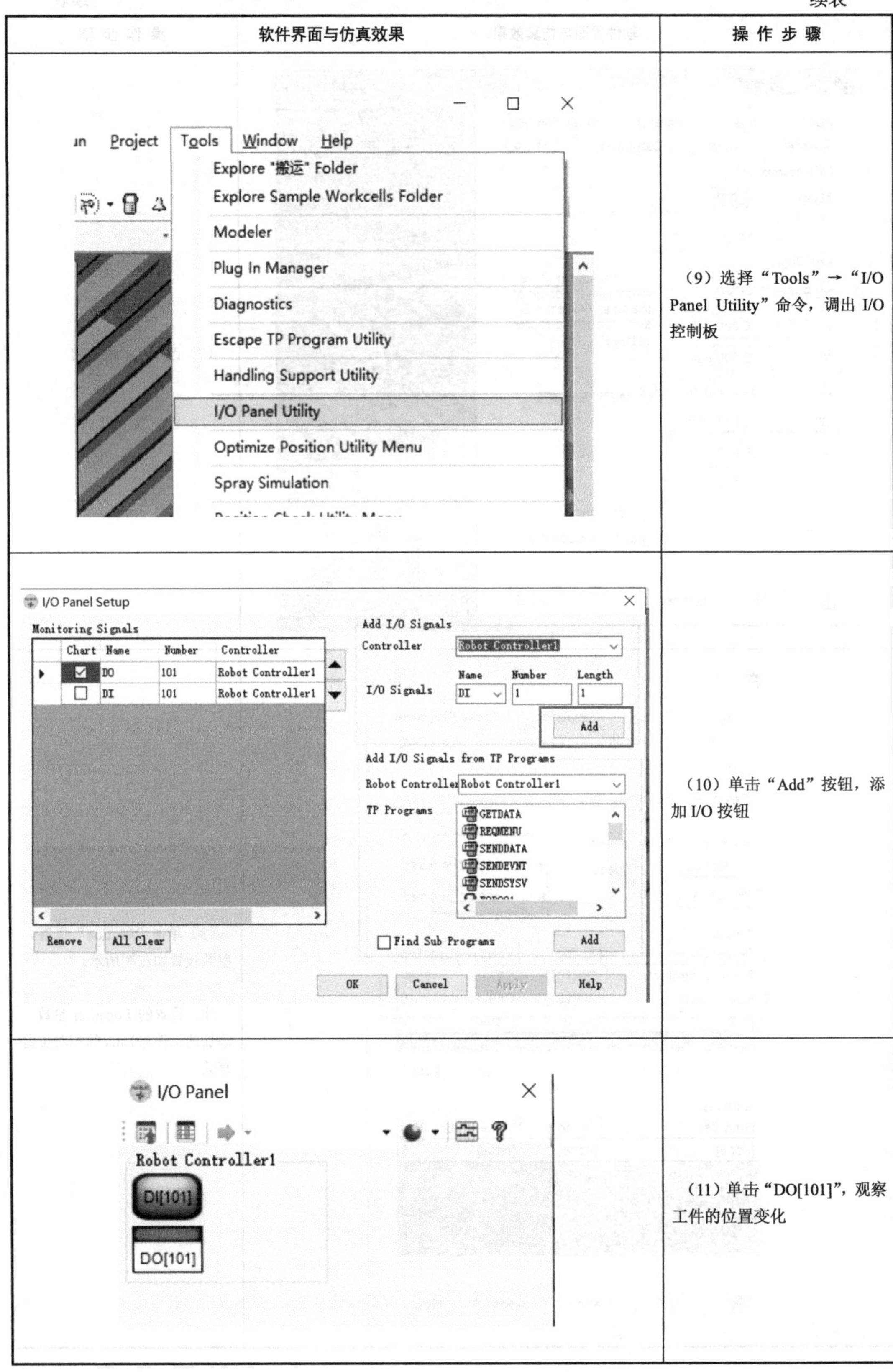

软件界面与仿真效果	操作步骤
	（9）选择“Tools”→“I/O Panel Utility”命令，调出 I/O 控制板
	（10）单击“Add”按钮，添加 I/O 按钮
	（11）单击“DO[101]”，观察工件的位置变化

续表

软件界面与仿真效果	操 作 步 骤
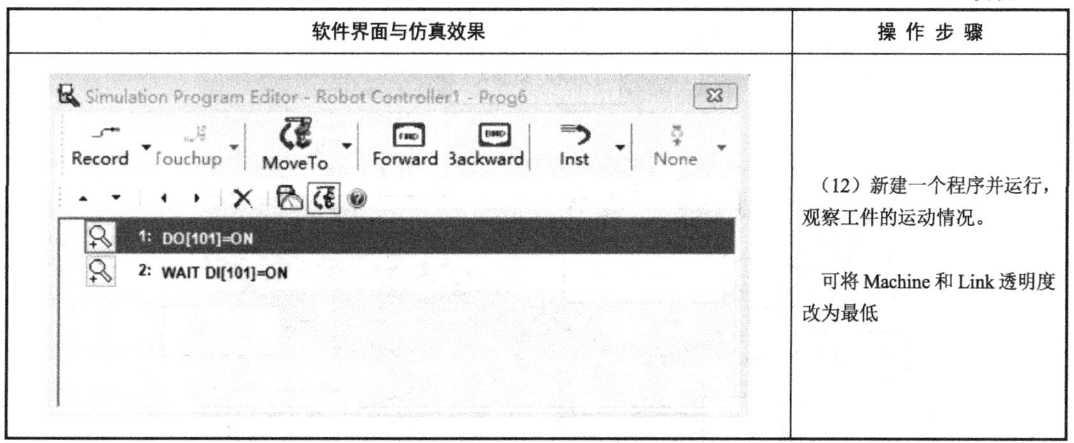	（12）新建一个程序并运行，观察工件的运动情况。 可将 Machine 和 Link 透明度改为最低

知识补充： 如图 6-1 所示，Rotary 为转动，可以使用此运动方式实现工件在圆弧形工作台上的运动。

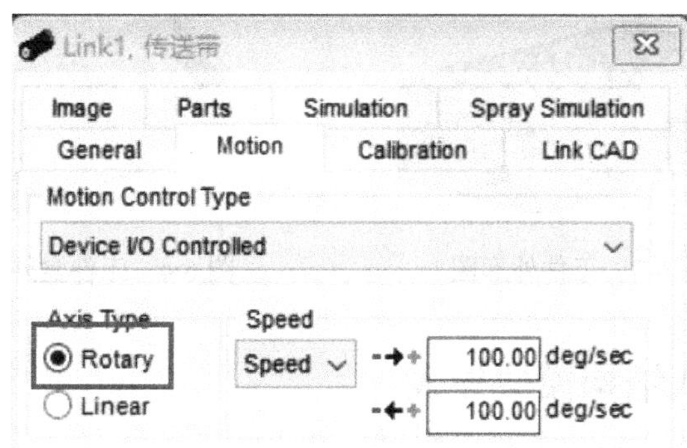

图 6-1　传送带属性 Rotary

6.3　机器人码垛工作站仿真设计

任务目标： 设计一套简单的仿真码垛工作站。新建仿真工作站，导入结构模型，编写仿真程序，实现工件的仿真搬运并录制仿真视频。

用 ROBOGUIDE 仿真软件设计码垛仿真工件站，首先导入结构模型，搭建仿真工件站；然后编写仿真程序，使机器人依次从传送带 1 上抓取工件，码放到传送带 2 上的工件盒中，工件摆放的垛形为 4×2，码垛仿真工件站结构图如图 6-2 所示；最后运行仿真程序并录制仿真视频，计算机器人完成一个工件搬运和完成整个码垛的节拍。

仿真模型要求： 仿真工作站机器人的型号选用 FANUC LR Mate200iD，传送带 1 和传送带 2 为 ROBOGUIDE 模型库所自带的，分别为“Conveyer_1900”和“Makitech_MMC-DR57-P75_W500_2P4”。工件为外部模型，其外形图如图 6-3 所示，长、宽、高分别为 80mm、50mm、20mm，工件文件名称为“工件块.igs”。工件盒也为外部模型，其外形图如图 6-4 所示，为无盖的盒子，长、宽、高分别为 450mm、220mm、80mm，厚度为 20mm，工件盒文件名称为“盒子.igs”。

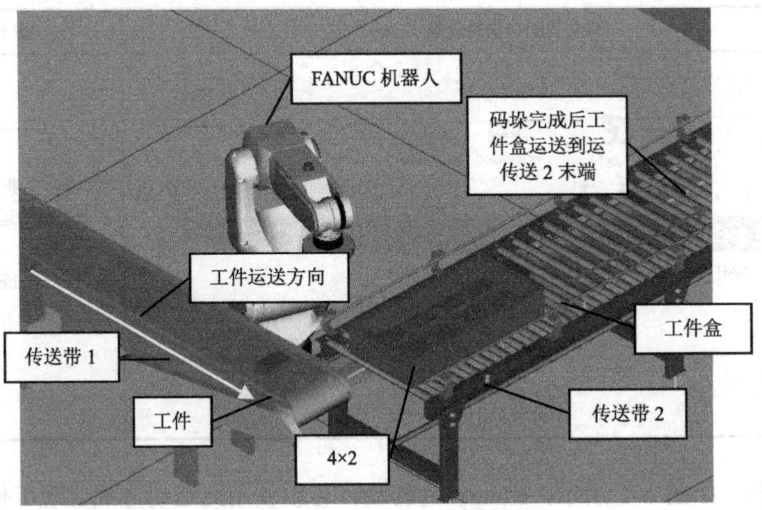

图 6-2　码垛仿真工作站结构图

图 6-3　工件外形图

图 6-4　工件盒外形图

6.3.1　机器人结构模型导入

机器人结构模型导入

任务一　新建机器人仿真工作站

新建机器人仿真工作站，工作站的参数设置如图 6-5 所示。

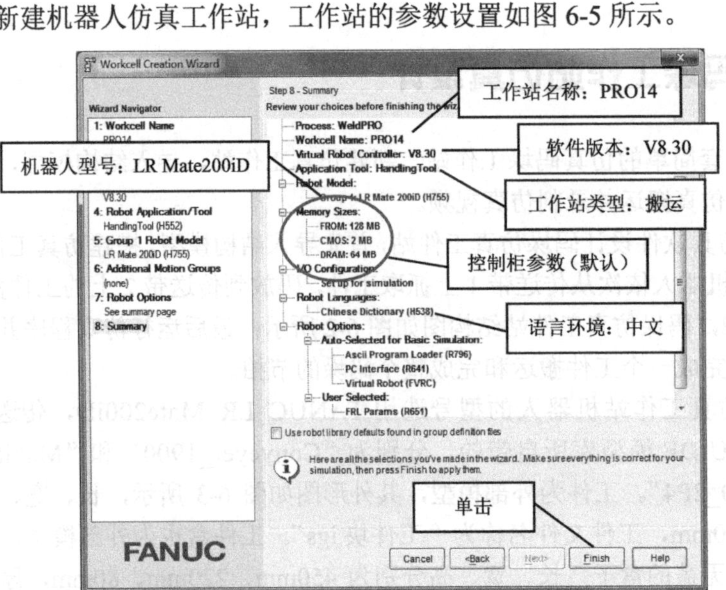

图 6-5　工作站的参数设置

任务二　给机器人添加抓手

给机械人添加抓手的操作步骤见表 6-3。

表 6-3　给机器人添加抓手的操作步骤

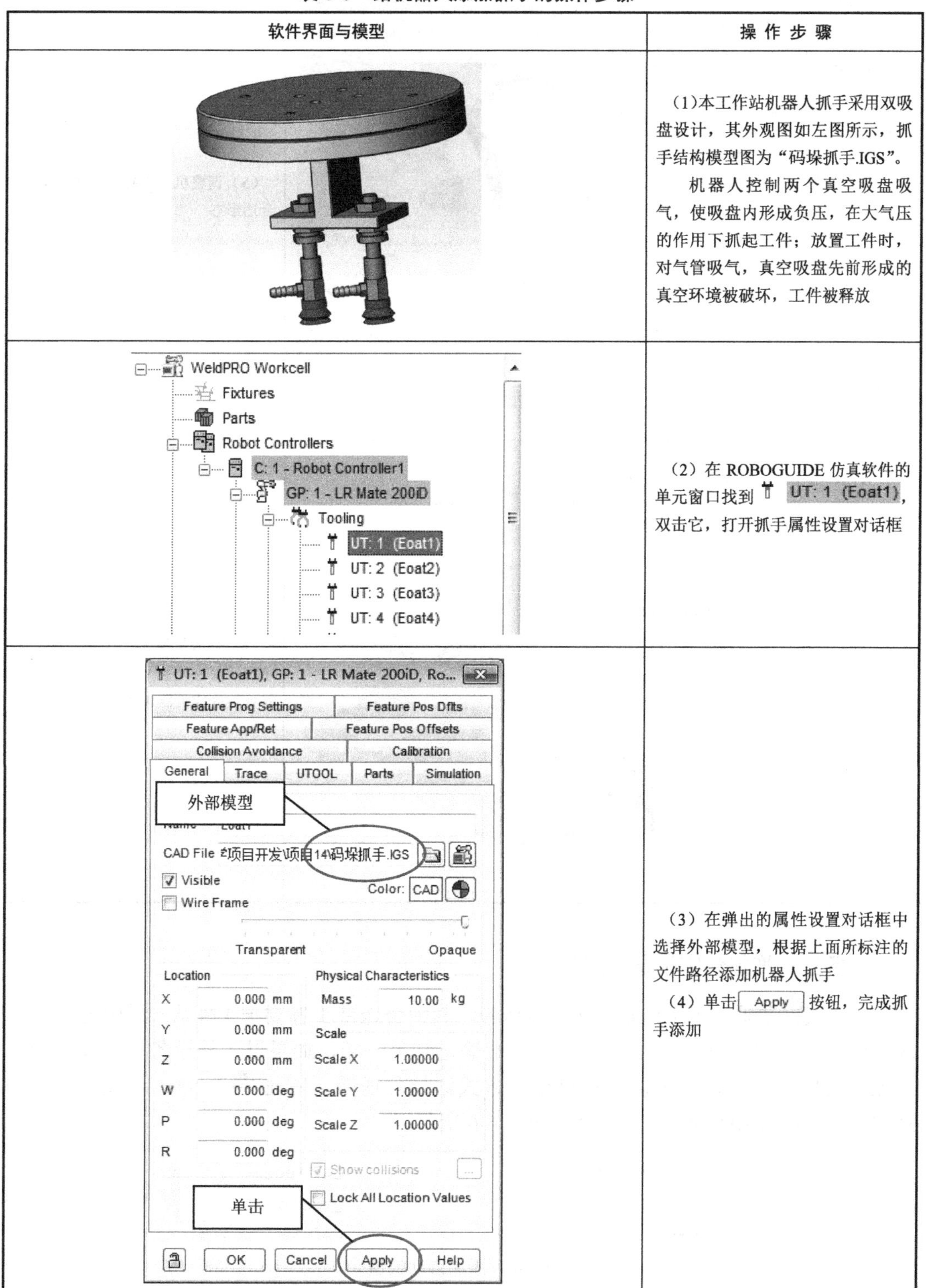

软件界面与模型	操 作 步 骤
	(1)本工作站机器人抓手采用双吸盘设计，其外观图如左图所示，抓手结构模型图为“码垛抓手.IGS”。 机器人控制两个真空吸盘吸气，使吸盘内形成负压，在大气压的作用下抓起工件；放置工件时，对气管吸气，真空吸盘先前形成的真空环境被破坏，工件被释放
	(2) 在 ROBOGUIDE 仿真软件的单元窗口找到 UT: 1 (Eoat1)，双击它，打开抓手属性设置对话框
	(3) 在弹出的属性设置对话框中选择外部模型，根据上面所标注的文件路径添加机器人抓手 (4) 单击 Apply 按钮，完成抓手添加

续表

软件界面与模型	操 作 步 骤
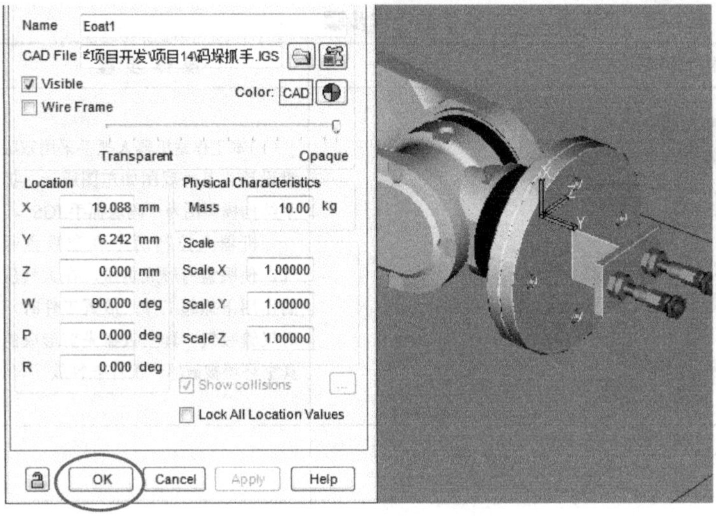	（5）调整机器人抓手位置姿态到合适形态
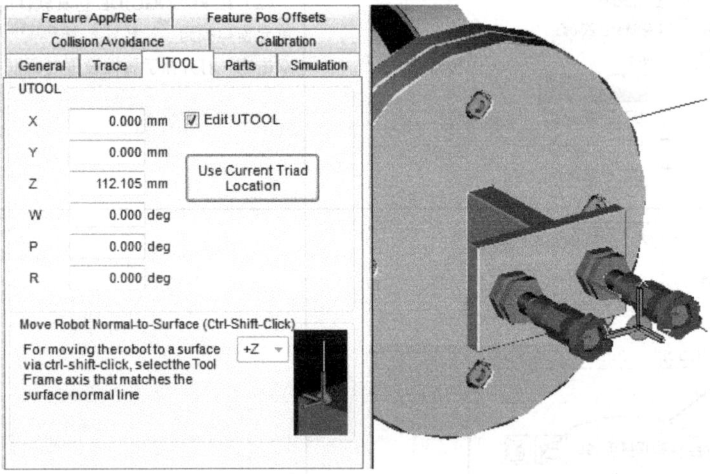	（6）修改机器人工具坐标系，单击抓手属性设置对话框中的“OK”按钮，完成机器人抓手添加

任务三　增加外围设备及工件

（1）根据要求，本工作站有两个传送带，其中传送带 1 需要把工件从一端输送到另一端，传送带 2 把完成码垛的工件盒从一端输送到另一端，如果以工具设备的方式添加，是无法实现的，所以这里以自动机械的方式添加传送带。右击 Machines ，选择“Add Machine”→“CAD Library”命令，如图 6-6 所示。

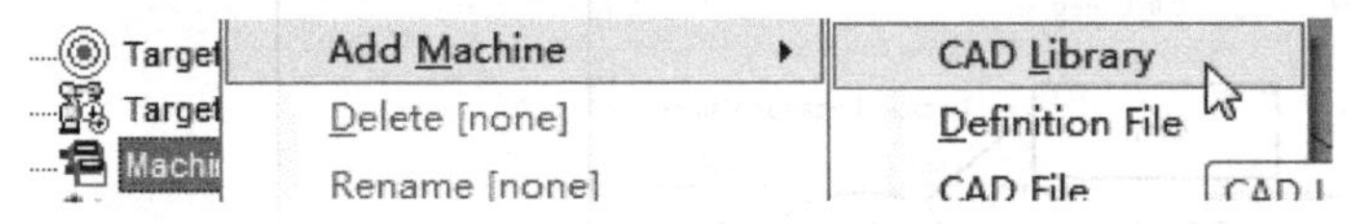

图 6-6　添加自动机械

（2）在弹出的模型库对话框中找到传送带“Conveyer_1900”，单击“OK”按钮完成添加，如图 6-7 所示。

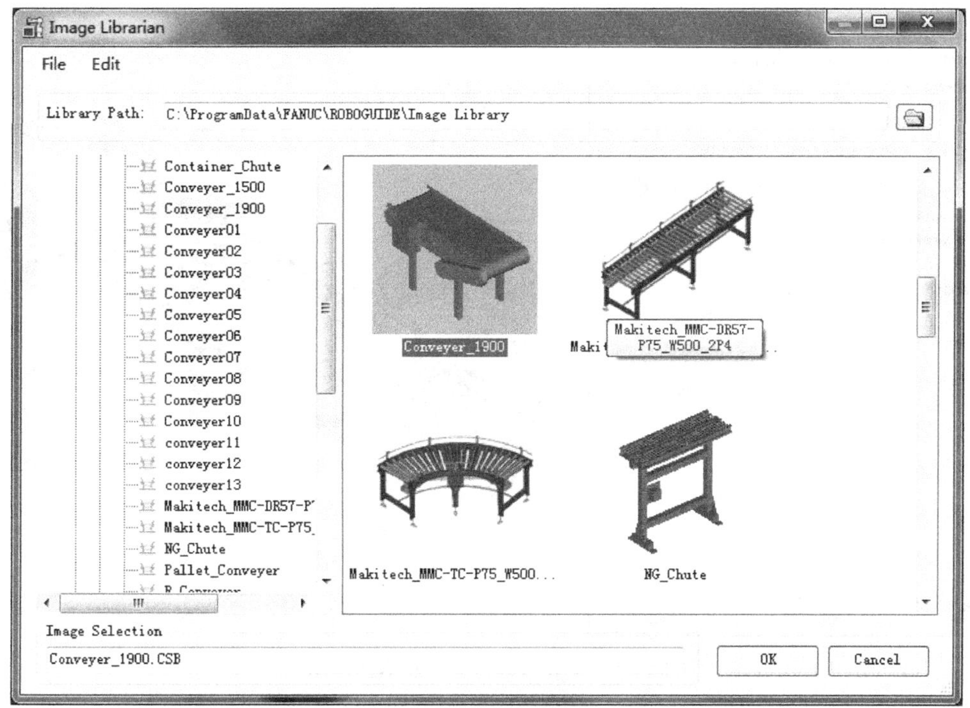

图 6-7　添加传送带 1

（3）修改传送带 1 的参数，如图 6-8 所示。

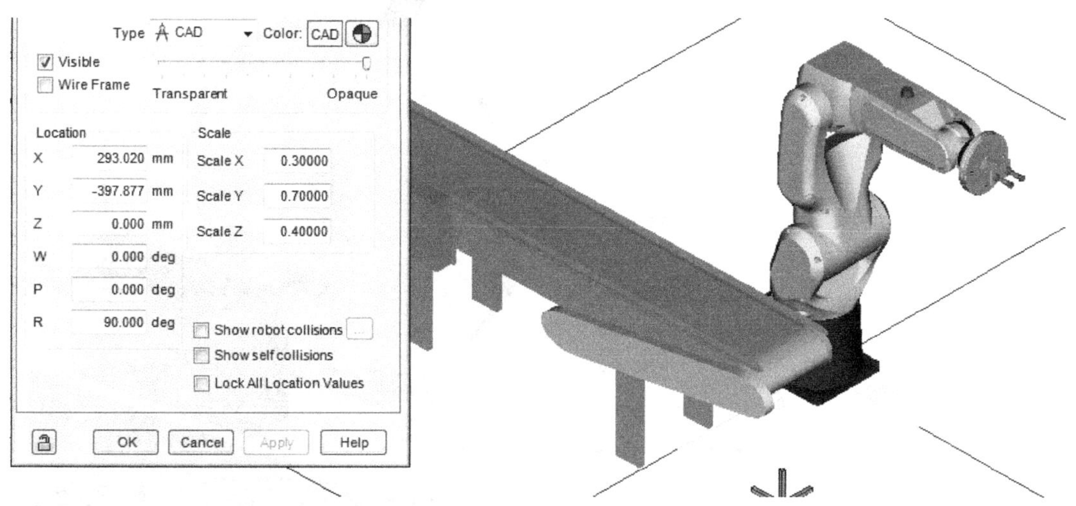

图 6-8　修改传送带 1 的参数

（4）以相同的方法添加传送带 2 并修改其参数，如图 6-9 所示。

（5）添加工件并把工件加载到机器人抓手上，如图 6-10 所示。

通过上面的操作，已经完成了机器人仿真工作站外围设备的搭建，效果图如图 6-11 所示。

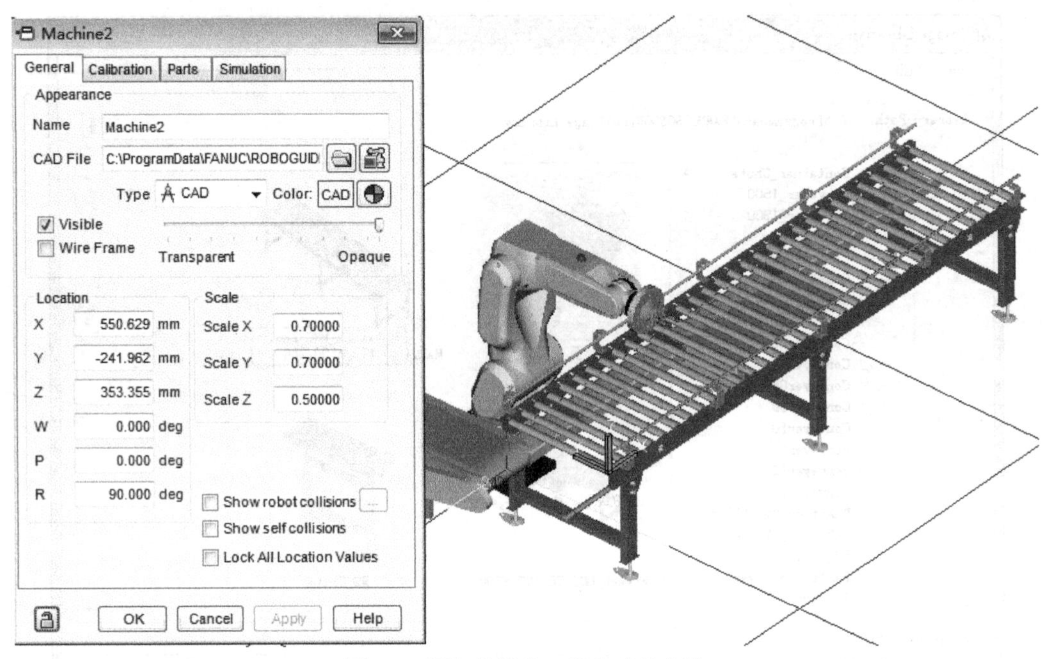

图 6-9　添加传送带 2 并修改其参数

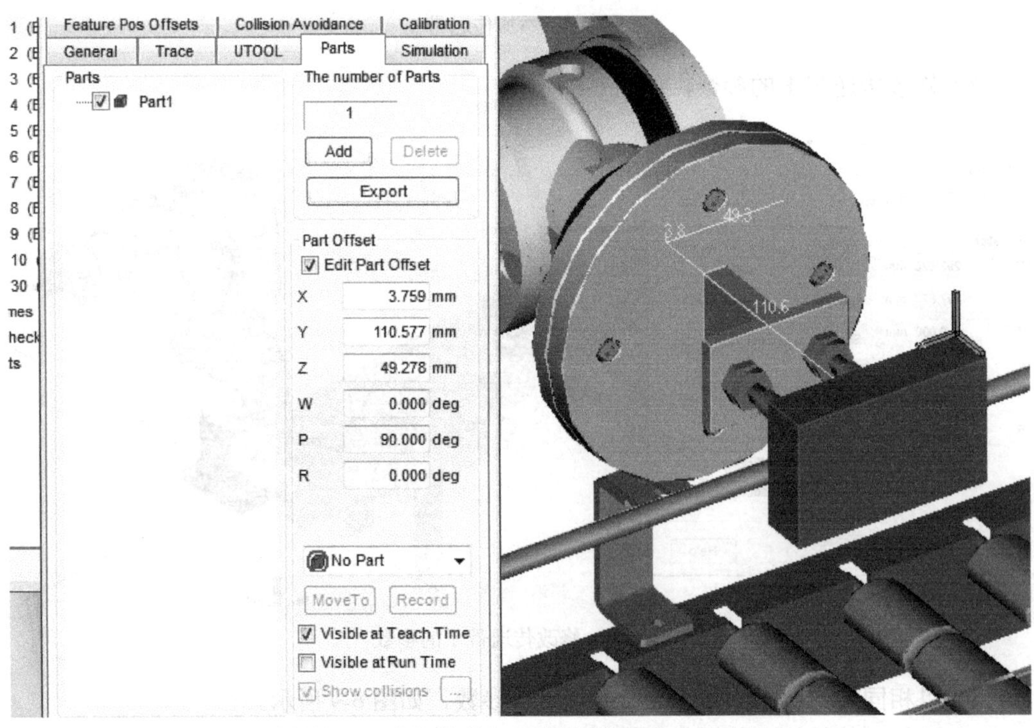

图 6-10　添加工件并把工件加载到机器人抓手上

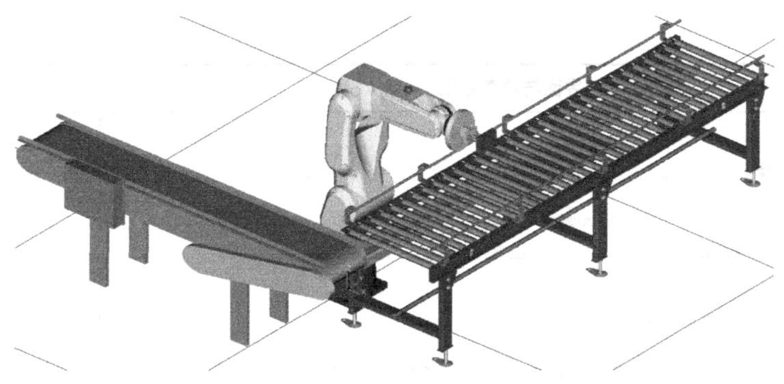

图 6-11　机器人仿真工作站效果图

下面开始机器人仿真工作站工件的加载和程序的设计，设计步骤如下：

（1）将工件作为一个 Link 加载到传送带 1 上，机器人可以通过 I/O 信号来控制工件移动；

（2）将工件盒作为一个 Link 加载到传送带 2 上，并在工件盒上添加工件组，工件按照 4×2 摆放，并对添加的工件参数进行设置；

（3）编写仿真程序。

6.3.2　添加 Link 到传送带 1

添加 Link 到传送带 1

添加 Link 到传送带 1 的操作步骤见表 6-4。

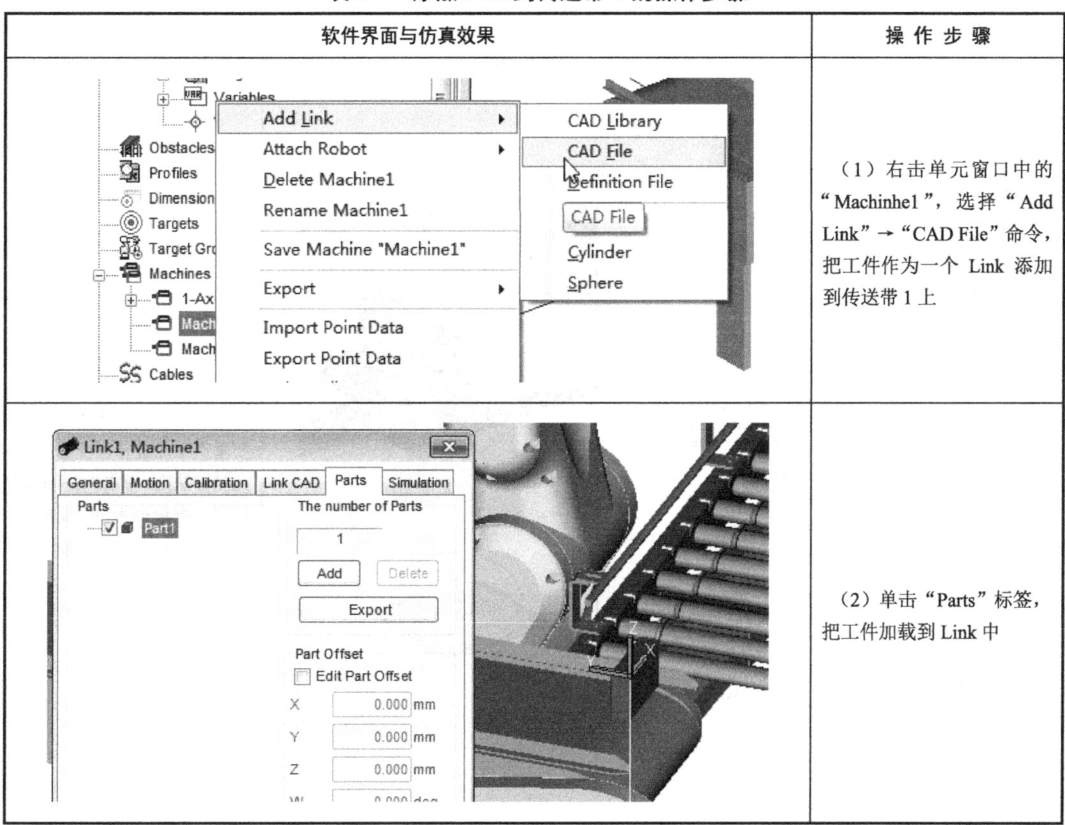

表 6-4　添加 Link 到传送带 1 的操作步骤

软件界面与仿真效果	操 作 步 骤
	（1）右击单元窗口中的“Machinhe1”，选择“Add Link”→“CAD File”命令，把工件作为一个 Link 添加到传送带 1 上
	（2）单击“Parts”标签，把工件加载到 Link 中

续表

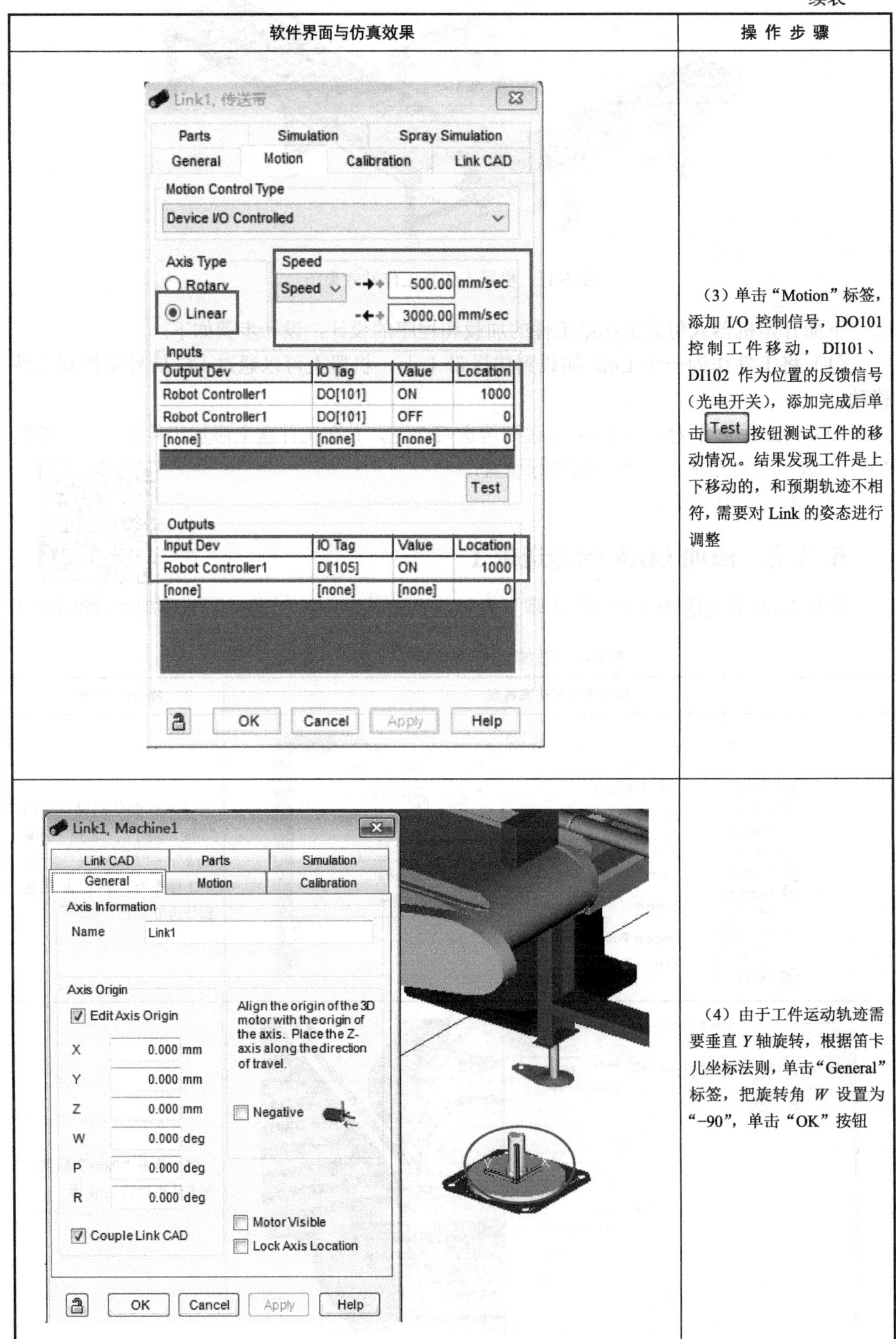

软件界面与仿真效果	操 作 步 骤
	（3）单击“Motion”标签，添加 I/O 控制信号，DO101 控制工件移动，DI101、DI102 作为位置的反馈信号（光电开关），添加完成后单击 Test 按钮测试工件的移动情况。结果发现工件是上下移动的，和预期轨迹不相符，需要对 Link 的姿态进行调整
	（4）由于工件运动轨迹需要垂直 *Y* 轴旋转，根据笛卡儿坐标法则，单击“General”标签，把旋转角 *W* 设置为“−90”，单击“OK”按钮

续表

软件界面与仿真效果	操 作 步 骤
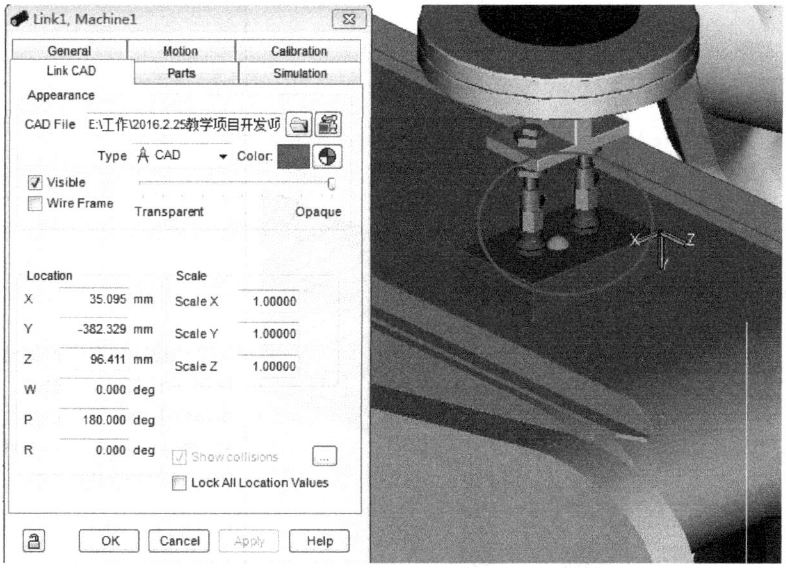	（5）单击“Link CAD”标签，设置 Link 的位置姿态，参数设置如左图所示；在“Parts”选项卡中，单击 MoveTo 按钮，检测机器人抓手是否可以抓到工件；若 TCP 点变成红色，说明位置姿态不正确，需要重新调整
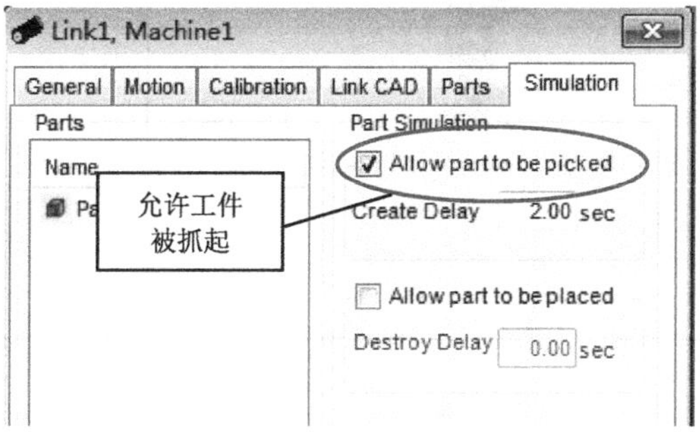	（6）在“Simulation”选项卡中，选中“Allow part to be picked”复选框，时间设置为 2s（允许工件被抓起 2s），最后把 Link 的透明度设置为最低

6.3.3　添加工件盒到传送带 2

添加工件盒到传送带 2

添加工作盒到传送带 2 的操作步骤见表 6-5。

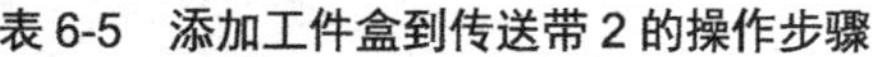

表 6-5　添加工件盒到传送带 2 的操作步骤

软件界面与仿真效果	操 作 步 骤
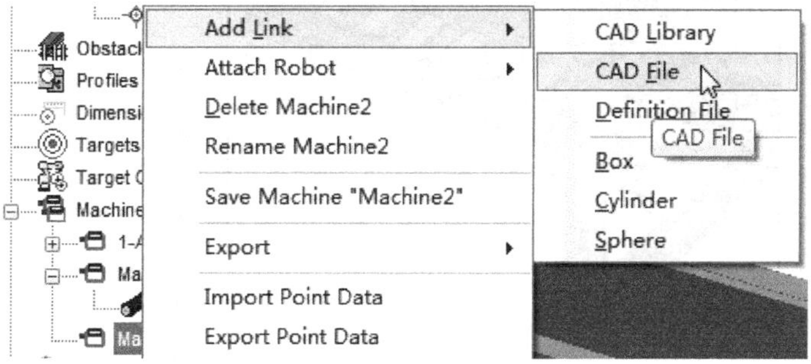	（1）右击单元窗口中的“Machinhe2”，选择“Add Link”→“CAD File”命令，将工件盒作为一个 Link 添加到传送带 2 上

续表

软件界面与仿真效果	操 作 步 骤
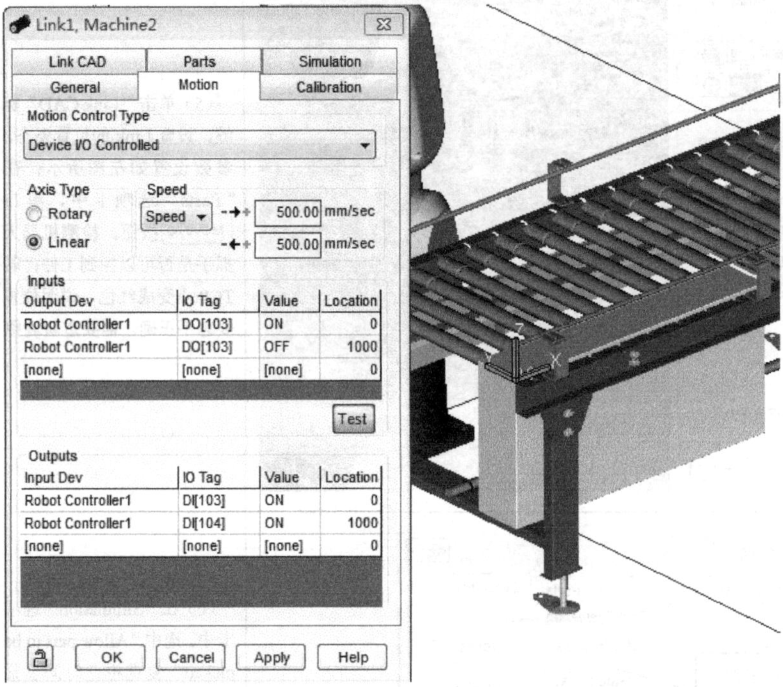	（2）添加 I/O 信号，DO103 控制工件移动，DI103、DI104 作为位置的反馈信号，参考 0，修改工件盒运行轨迹，使之沿传送带 2 运行
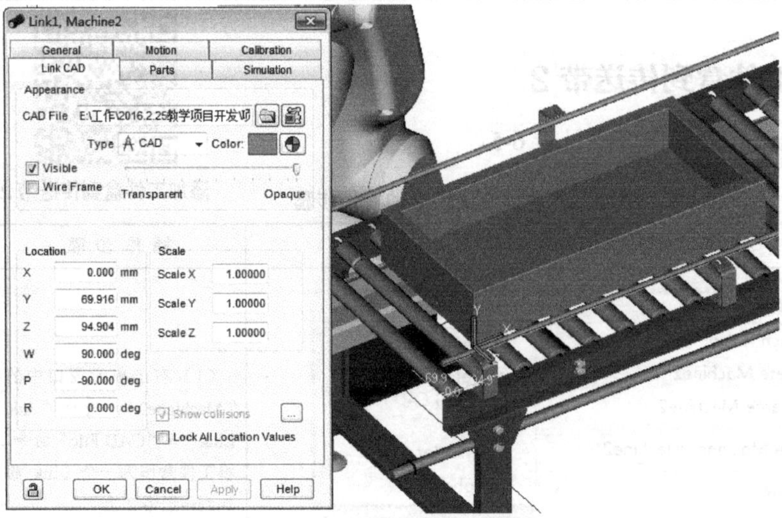	（3）在“Link CAD”选项卡中设置工件盒的位置姿态

续表

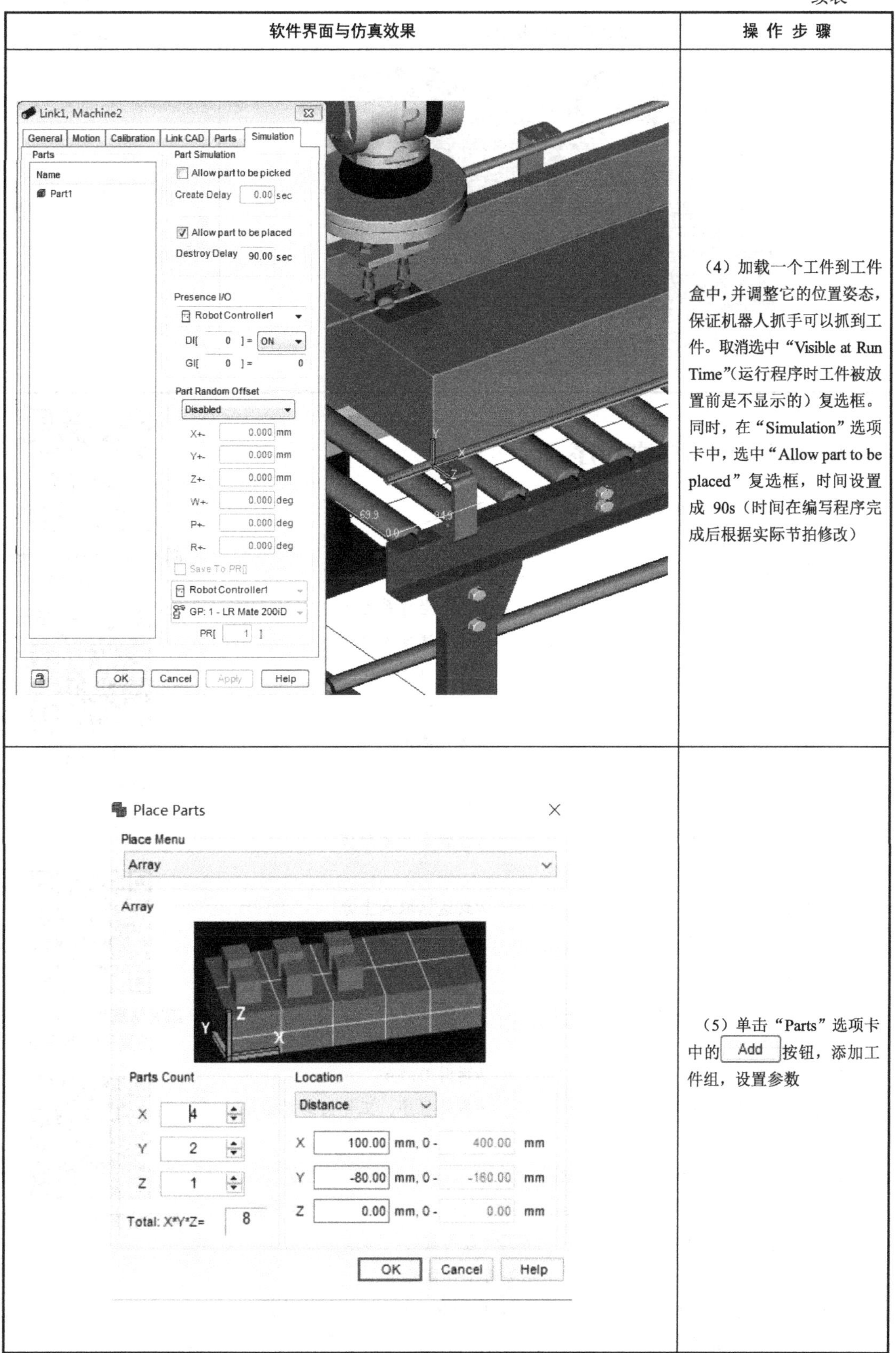

软件界面与仿真效果	操 作 步 骤
	（4）加载一个工件到工件盒中，并调整它的位置姿态，保证机器人抓手可以抓到工件。取消选中“Visible at Run Time”（运行程序时工件被放置前是不显示的）复选框。同时，在“Simulation”选项卡中，选中“Allow part to be placed”复选框，时间设置成 90s（时间在编写程序完成后根据实际节拍修改）
	（5）单击“Parts”选项卡中的 Add 按钮，添加工件组，设置参数

续表

软件界面与仿真效果	操 作 步 骤
	（6）工件组添加完成后，单击“OK”按钮，退出对话框

6.3.4 编写仿真程序

编写仿真程序（1）——IO 信号设置

编写仿真程序（2）——多轴子程序设置

编写仿真程序（3）——仿真子程序设置

编写仿真程序演示视频

参考程序如下所示。

主程序/PNS0001：

```
1: UFRAME_NUM=1;                    //用户坐标系为 1
2: UTOOL_NUM=1;                     //工具坐标系为 1
3: OVERRIDE=80%;                    //运行速度为 80%
4: J P[1: HOME] 100% FINE;          //设置 HOME 点

5: R[1]=0;                          //寄存器清零
6: LBL[1];                          //标签 1
7: PR[1]=P[2]-P[2];                 //位置寄存器清零
8: PR[1,2]=R[1]*100;                //位置寄存器赋值

9: J P[2] 100% FINE;                //到达抓取点上方
10: DO[101]=ON;                     //工件到位
11: WAIT DI[105]=ON;                //等待工件到位
12: L P[3] 300mm/sec FINE;          //到达抓取点
13: CALL ZHUA001;                   //调用子程序开始抓取工件
14: WAIT   .50(sec);                //延时 0.5s
15: RUN MAC01;                      //多轴程序，工件回到起始点

16: L P[2] 500mm/sec FINE;                   //抓取点上方
17: J P[4] 100% FINE offset, PR[1];          //到达放置点上方
18: DO[102]=ON;                     //工件盒到位
19: WAIT DI[106]=ON;                //等待工件盒到位
20: L P[5] 300mm/sec FINE offset, PR[1];     //到达放置点
21: CALL FANG001;                            //调用子程序放置工件
```

```
22: WAIT    1 (sec);                              //延时 1s
23: L P[4] 300mm/sec FINE offset, PR[1];          //上升到达放置点上方

24: J P[2] 100% FINE;                             //到达抓取点上方（开始第二件）
25: DO[101]=ON;                                   //工件到位
26: WAIT DI[105]=ON;                              //等待工件到位
27: L P[3] 300mm/sec FINE;                        //到达抓取点
28: CALL ZHUA001;                                 //调用子程序开始抓取工件
29: WAIT    .50 (sec);                            //延时 0.5s
30: RUN MAC01;                                    //多轴程序，工件回到起始点
31: L P[2] 500mm/sec FINE;                        //上升到抓取点上方
32: J P[7] 100% FINE offset, PR[1];               //到达放置点上方
33: L P[6] 300mm/sec FINE offset, PR[1];          //到达放置点
34: CALL FANG001;                                 //调用子程序放置工件
35: WAIT    1 (sec);                              //延时 1s
36: L P[7] 300mm/sec FINE offset, PR[1];          //到达放置点上方

37.  R[1]=R[1]+1;
38: IF R[: 1]<4, JMP LBL[1];                      //运行 4 遍程序
39: WAIT   1.00 (sec);
40: DO[102]=OFF;                                  //工件盒输送到另一端
41: WAIT DI[103]=ON;
42: J P[1: HOME] 100% FINE;                       //回到 HOME 点
```

子程序/MAC01（工件回到起始点）：

```
1: DO[101]=OFF;
2: WAIT DI[105]=ON;
3: WAIT    1.50 (sec);
4: DO[101]=ON;
5: ABORT;
```

注：运行多轴程序，须将程序与主程序分配到不同的组中。分配程序的操作步骤见表 6-6。

表 6-6　分配程序的操作步骤

软 件 界 面	操 作 步 骤
3 GETDATA MR [Get PC Data] 4 MAC01 [ ] 5 MAC02 [ ] 6 PNS001 [ ] 7 REQMENU MR [Request PC Menu] 8 SENDDATA MR [Send PC Data] 9 SENDEVNT MR [Send PC Event] 10 SENDSYSV MR [Send PC SysVar] 复制 细节 载入 另存为 打印 >	(1) 选择细节

续表

软件界面	操作步骤
4 动作群组MASK: [1,*,*,*,*,*,*,*] 结束 上页 下页 1 *	（2）选择动作群组
4 动作群组MASK: [*,*,*,*,*,*,*,*]	（3）FANUC 机器人默认有 8 个组，即可以用一台控制柜控制 8 台机器人，将 1 改为*，这样就将此子程序与主程序分配到了不同组中

子程序 ZHUA001 实现的功能为抓取工件，程序中使用了 Pickup 指令，为仿真指令，如图 6-12 所示。

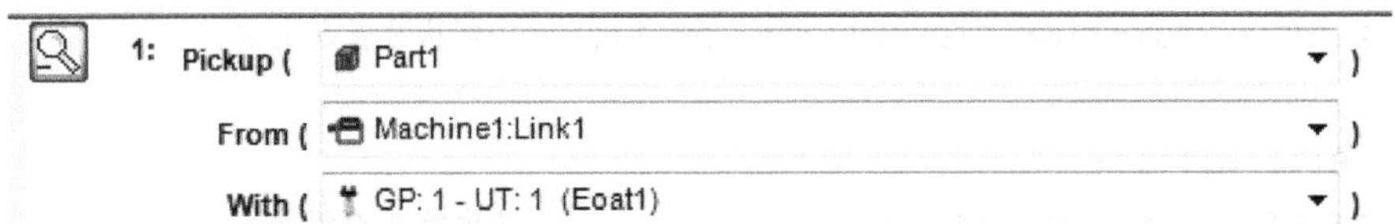

图 6-12　子程序 ZHUA001 的功能

子程序 FANG001 实现的功能为放置工件，程序中使用了 Drop 指令，为仿真指令，如图 6-13 所示。

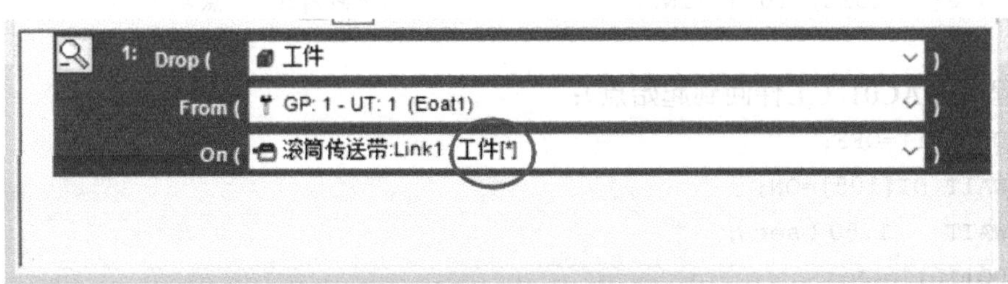

图 6-13　子程序 FANG001 的功能

第 7 章

自动轨迹仿真

ROBOGUIDE 仿真软件中除了可以示教机器人沿设定轨迹运行外，还可以创建轨迹、自动生成运行轨迹的 TP 文件、进行轨迹的自动运行仿真。本章以几个图形为例介绍自动轨迹仿真功能。

7.1 五角星轨迹

任务目标：如图 7-1 所示，搭建工作站，机器人型号为 M-20iA，末端执行器自带工具“pointer”，添加的工件除了正方体外，都为外部导入模型，机器人在正方体表面走“五角星”轨迹。

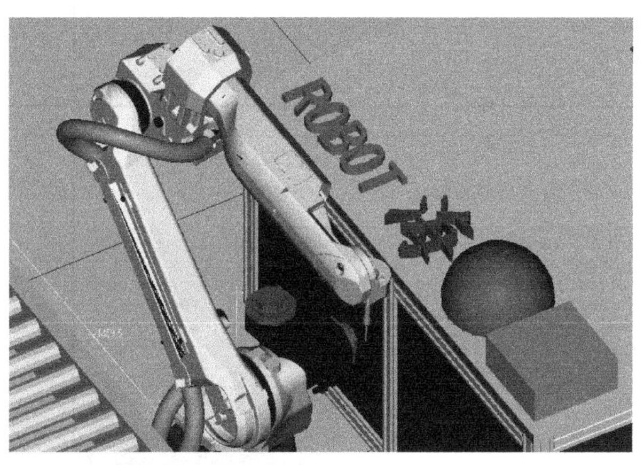

图 7-1 仿真工作站

五角星轨迹

绘制五角星轨迹的操作步骤见表 7-1。

表 7-1 绘制五角星轨迹的操作步骤

软件界面与仿真效果	操 作 步 骤
Tools Window Help ON LINE	（1）单击“工件表面绘制特征”按钮

续表

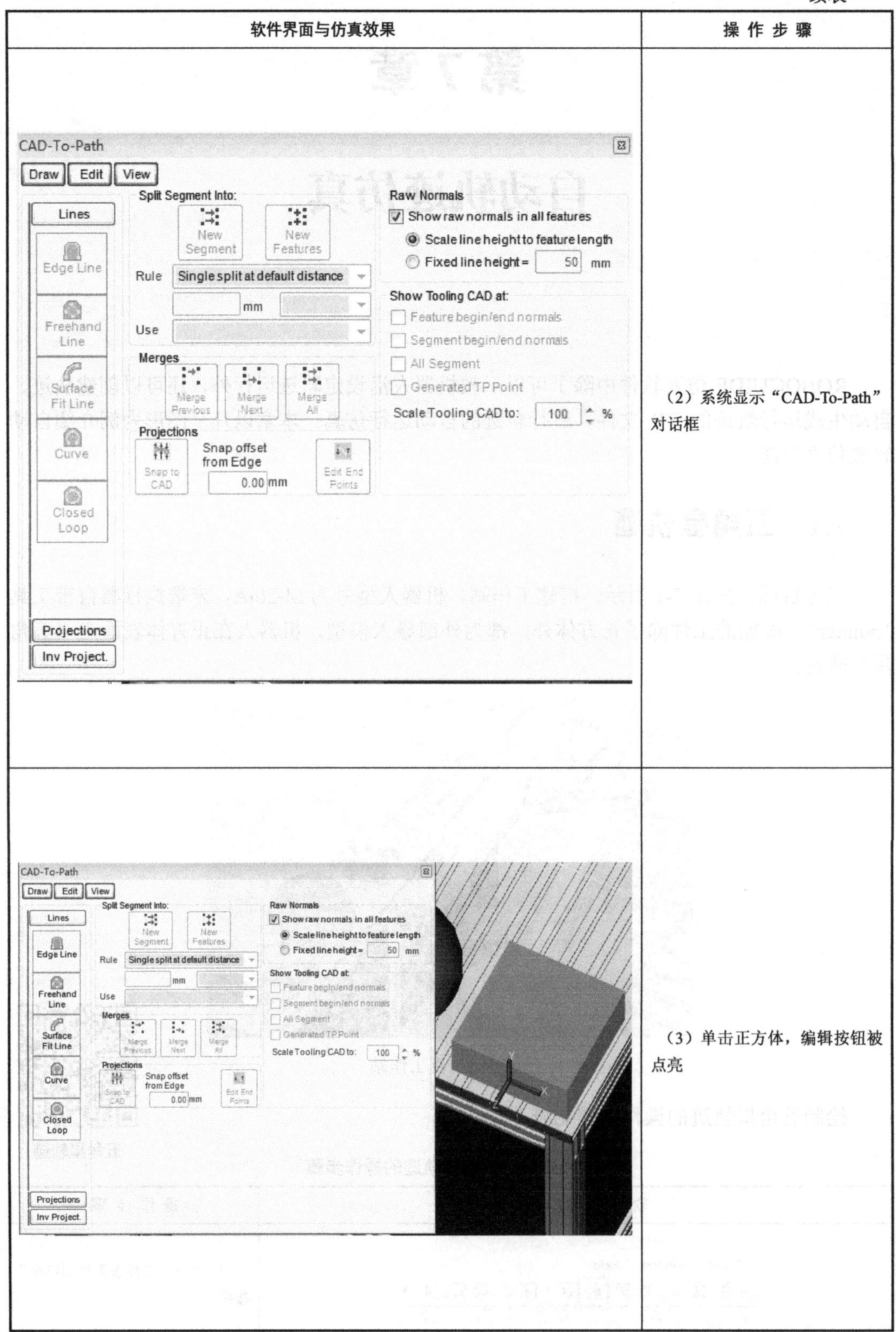

软件界面与仿真效果	操 作 步 骤
	（2）系统显示“CAD-To-Path”对话框
	（3）单击正方体，编辑按钮被点亮

续表

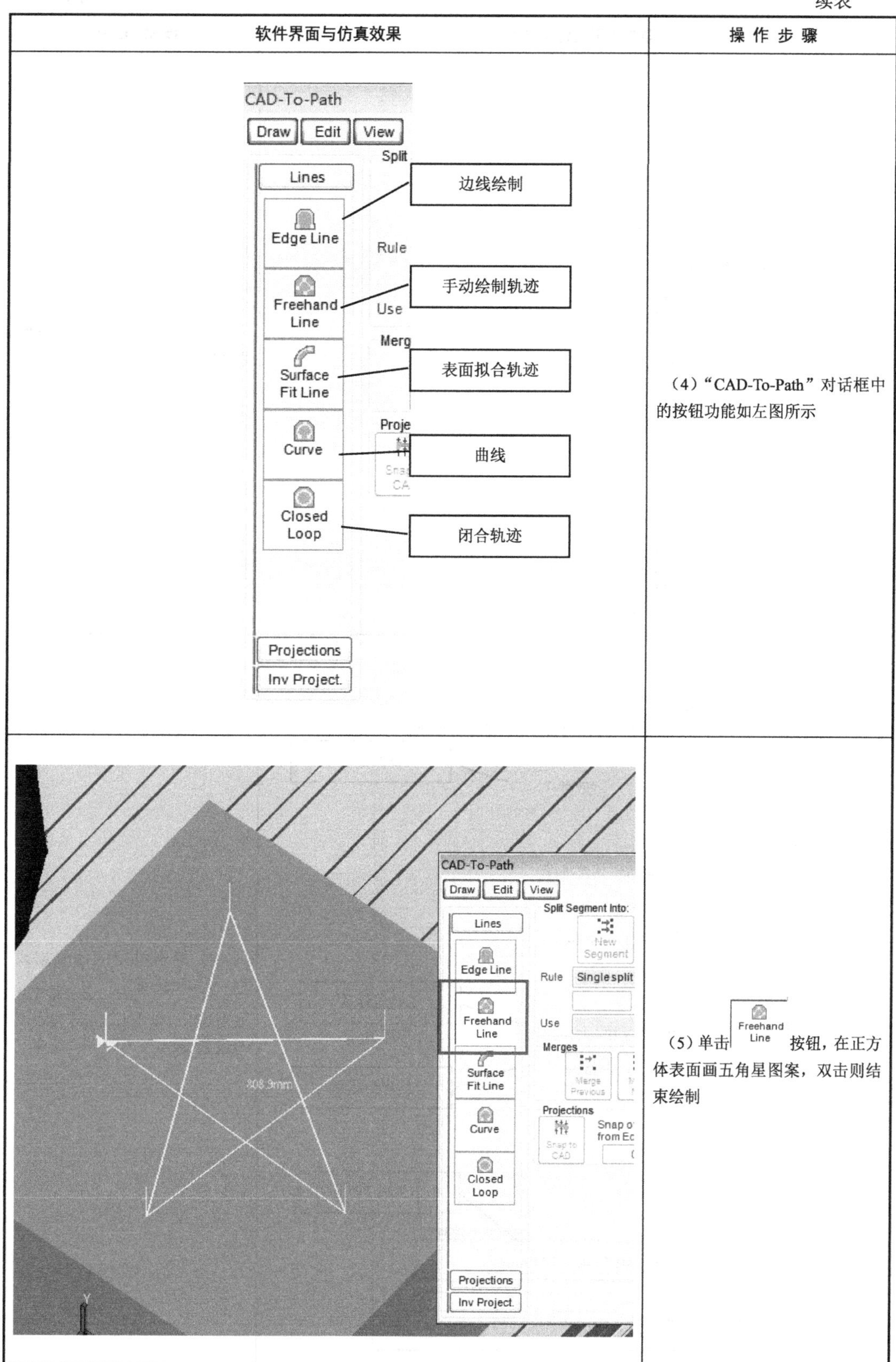

软件界面与仿真效果	操 作 步 骤
	（4）“CAD-To-Path”对话框中的按钮功能如左图所示
	（5）单击 Freehand Line 按钮，在正方体表面画五角星图案，双击则结束绘制

续表

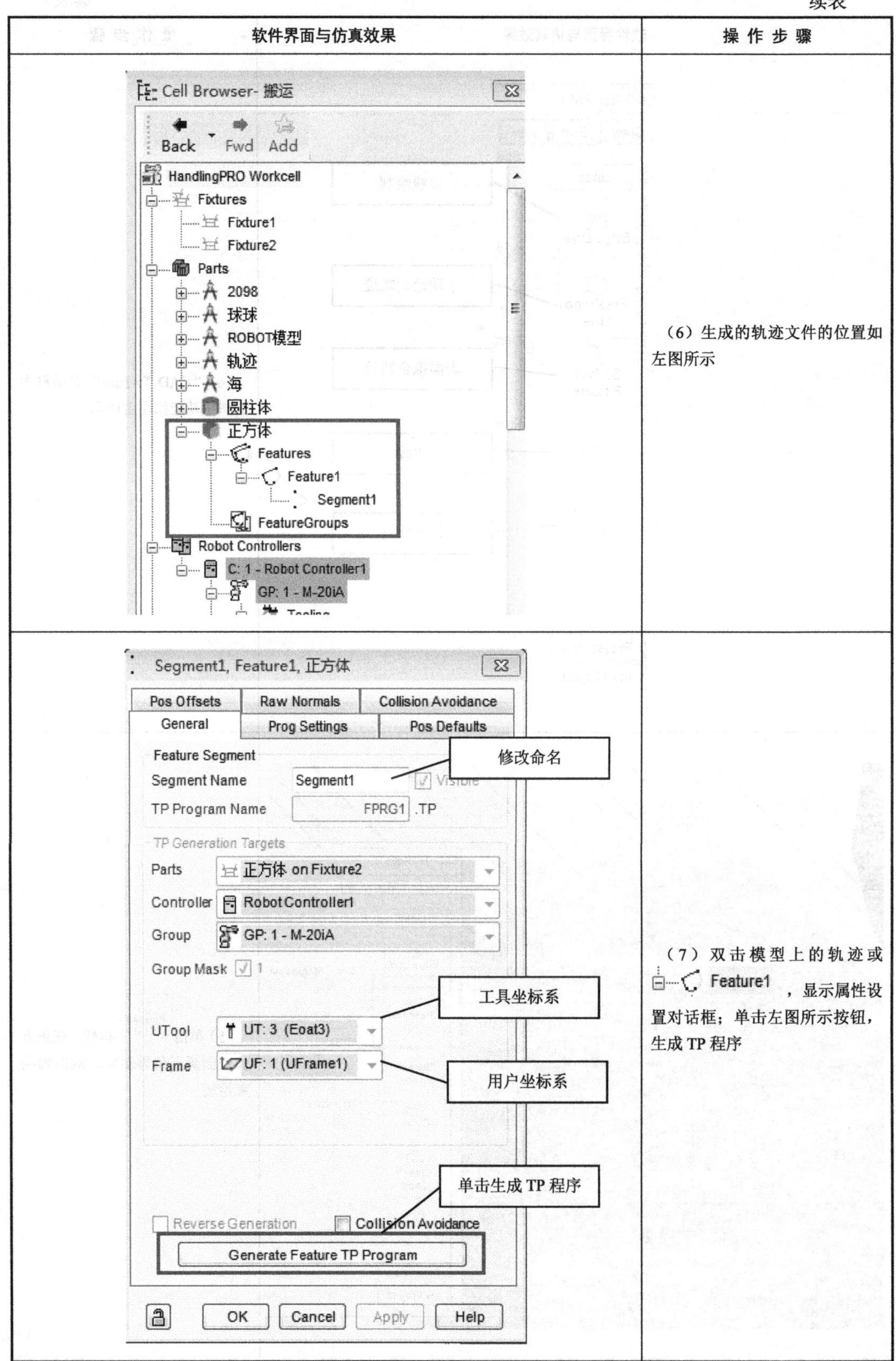

软件界面与仿真效果	操 作 步 骤
	（6）生成的轨迹文件的位置如左图所示
	（7）双击模型上的轨迹或 Feature1，显示属性设置对话框；单击左图所示按钮，生成 TP 程序

续表

软件界面与仿真效果	操 作 步 骤
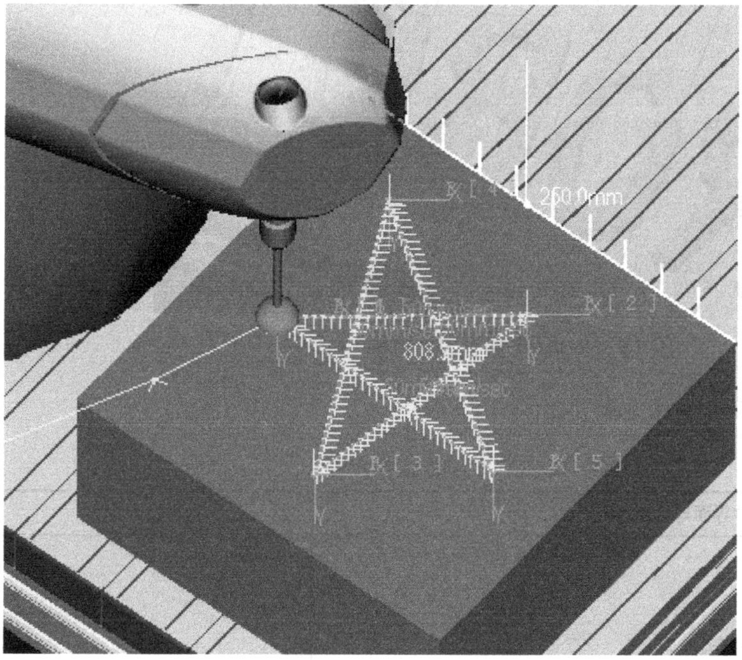	（8）运行程序，效果如左图所示
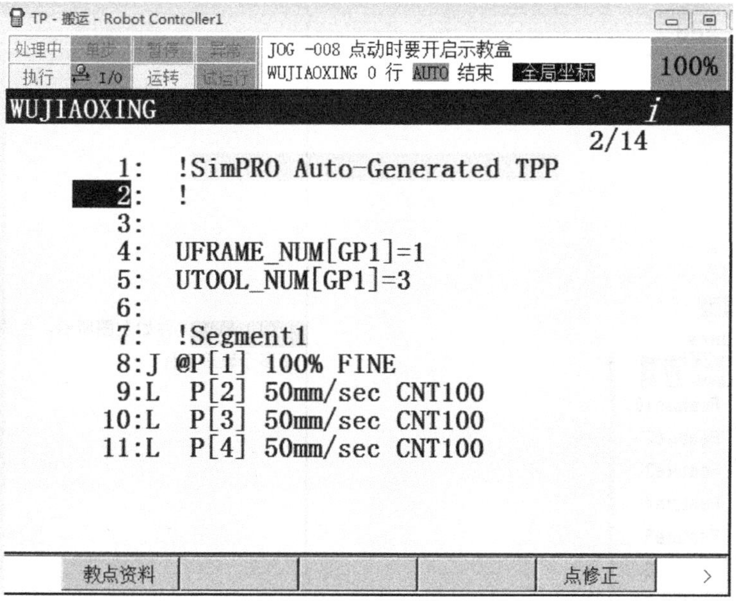 TP - 搬运 - Robot Controller1 处理中 单步 暂停 异常 执行 I/O 运转 试运行 JOG -008 点动时要开启示教盒 WUJIAOXING 0 行 AUTO 结束 全局坐标 100% WUJIAOXING 2/14 1: !SimPRO Auto-Generated TPP 2: ! 3: 4: UFRAME_NUM[GP1]=1 5: UTOOL_NUM[GP1]=3 6: 7: !Segment1 8:J @P[1] 100% FINE 9:L P[2] 50mm/sec CNT100 10:L P[3] 50mm/sec CNT100 11:L P[4] 50mm/sec CNT100 教点资料 点修正	（9）TP 程序如左图所示

7.2 ROBOT 自动轨迹

ROBOT 自动轨迹

任务目标：学习绘制 ROBOT 模型表面轨迹，如图 7-2 所示。

图 7-2　ROBOT 模型表面轨迹

绘制 ROBOT 轨迹的操作步骤见表 7-2。

表 7-2　绘制 ROBOT 轨迹的操作步骤

软件界面与仿真效果	操 作 步 骤
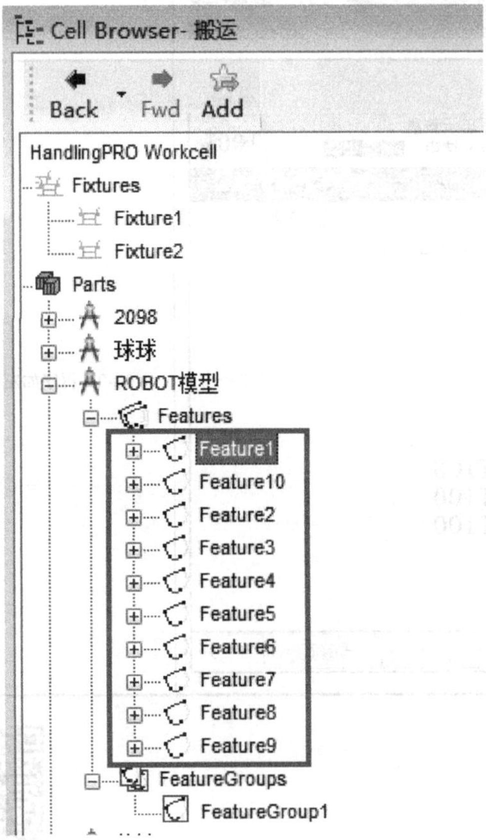	（1）轨迹文件如左图所示，生成了多个轨迹文件

续表

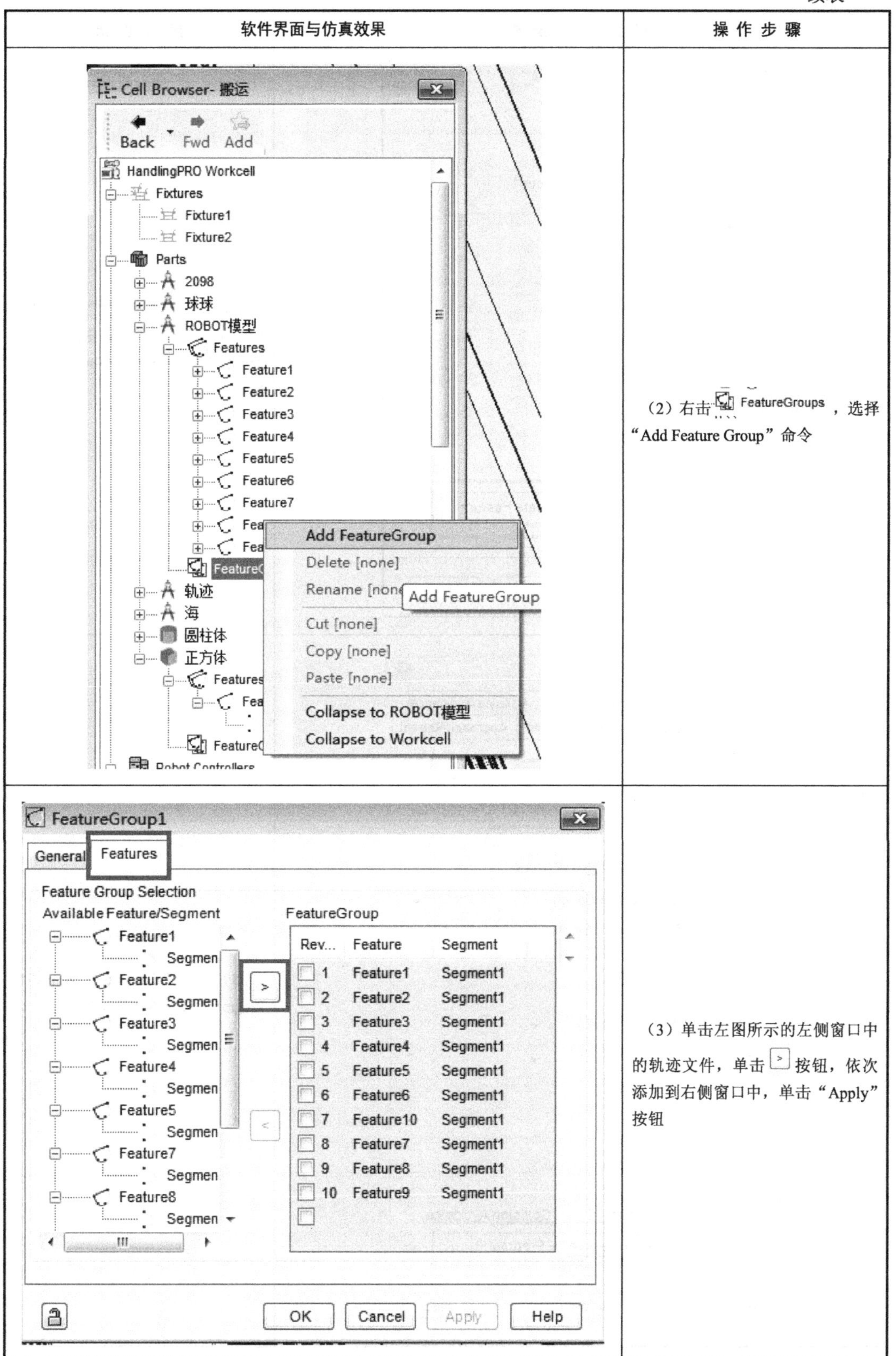

软件界面与仿真效果	操 作 步 骤
	（2）右击 FeatureGroups，选择“Add Feature Group”命令
	（3）单击左图所示的左侧窗口中的轨迹文件，单击 > 按钮，依次添加到右侧窗口中，单击“Apply”按钮

续表

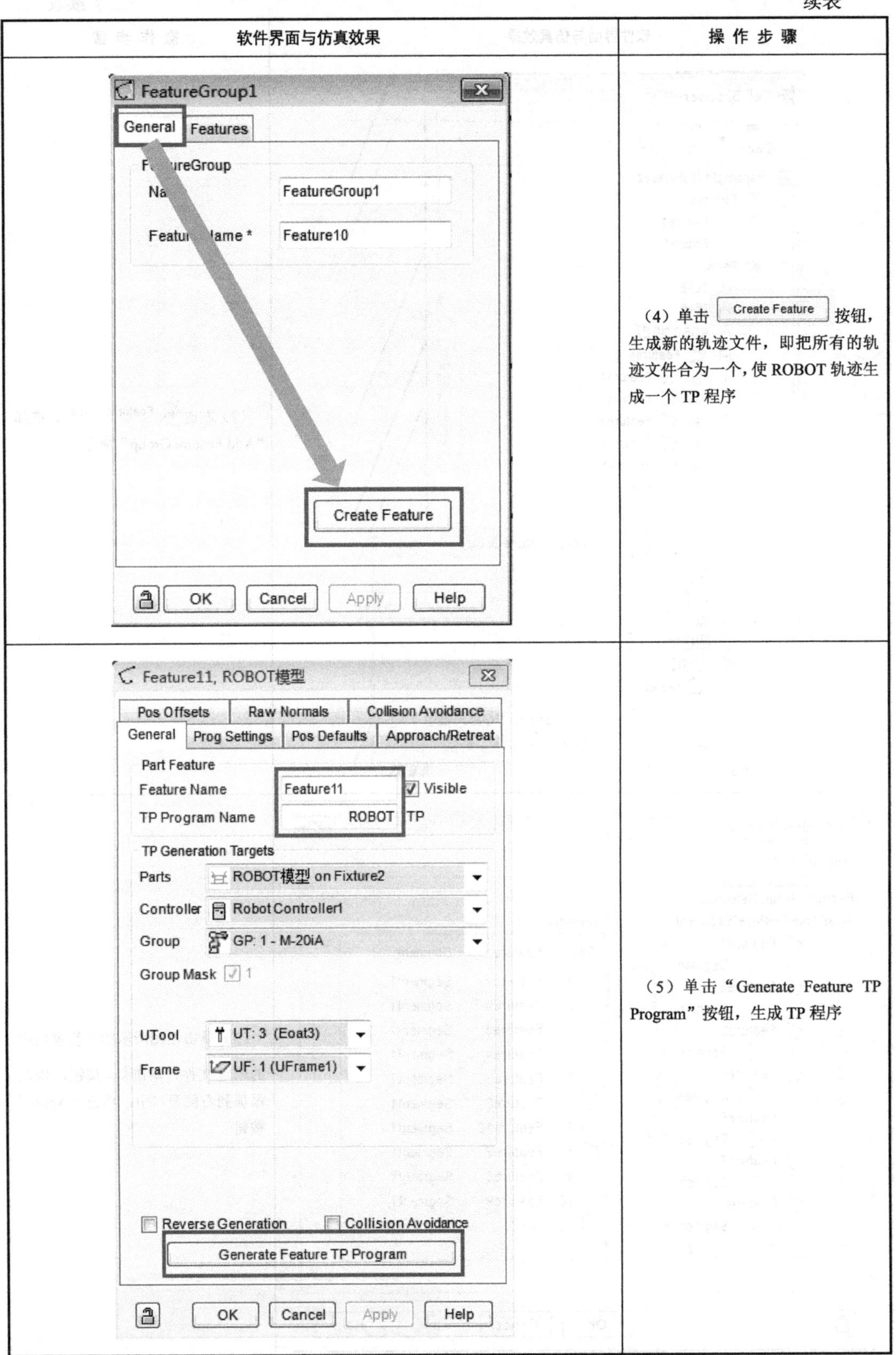

软件界面与仿真效果	操 作 步 骤
	（4）单击 Create Feature 按钮，生成新的轨迹文件，即把所有的轨迹文件合为一个，使 ROBOT 轨迹生成一个 TP 程序
	（5）单击“Generate Feature TP Program”按钮，生成 TP 程序

续表

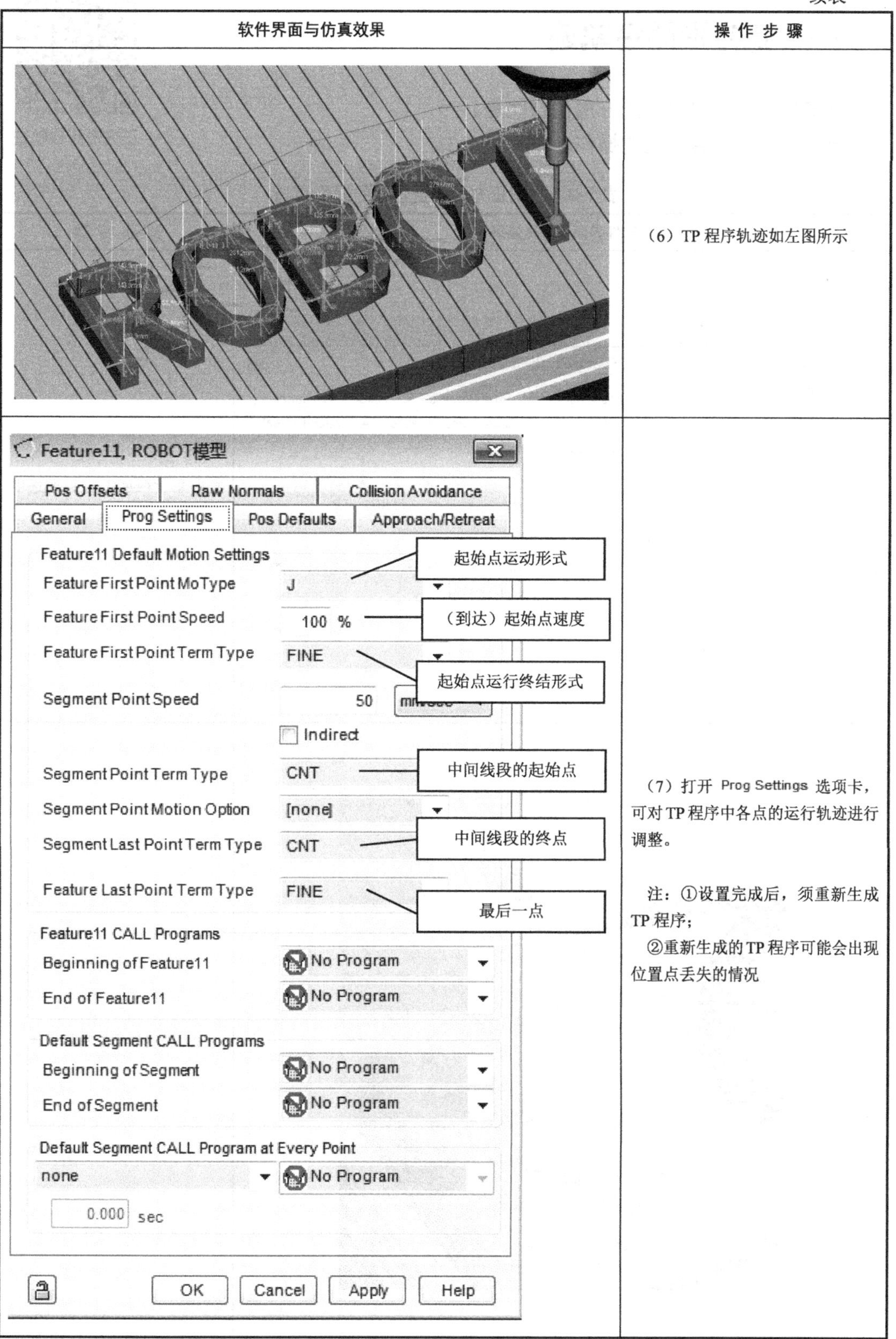

软件界面与仿真效果	操 作 步 骤
	（6）TP 程序轨迹如左图所示
	（7）打开 Prog Settings 选项卡，可对 TP 程序中各点的运行轨迹进行调整。 注：①设置完成后，须重新生成 TP 程序； ②重新生成的 TP 程序可能会出现位置点丢失的情况

7.3 正方形闭合轨迹

正方形闭合轨迹

任务目标：学习绘制正方形闭合轨迹。

绘制正方形闭合轨迹的操作步骤见表 7-3。

表 7-3 绘制正方形闭合轨迹的操作步骤

软件界面与仿真效果	操 作 步 骤
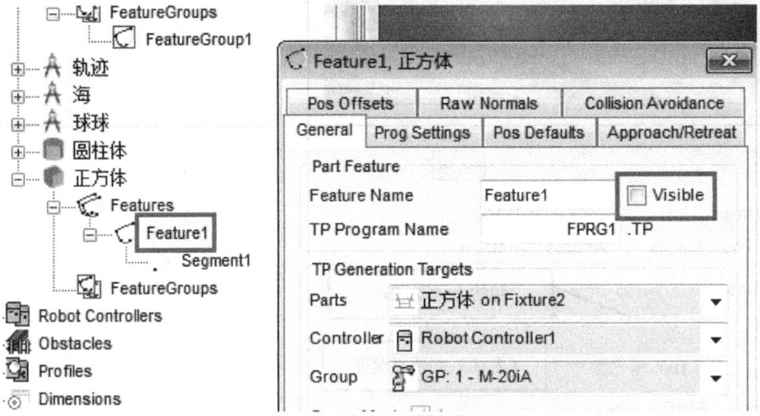	（1）选中“正方体”工件，双击 Feature1 ，取消选中 Visible 复选框
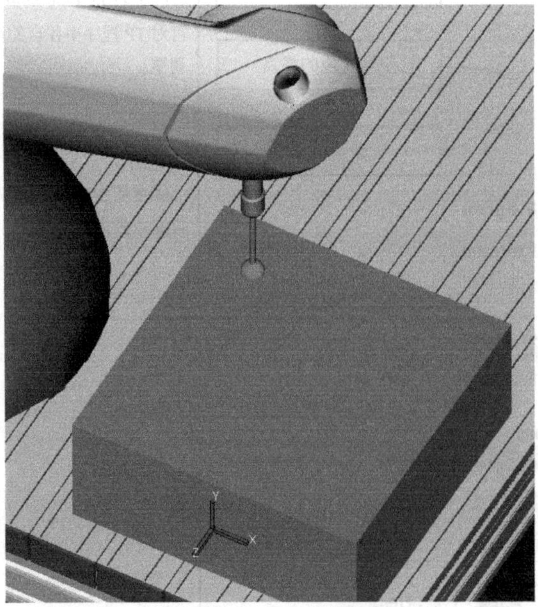	（2）仿真效果如左图所示

续表

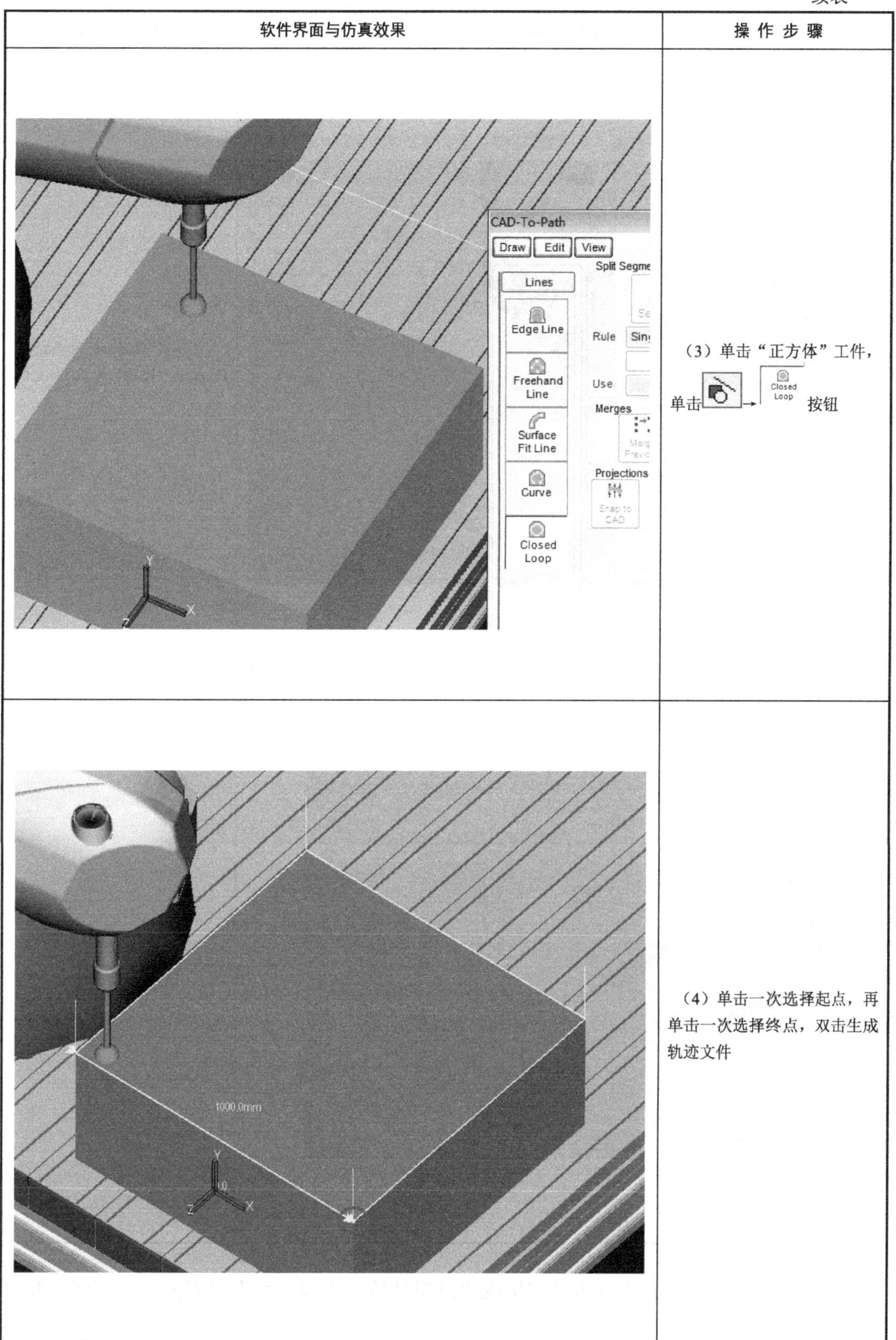

软件界面与仿真效果	操作步骤
	（3）单击“正方体”工件，单击 → Closed Loop 按钮
	（4）单击一次选择起点，再单击一次选择终点，双击生成轨迹文件

续表

软件界面与仿真效果	操 作 步 骤
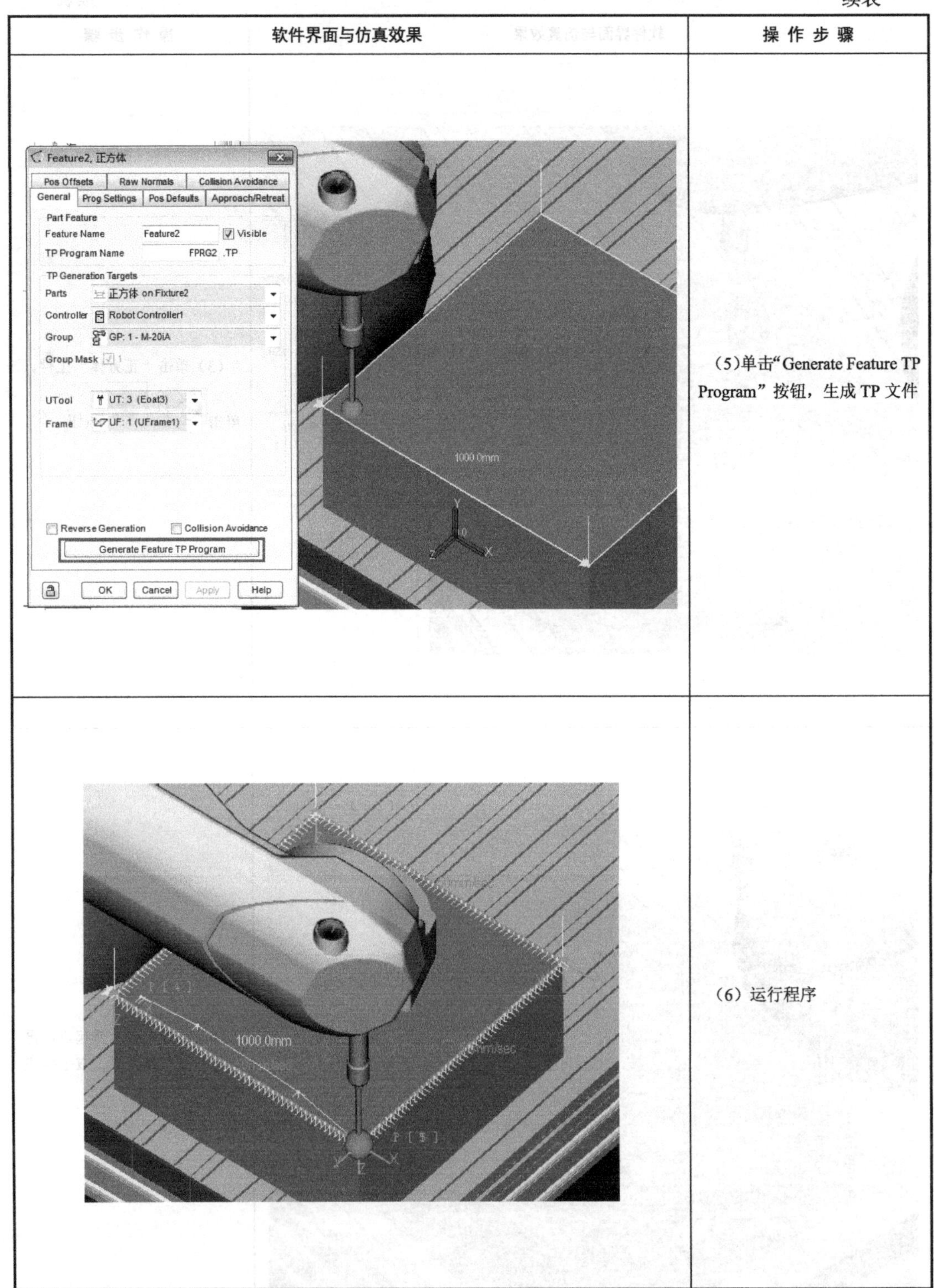	(5)单击“Generate Feature TP Program”按钮，生成 TP 文件
	(6) 运行程序

课后练习：通过闭合轨迹生成和生成轨迹组功能，生成“海”字表面轨迹程序，其轨迹如图 7-3 所示。

图 7-3　“海”字表面轨迹

7.4　工件表面工程轨迹

工件表面工程轨迹

任务目标：学习绘制工件表面工程轨迹。

绘制工件表面工程轨迹的操作见表 7-4。

表 7-4　绘制工件表面工程轨迹的操作步骤

软件界面与仿真效果	操 作 步 骤
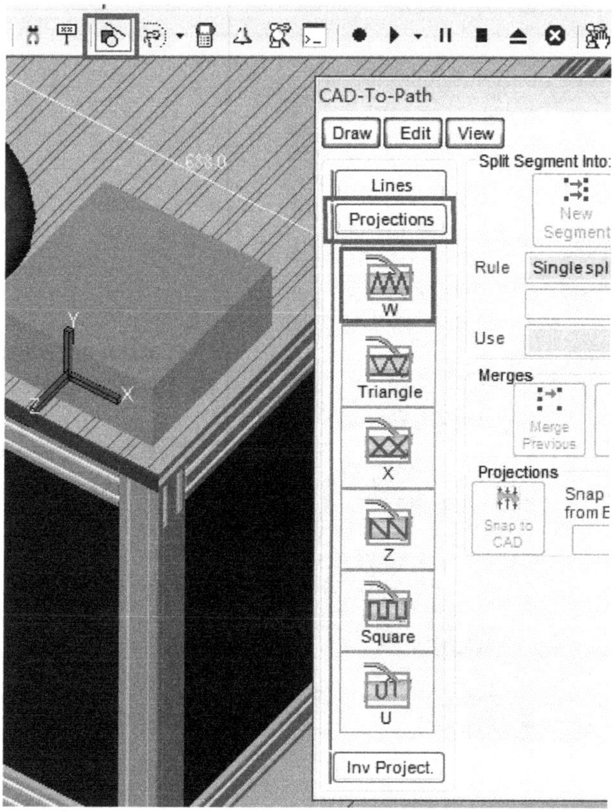 CAD-To-Path Draw Edit View Lines Projections W Triangle X Z Square U Inv Project. Split Segment Into: New Segment Rule Single spl Use Merges Merge Previous Projections Snap to CAD Snap from E	（1）选中“正方体”工件，单击 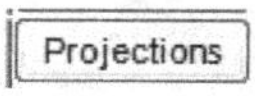 → Projections 按钮选择 W 线型

续表

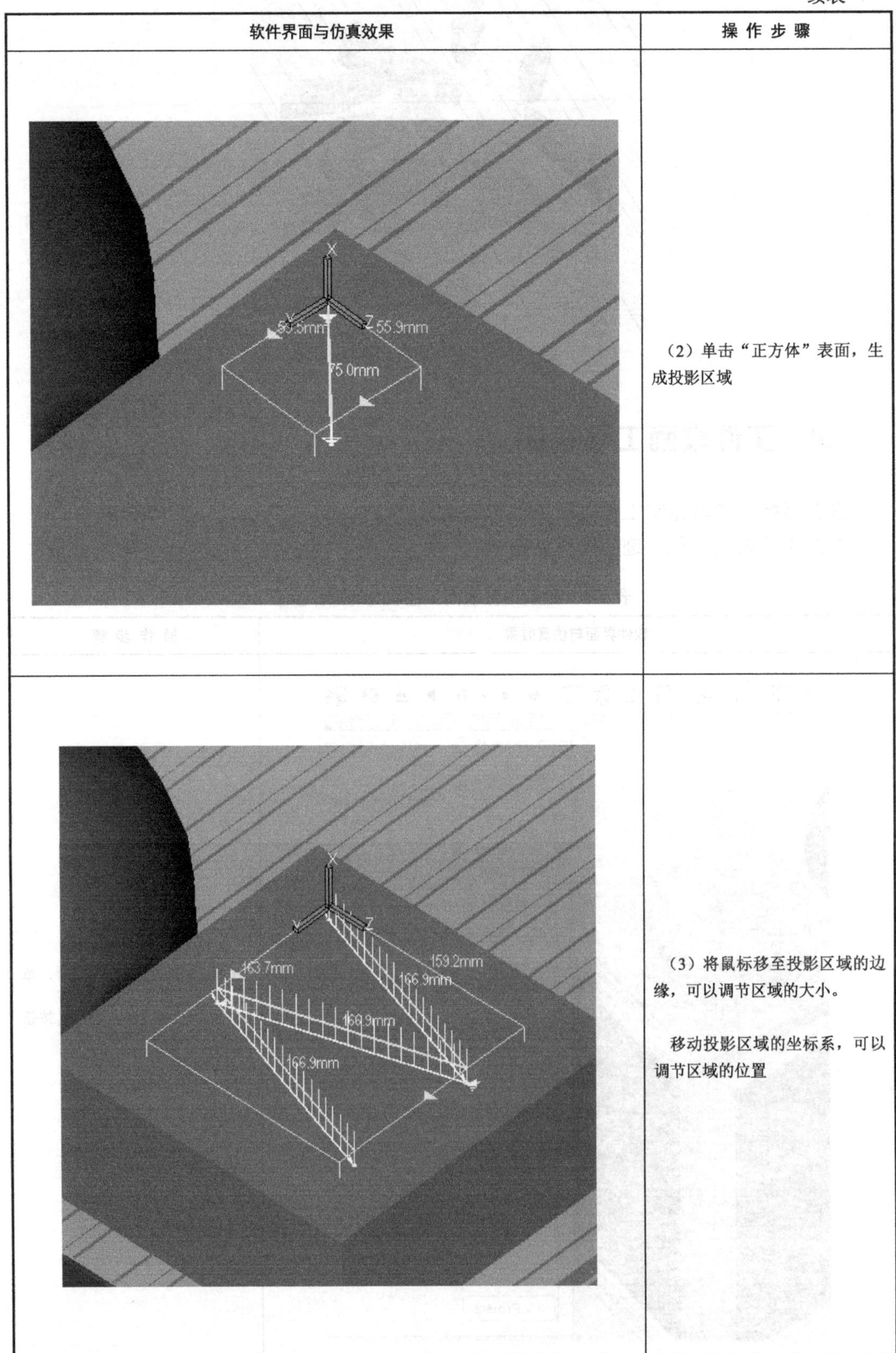

软件界面与仿真效果	操 作 步 骤
	（2）单击“正方体”表面，生成投影区域
	（3）将鼠标移至投影区域的边缘，可以调节区域的大小。 移动投影区域的坐标系，可以调节区域的位置

续表

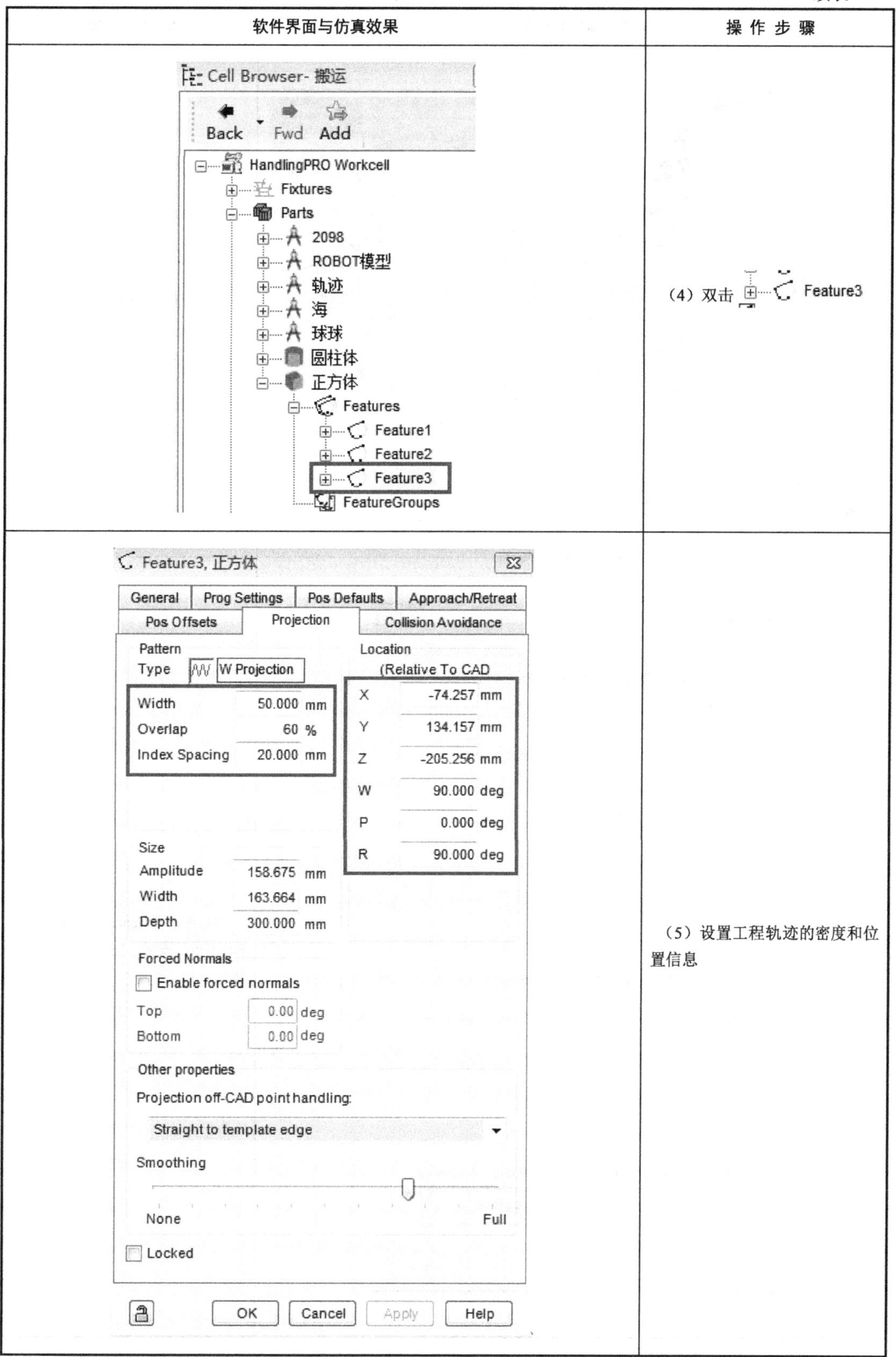

软件界面与仿真效果	操 作 步 骤
	（4）双击 Feature3
	（5）设置工程轨迹的密度和位置信息

续表

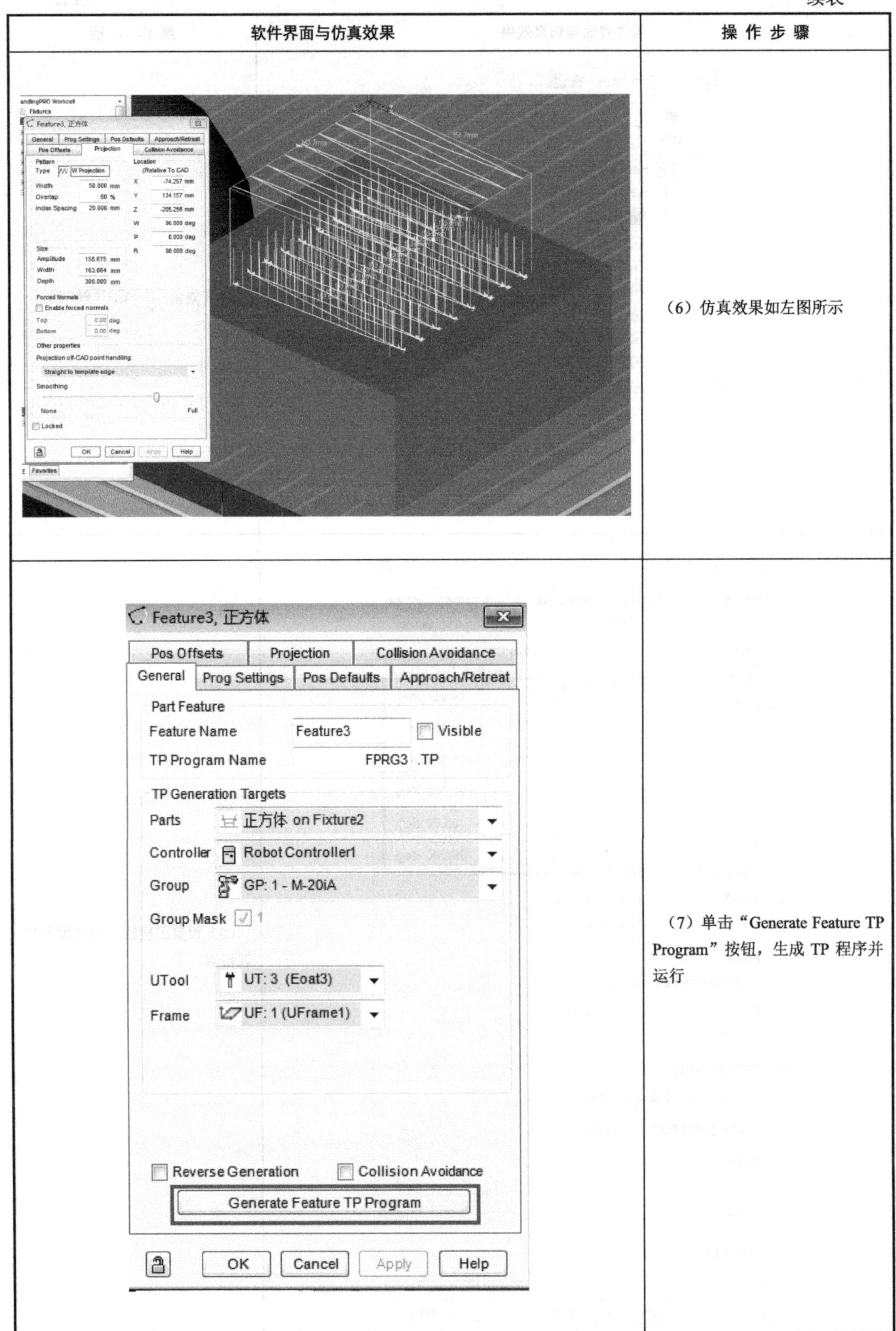

软件界面与仿真效果	操作步骤
	（6）仿真效果如左图所示
	（7）单击“Generate Feature TP Program”按钮，生成 TP 程序并运行

续表

软件界面与仿真效果	操 作 步 骤
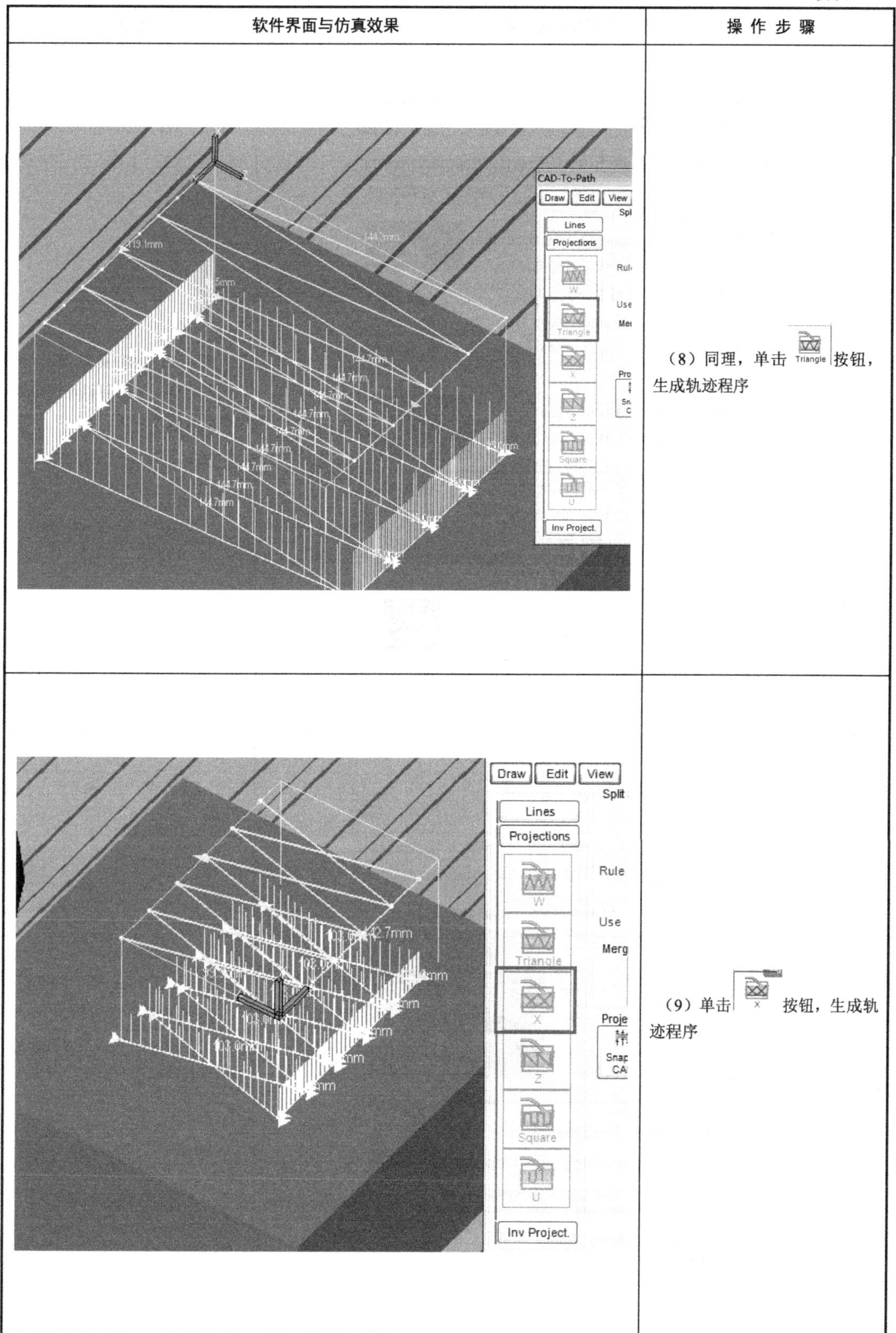	（8）同理，单击 Triangle 按钮，生成轨迹程序
	（9）单击 X 按钮，生成轨迹程序

续表

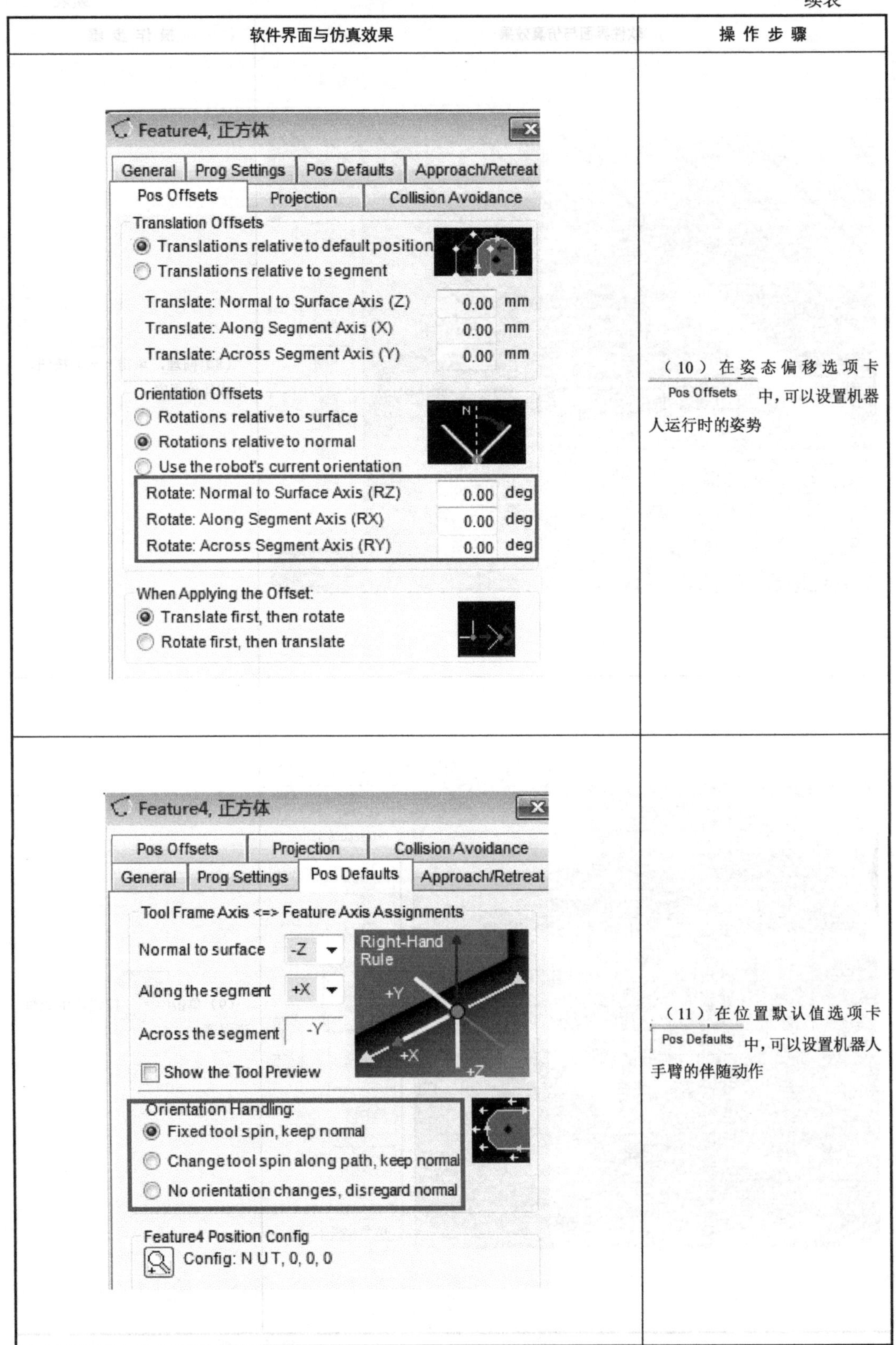

软件界面与仿真效果	操作步骤
	（10）在姿态偏移选项卡 Pos Offsets 中，可以设置机器人运行时的姿势
	（11）在位置默认值选项卡 Pos Defaults 中，可以设置机器人手臂的伴随动作

续表

<table>
<tr><th>软件界面与仿真效果</th><th>操 作 步 骤</th></tr>
<tr><td>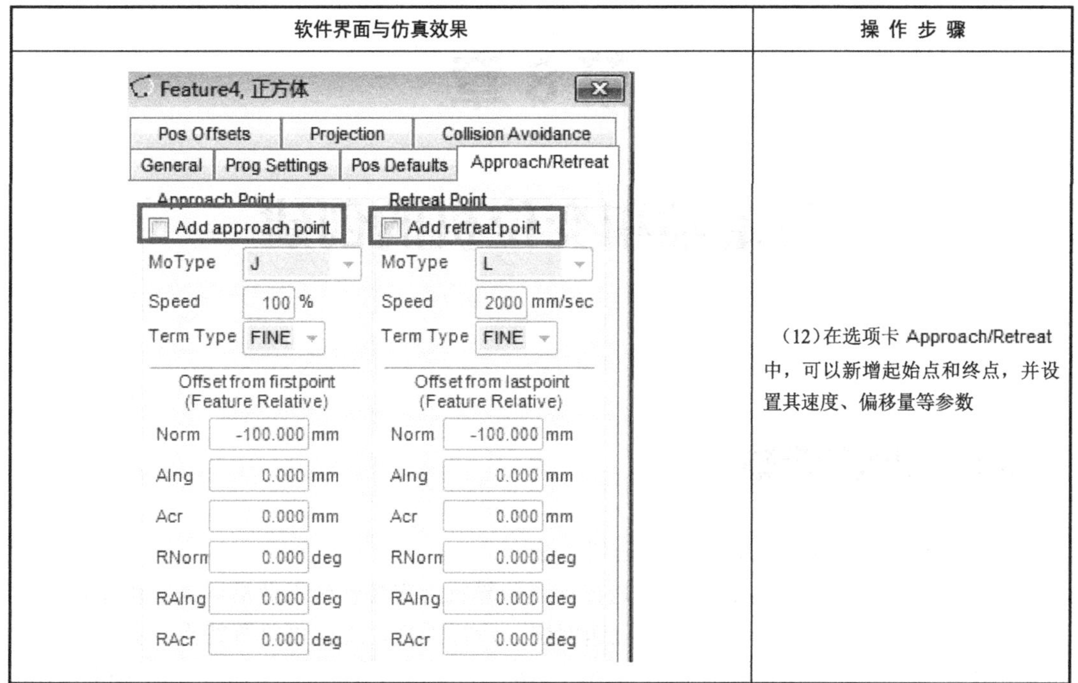
</td><td>（12）在选项卡 Approach/Retreat 中，可以新增起始点和终点，并设置其速度、偏移量等参数</td></tr>
</table>

课后练习：在球形工件表面生成其余 3 种轨迹程序，生成 TP 程序，其轨迹如图 7-4 所示。

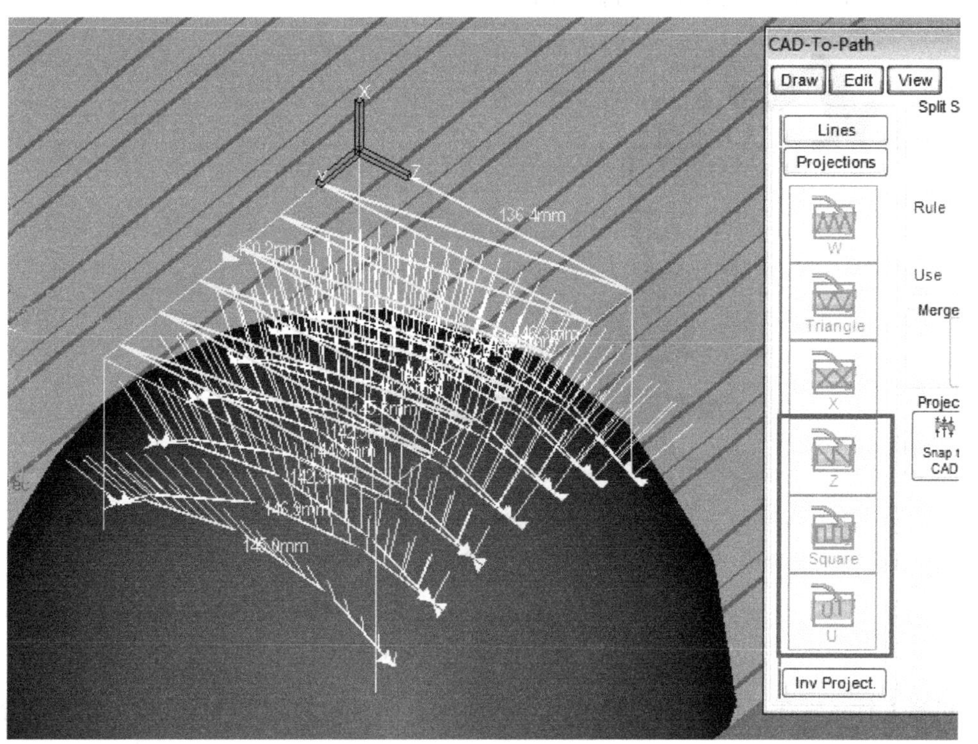

图 7-4　球形工件表面轨迹

第 8 章

行走轴和变位机的创建

8.1 创建行走轴

任务目标： 学习机器人行走轴的创建方法。

机器人行走轴（如图 8-1 所示）是在行走轴导轨上安装一台工业机器人，使用伺服电动机驱动，具有重复定位精度高、响应速度快、运行平稳、工作可靠等特点，并专门设计了防尘罩，保护导轨、直线轴承以及齿条等运动部件，大大提高了设备的可靠性和使用寿命。在实际应用中，导轨安装于两条生产线机床的中心线上，所安装的工业机器人运动范围完全覆盖多台机床以及上下料滑台区域。

图 8-1　机器人行走轴

机器人行走轴在工作站中也会经常用到，下面开始对如何创建机器人行走轴进行介绍。

任务一：利用模型库创建行走轴

ROBOGUIDE 软件的库中自带了行走轴的数模，可以利用数模来建立一个机器人行走轴。先新建一个 Workcell（工作站），具体参数和创建操作见表 8-1。注意创建过程中要选中 J518（Extended Axis Control），否则无法添加。

表 8-1　利用数模建立行走轴的操作步骤

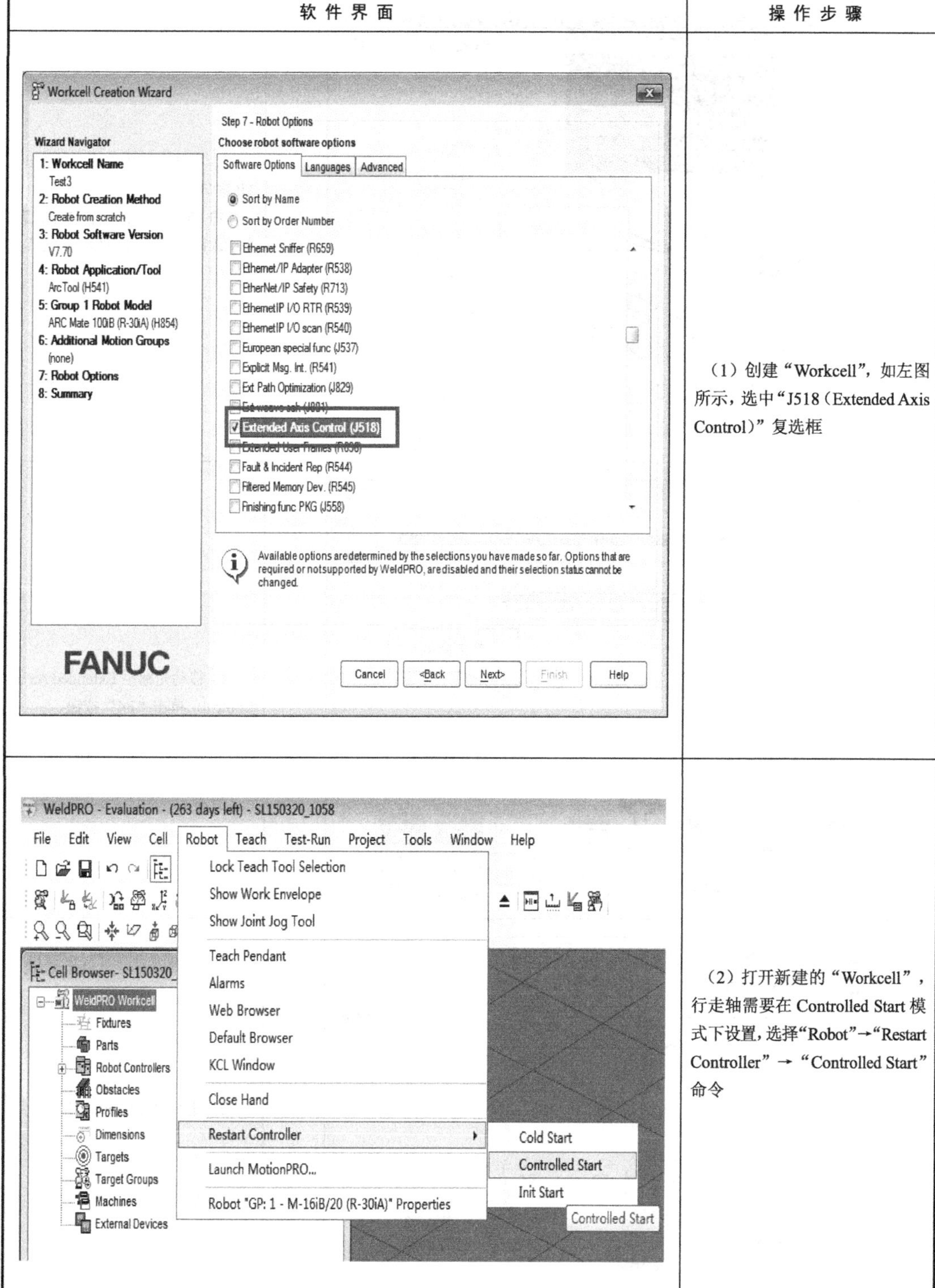

软 件 界 面	操 作 步 骤
	（1）创建“Workcell”，如左图所示，选中“J518（Extended Axis Control）”复选框
	（2）打开新建的“Workcell”，行走轴需要在 Controlled Start 模式下设置，选择“Robot”→“Restart Controller”→“Controlled Start”命令

续表

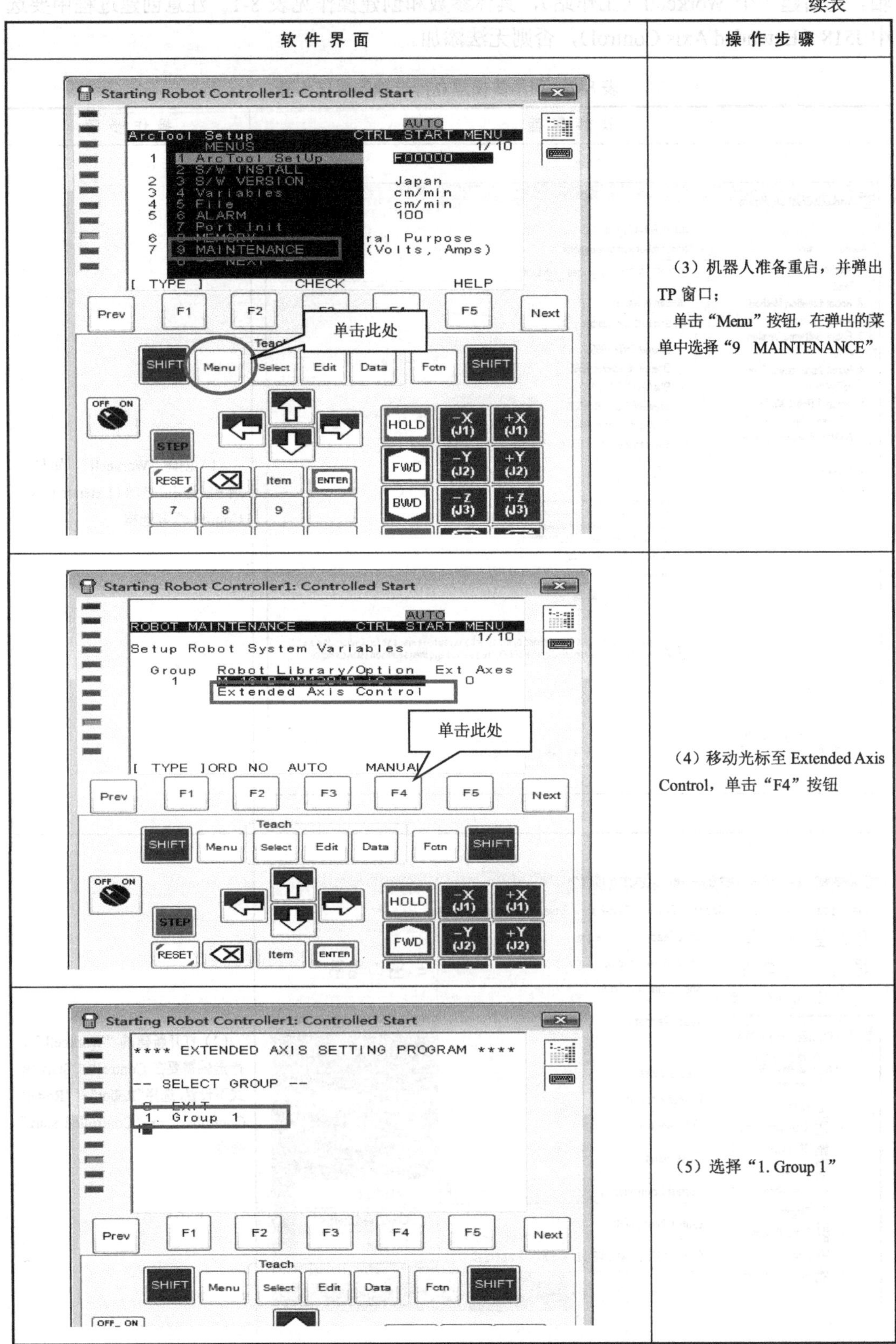

软 件 界 面	操 作 步 骤
	（3）机器人准备重启，并弹出 TP 窗口； 单击“Menu”按钮，在弹出的菜单中选择“9　MAINTENANCE”
	（4）移动光标至 Extended Axis Control，单击“F4”按钮
	（5）选择“1. Group 1”

续表

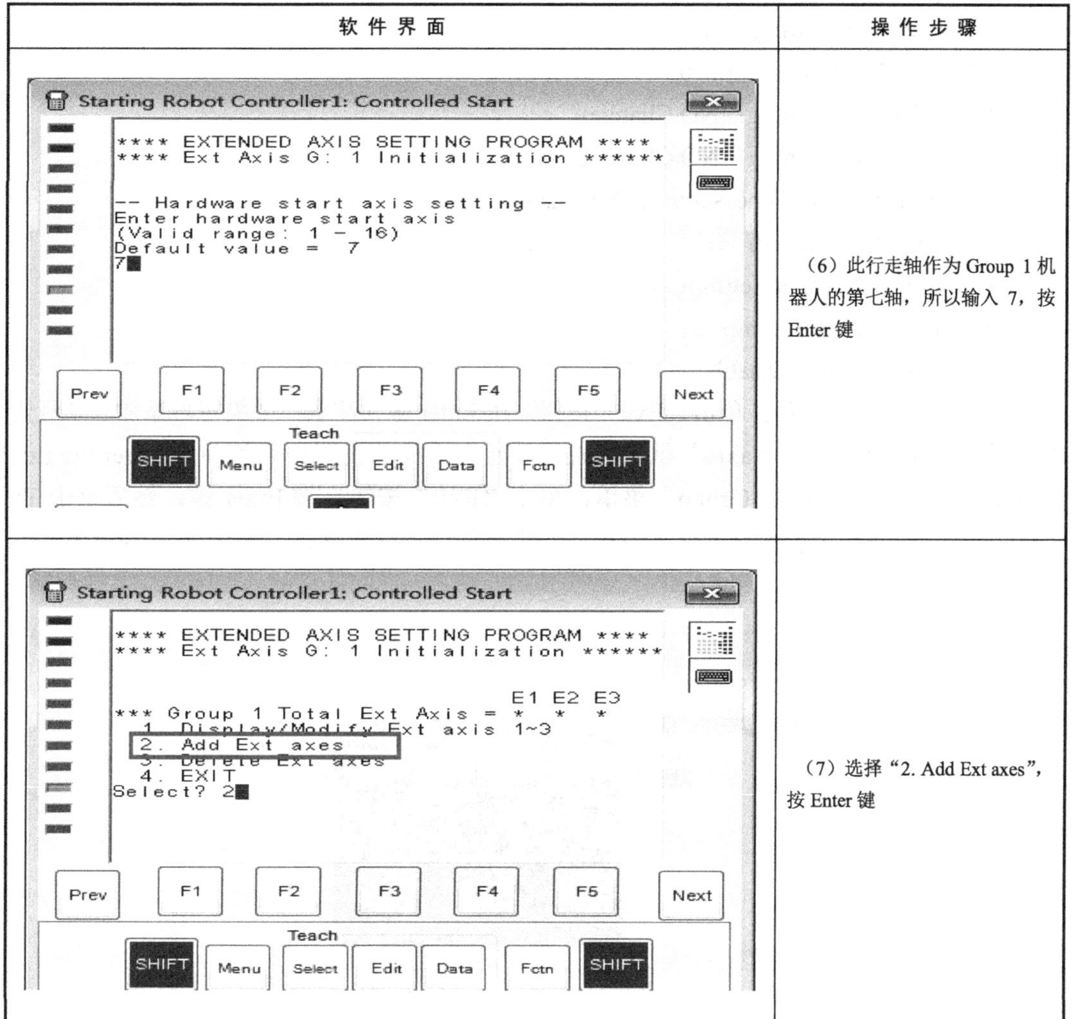

软件界面	操作步骤
	（6）此行走轴作为 Group 1 机器人的第七轴，所以输入 7，按 Enter 键
	（7）选择“2. Add Ext axes”，按 Enter 键

接下来，TP 屏幕将出现一系列的提问设置，分别回答如下：

1. Eenter the Axis to Add：1；
2. Motor Selection：选择电动机；
3. Motor Size：选择电动机型号；
4. Motor Type Setting：选择电动机转速；
5. Amplifier Current Limit Setting：选择电流；

（注意：如果选择的电动机没有，将会失败，提示重新选择，直到选择了匹配的电动机为止）

6. Extended Axis Type：Integrated Rail（Linear Axis）；
7. Direction：2；
8. Enter Gear Ratio：输入减速比；
9. Maximum Joint Speed Setting：No Change；
10. Motion Sign Setting：False；

11. Upper Limit Setting：4.5（假如导轨行程是 4.5）;

12. Lower Limit Setting：0;

13. Master Position Setting：0;

14. Accel Time 1 Sctting：NO Change;

15. Accel Time 2 Setting：NO Change;

16. Minimum Accel Time Setting：No Change;

17. Load Ration Setting：2;

18. Amplifier Number Setting：1;

19. Brake Number Setting：2;

20. Servo Timeout：Disable。

回答完这些问题之后，单击“Exit”按钮，按 Enter 键（注意：如果想再添加一个行走轴，可以选择“2. Add Ext axes”继续添加，并且在后面的设置中回答问题 Enter the axis to add：2）；出现“Select Group”菜单，单击“Exit”按钮，按 Enter 键，然后单击 TP 上的“Fctn”按钮，选择 START（COLD）机器人开始重启过程，完成之后返回仿真界面，如图 8-2 所示。

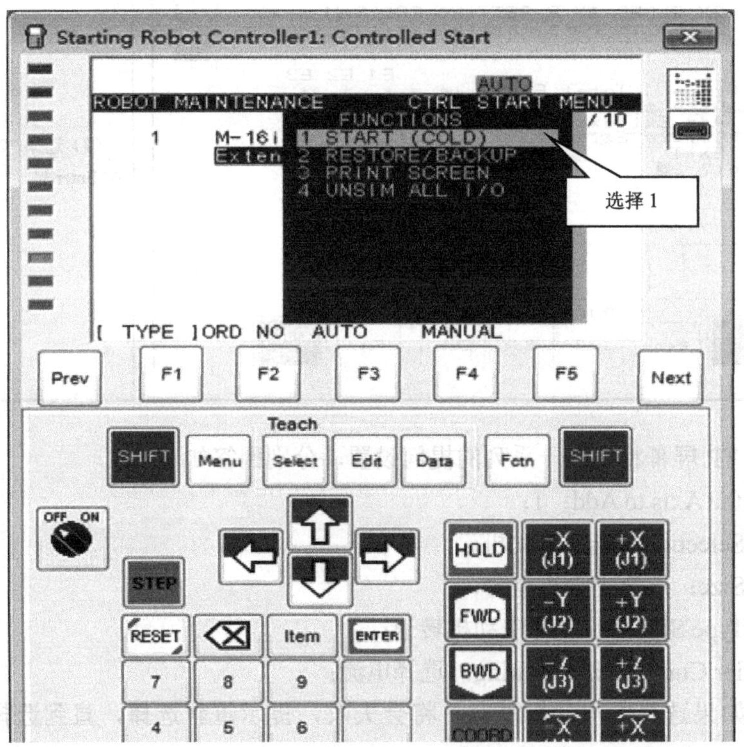

图 8-2　仿真界面

下面继续创建行走轴，具体操作见表 8-2。

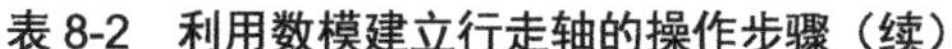

表 8-2　利用数模建立行走轴的操作步骤（续）

软件界面与仿真效果	操 作 步 骤
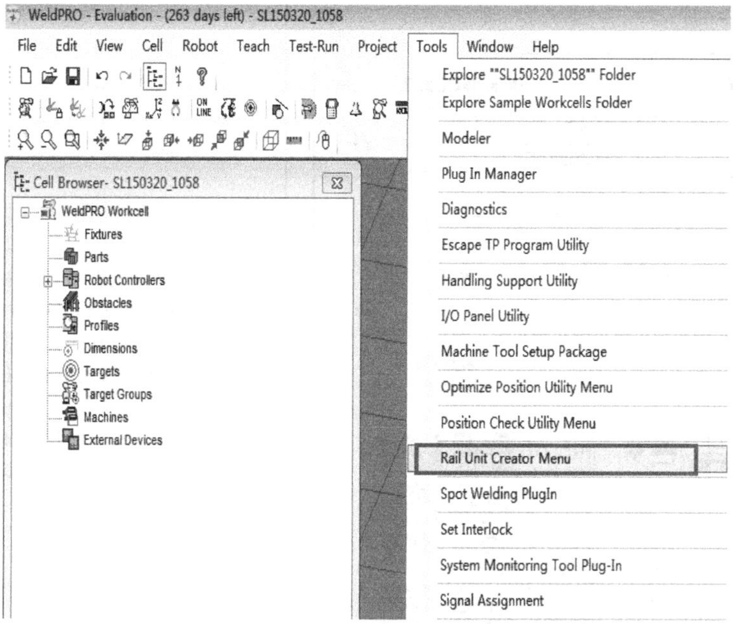	（1）单击“Tools”，选中“Rail Unit Creator Menu”，弹出“Rail Unit Creator”对话框
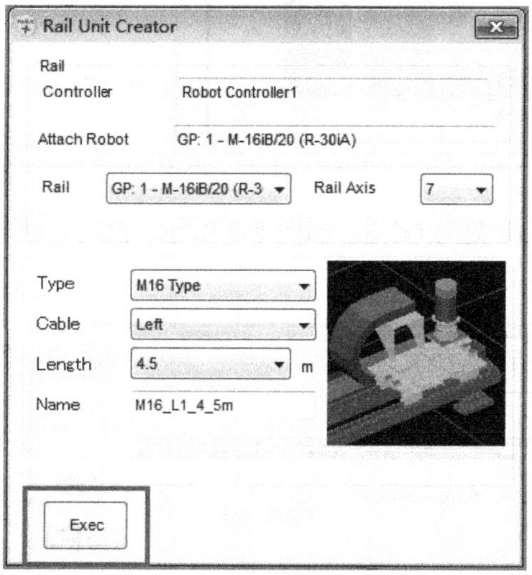	（2）单击“Exec”按钮
	（3）添加完成之后的仿真窗口如左图所示

续表

软件界面与仿真效果	操作步骤
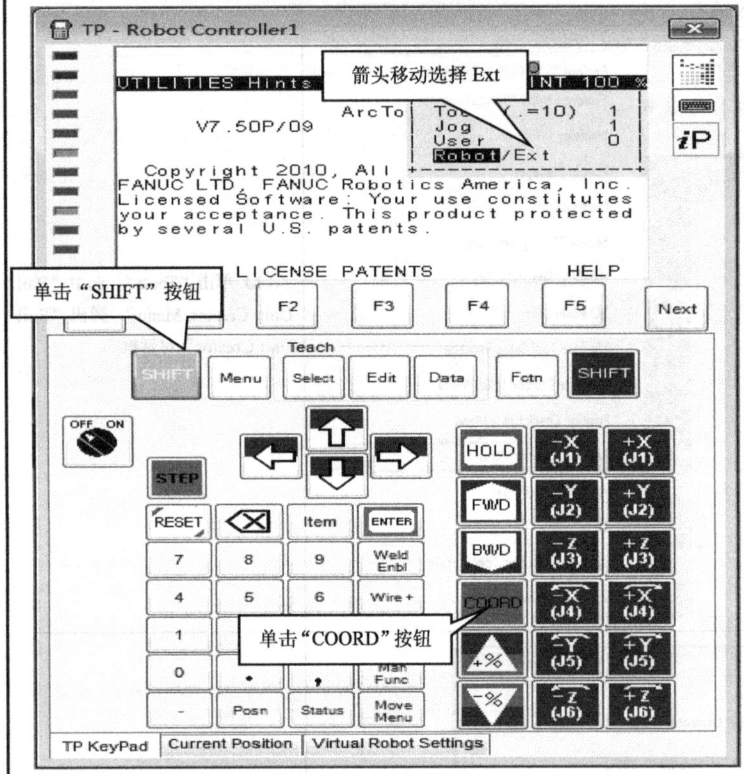 箭头移动选择 Ext 单击“SHIFT”按钮 单击“COORD”按钮	（4）用 TP 示教机器人沿外部轴行走时，需要切换设置。单击 TP 上的“SHIFT”按钮，再单击“COORD”按钮；移动上下左右箭头选中“Ext”，即可完成切换；要切换回机器人，同样单击“COORD”按钮，然后移动箭头选中“Robot”

切换为行走轴后，此处由原来的 G1 变为 G1 S，如图 8-3 所示。此时，可以用 TP 示教行走轴了。

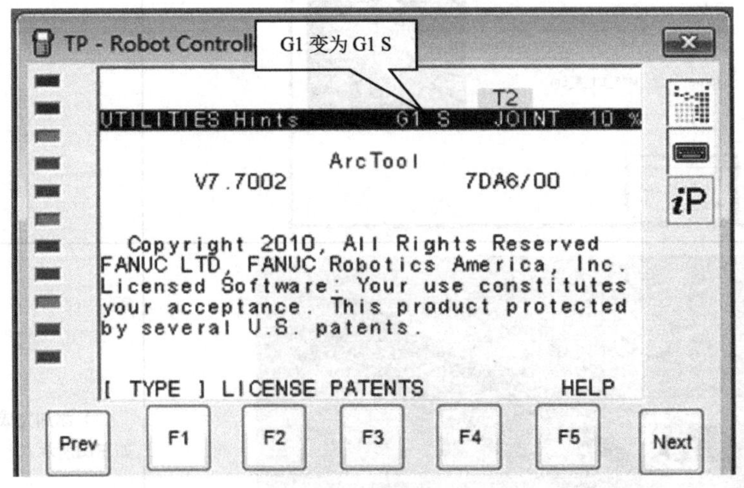

图 8-3 行走轴 G1 变为 G1 S

任务二　自建数模创建行走轴

本任务二需要创建一个两轴（X 和 Y 轴）行走轴，行走轴的数模用简单的 Box（部件）代替（当然也可以用导入外部数模的方法）。按照前面介绍的方法新建一个 Workcell，当完成一系列提问式的设置时，如回答完前面所述的 20 个问题后，选择“2. Add Ext axes”继续添加，并且在后面的设置中回答问题；然后按照设置第一个轴相同的方法设置第二个轴，设置完成后，同样出现“Select Group”菜单，单击“Exit”按钮，按“Enter”键后单击 TP 上的“Fctn”按钮，选择 Start（cold）机器人开始重启过程。

（1）重启完成后，右击“Machine”，选择“Add Machine”→“Box”命令，如图 8-4 所示。

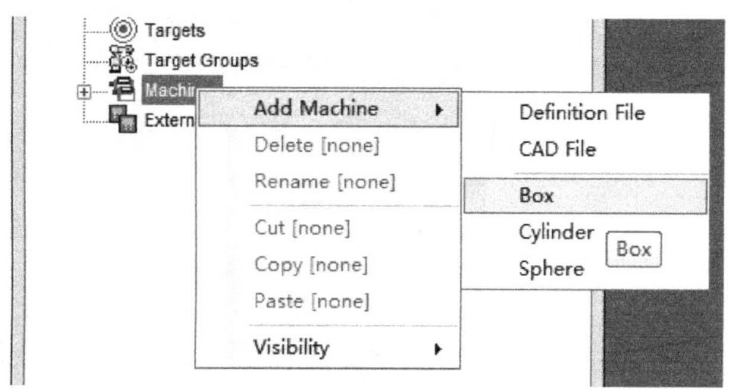

图 8-4　增加 Box

（2）修改 Name 为“x-y Rail”，如图 8-5 所示，修改 Box 属性，Box 作为 Y 轨道。

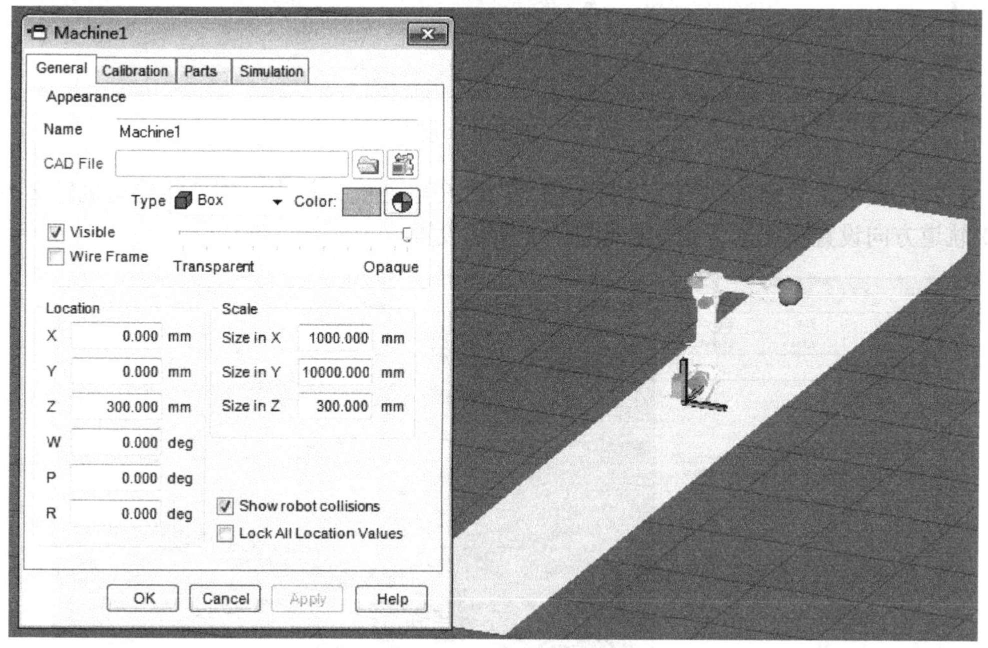

图 8-5　修改 Box 属性 1

（3）创建 X 方向轨道，右击“machines”下面的“X-Y Rail”，选择“Add Link”→“Box”命令，如图 8-6 所示。

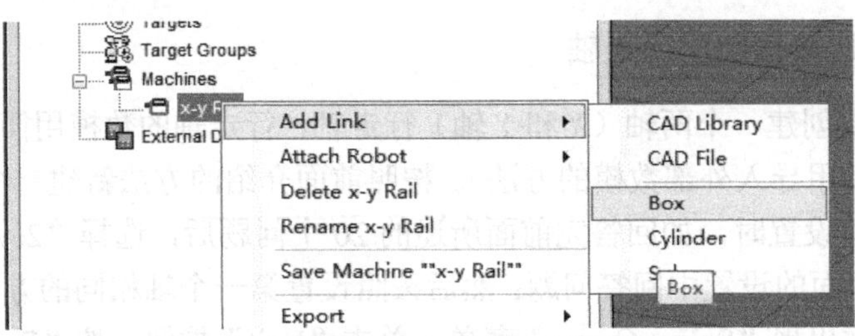

图 8-6 “X-Y Rail”的快捷菜单

（4）修改 Name 为“x-Rail”，如图 8-7 所示，修改 Box 的属性，Box 作为 *X* 轨道。

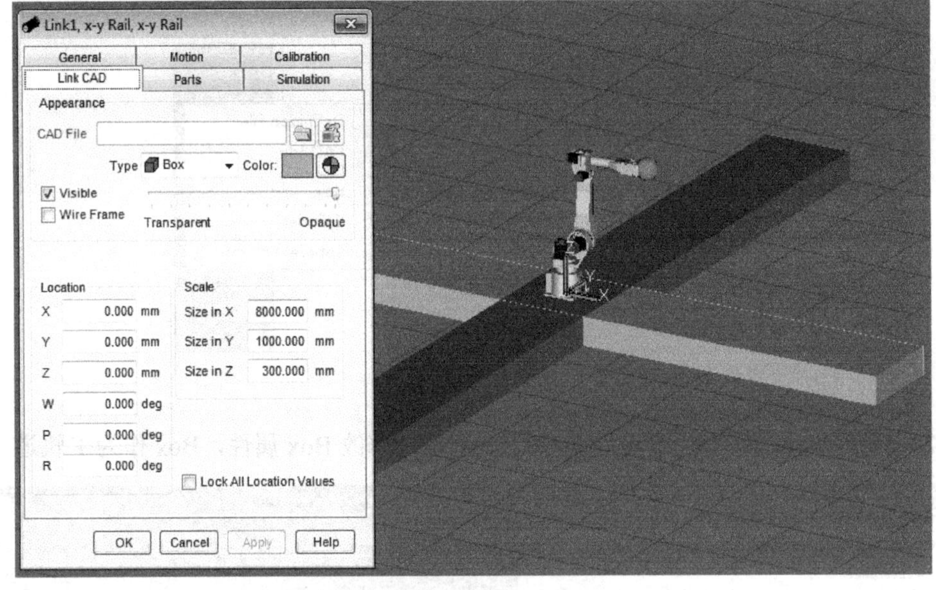

图 8-7 修改 Box 属性 2

（5）设置沿 *Y* 轨道运动的电动机轴的方向。在电动机 *Z* 轴上，需要将电动机轴 *Z* 方向与 *Y* 轨道方向设置成相同方向，按照图 8-8 所示设置。

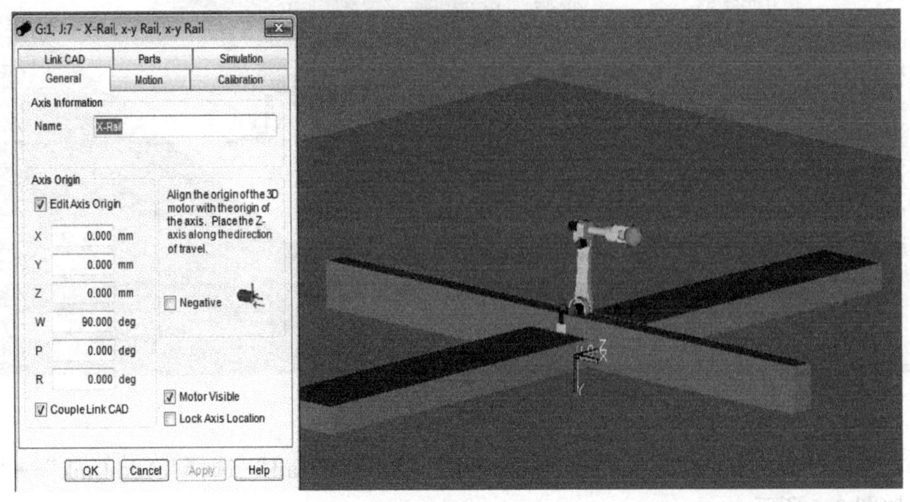

图 8-8 修改属性

然后在“Link CAD”选项卡中设置，旋转 Box 到合适的位置，如图 8-9 所示。

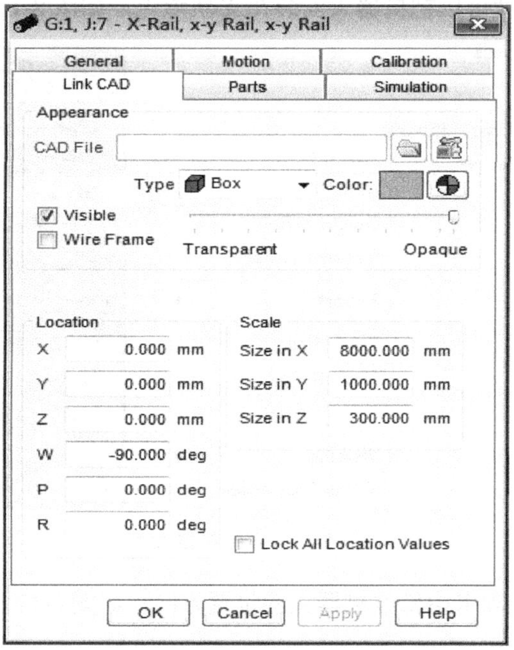

图 8-9　“Link CAD”选项卡

打开“Motion”选项卡，选择“Group 1”，Joint 设置为“Joint7”，如图 8-10 所示。

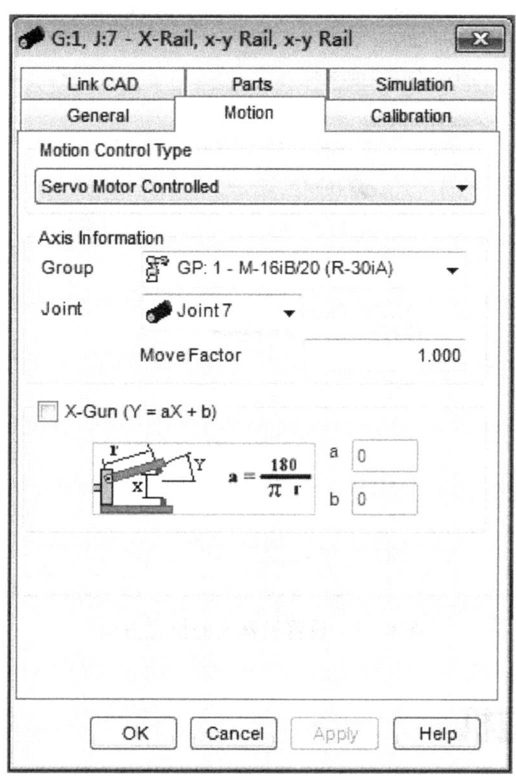

图 8-10　旋转设置

（6）右击 Machine 下面的“G：1，J：7-X Rail”，选择“Attach Robot”→“GP：1-M-6iB（R-30iA）”命令，这样就可以把机器人安装在 *X* 轨道上，如图 8-11 所示。

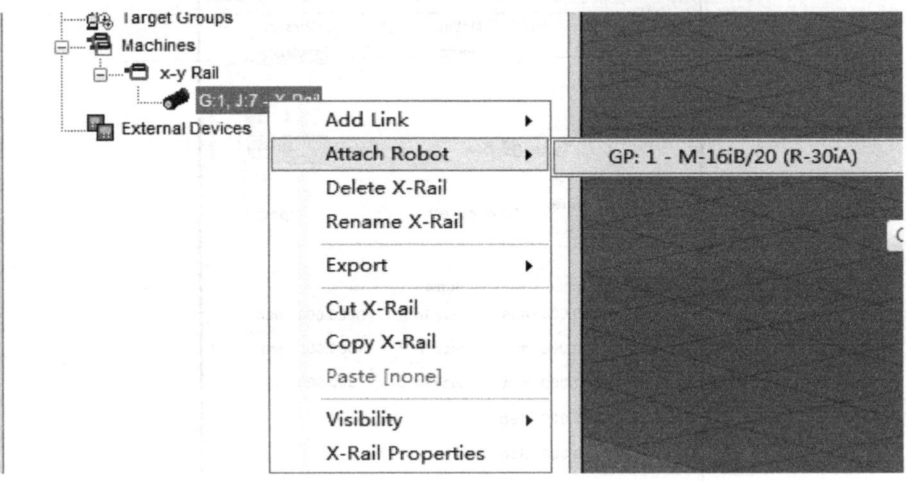

图 8-11　安装机器人

在“Link CAD”选项卡中修改机器人的位置方向，如图 8-12 所示。然后就可以用 TP 示教机器人行走轴了。

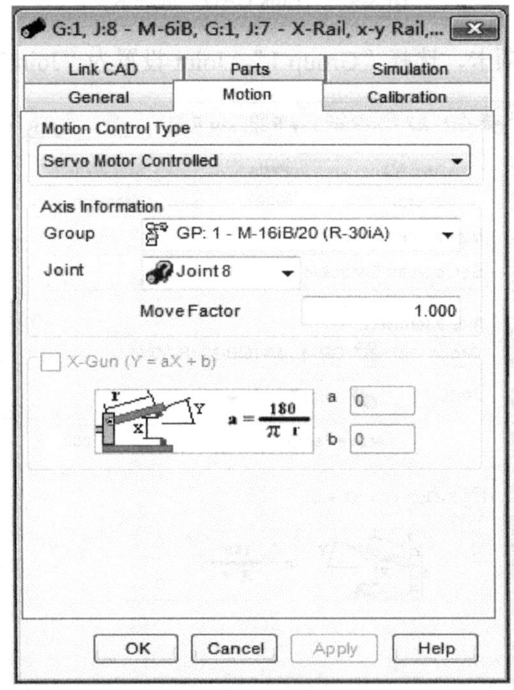

图 8-12　设置机器人的位置方向

8.2　创建变位机

变位机（如图 8-13 所示）是专用焊接辅助设备，适用于回转工作的焊接变位，以得到理想的加工位置和焊接速度。变位机可与操作机、焊机配套使用，组成自动焊接中心，也可用于手工作业时的工件变位。工作台回转采用变频器无级调速，调速精度高。遥控盒可实现对工作台的远程操作，也可与操作机、焊接机控制系统相连，实现联动操作。

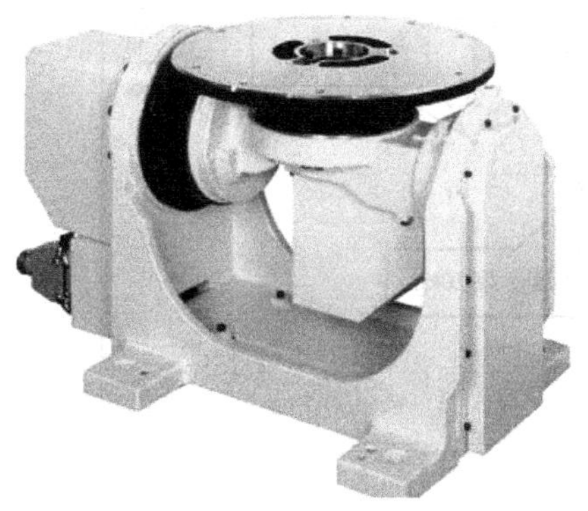

图 8-13　变位机

焊接变位机一般由工作台回转机构和翻转机构组成，通过工作台的升降、翻转和回转，使固定在工作台上的工件达到所需的焊接、装配角度，工作台回转为变频无级调速，可得到满意的焊接速度。

机器人焊接工作站中一般会使用变位机，所以需要学习者掌握如何在 ROBOGUIDE 仿真软件中创建变位机。下面就对如何创建变位机进行介绍。

任务一　利用自建数模创建变位机

具体操作见表 8-3。

表 8-3　利用自建数模创建变位机的操作步骤

软件界面与仿真效果	操 作 步 骤
	（1）首先按照如下步骤，创建一个工作站，类型为“WeldPRO”，文件命名为“SL150319_1200”，外部轴选择“H896 Basic Positioner”，单击“Next”按钮

续表

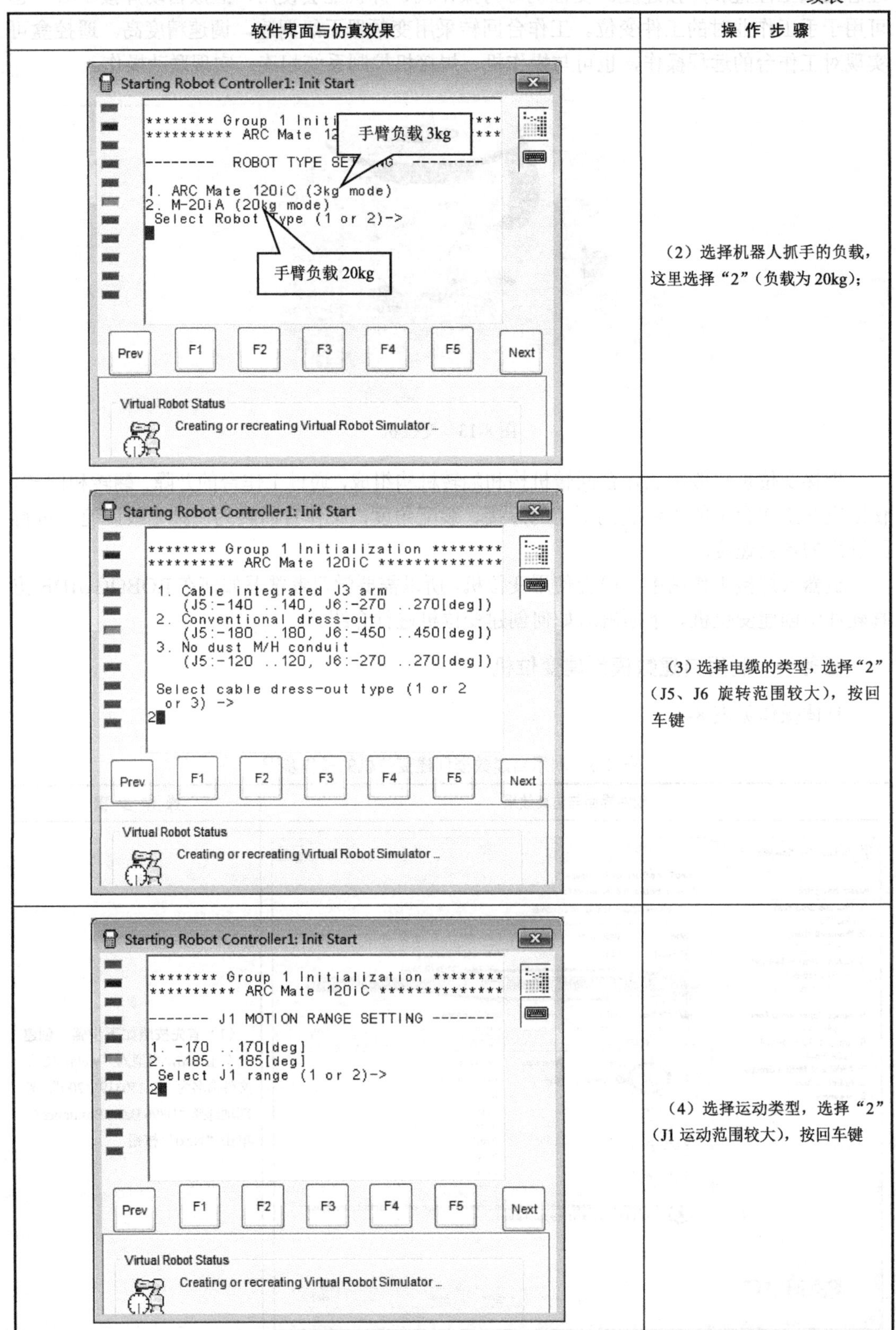

<table>
<tr><th>软件界面与仿真效果</th><th>操 作 步 骤</th></tr>
<tr><td>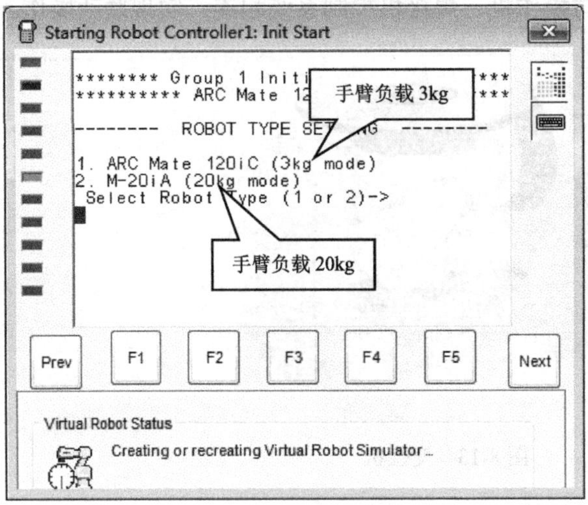
</td><td>（2）选择机器人抓手的负载，这里选择“2”（负载为 20kg）；</td></tr>
<tr><td>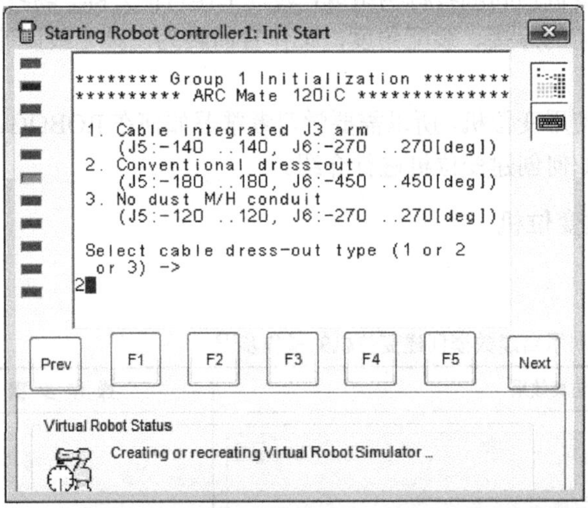
</td><td>（3）选择电缆的类型，选择“2”（J5、J6 旋转范围较大），按回车键</td></tr>
<tr><td>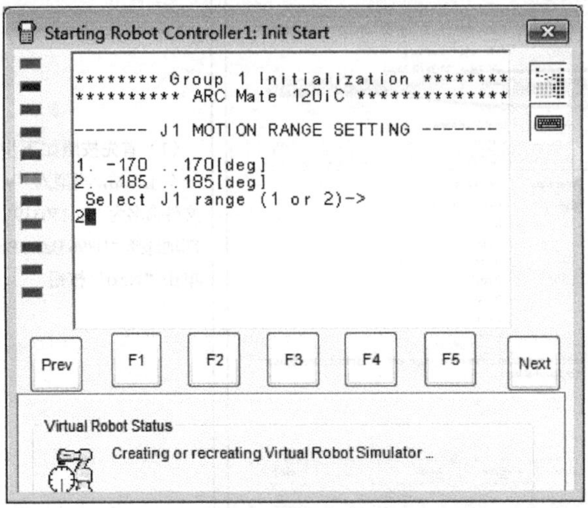
</td><td>（4）选择运动类型，选择“2”（J1 运动范围较大），按回车键</td></tr>
</table>

续表

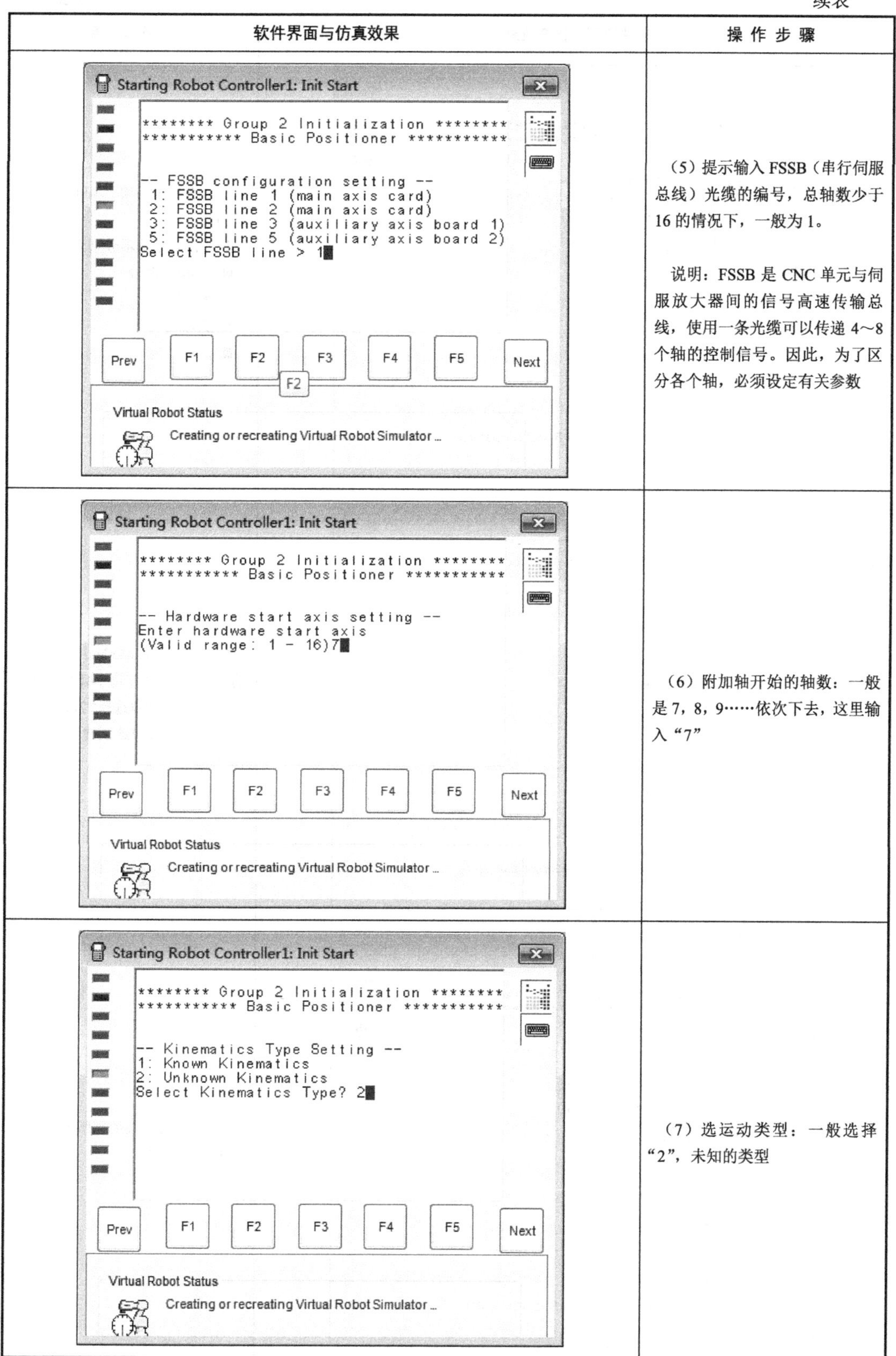

软件界面与仿真效果	操 作 步 骤
	（5）提示输入 FSSB（串行伺服总线）光缆的编号，总轴数少于 16 的情况下，一般为 1。 说明：FSSB 是 CNC 单元与伺服放大器间的信号高速传输总线，使用一条光缆可以传递 4～8 个轴的控制信号。因此，为了区分各个轴，必须设定有关参数
	（6）附加轴开始的轴数：一般是 7，8，9……依次下去，这里输入“7”
	（7）选运动类型：一般选择“2”，未知的类型

续表

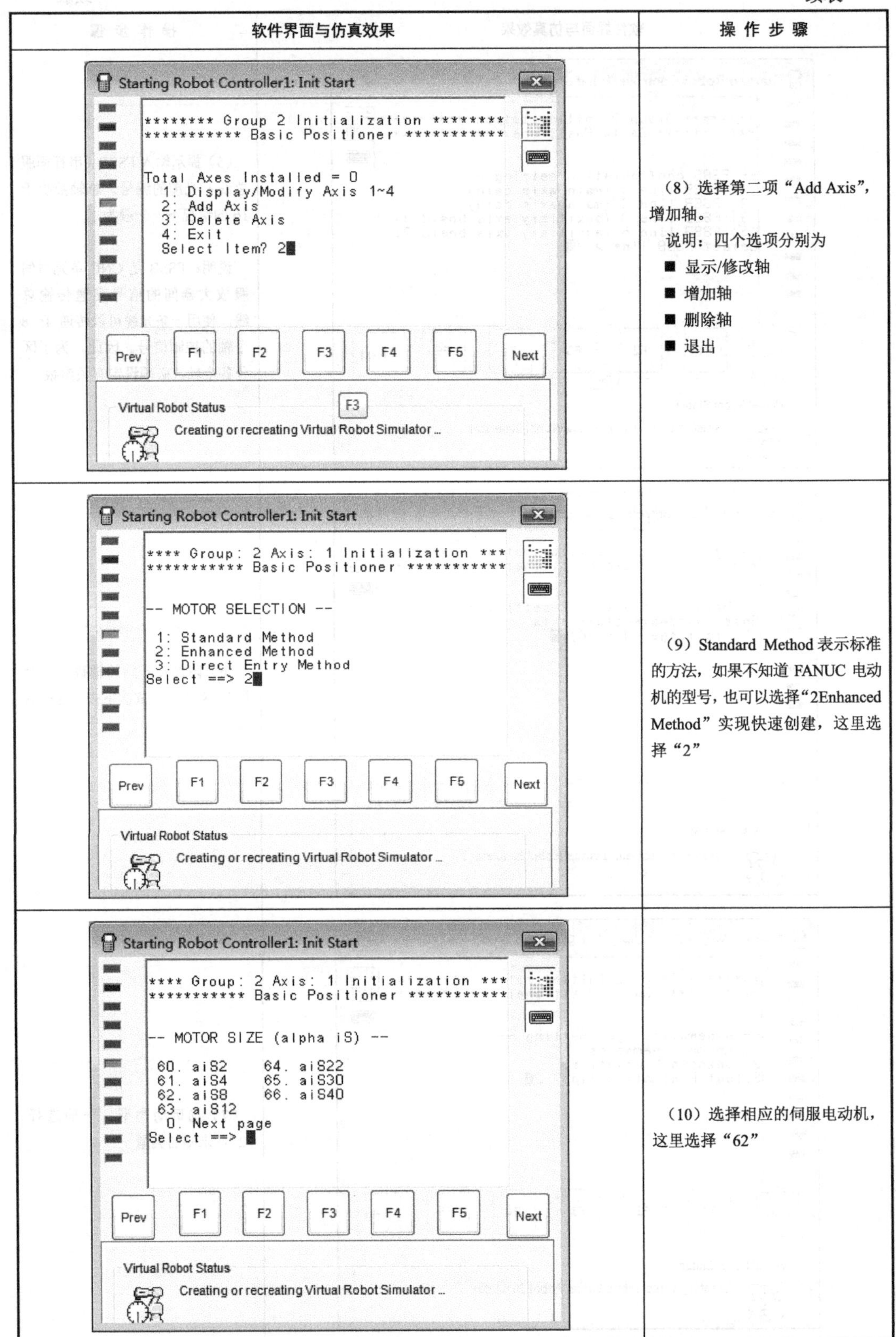

软件界面与仿真效果	操 作 步 骤
	（8）选择第二项“Add Axis”，增加轴。 说明：四个选项分别为 ■ 显示/修改轴 ■ 增加轴 ■ 删除轴 ■ 退出
	（9）Standard Method 表示标准的方法，如果不知道 FANUC 电动机的型号，也可以选择“2Enhanced Method”实现快速创建，这里选择“2”
	（10）选择相应的伺服电动机，这里选择“62”

续表

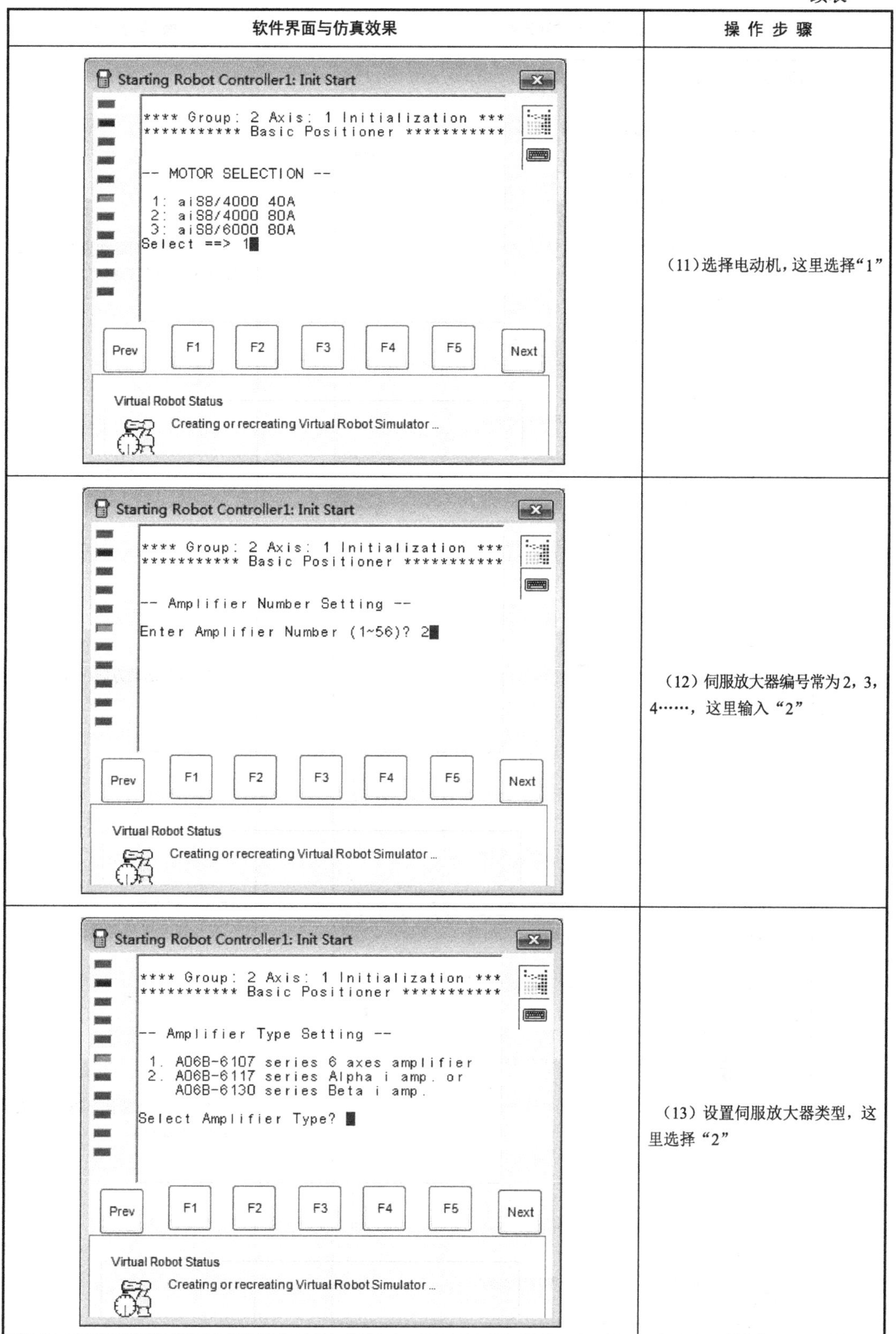

软件界面与仿真效果	操 作 步 骤
	(11)选择电动机，这里选择“1”
	(12) 伺服放大器编号常为 2，3，4……，这里输入“2”
	(13) 设置伺服放大器类型，这里选择“2”

续表

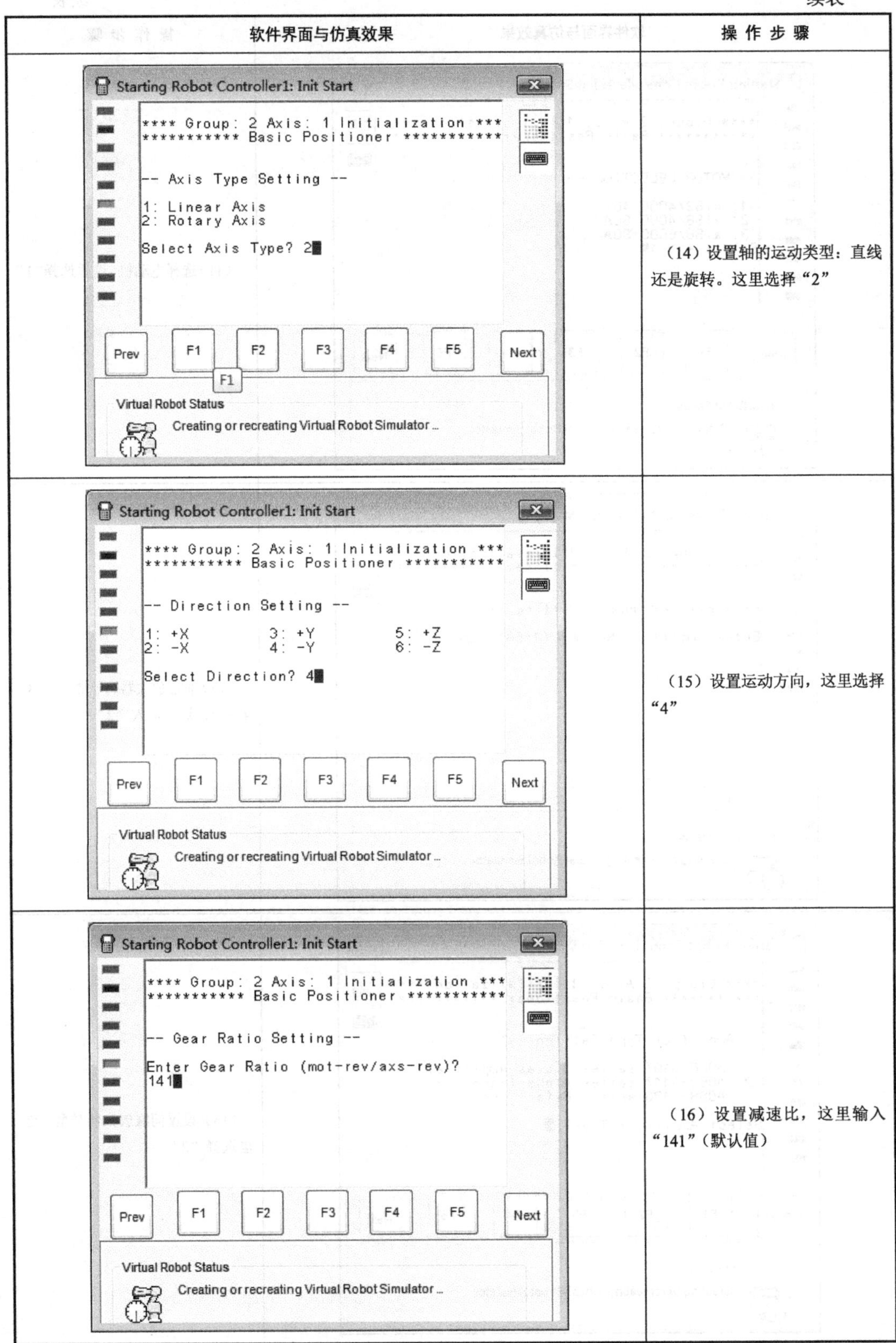

软件界面与仿真效果	操 作 步 骤
	（14）设置轴的运动类型：直线还是旋转。这里选择“2”
	（15）设置运动方向，这里选择“4”
	（16）设置减速比，这里输入“141”（默认值）

续表

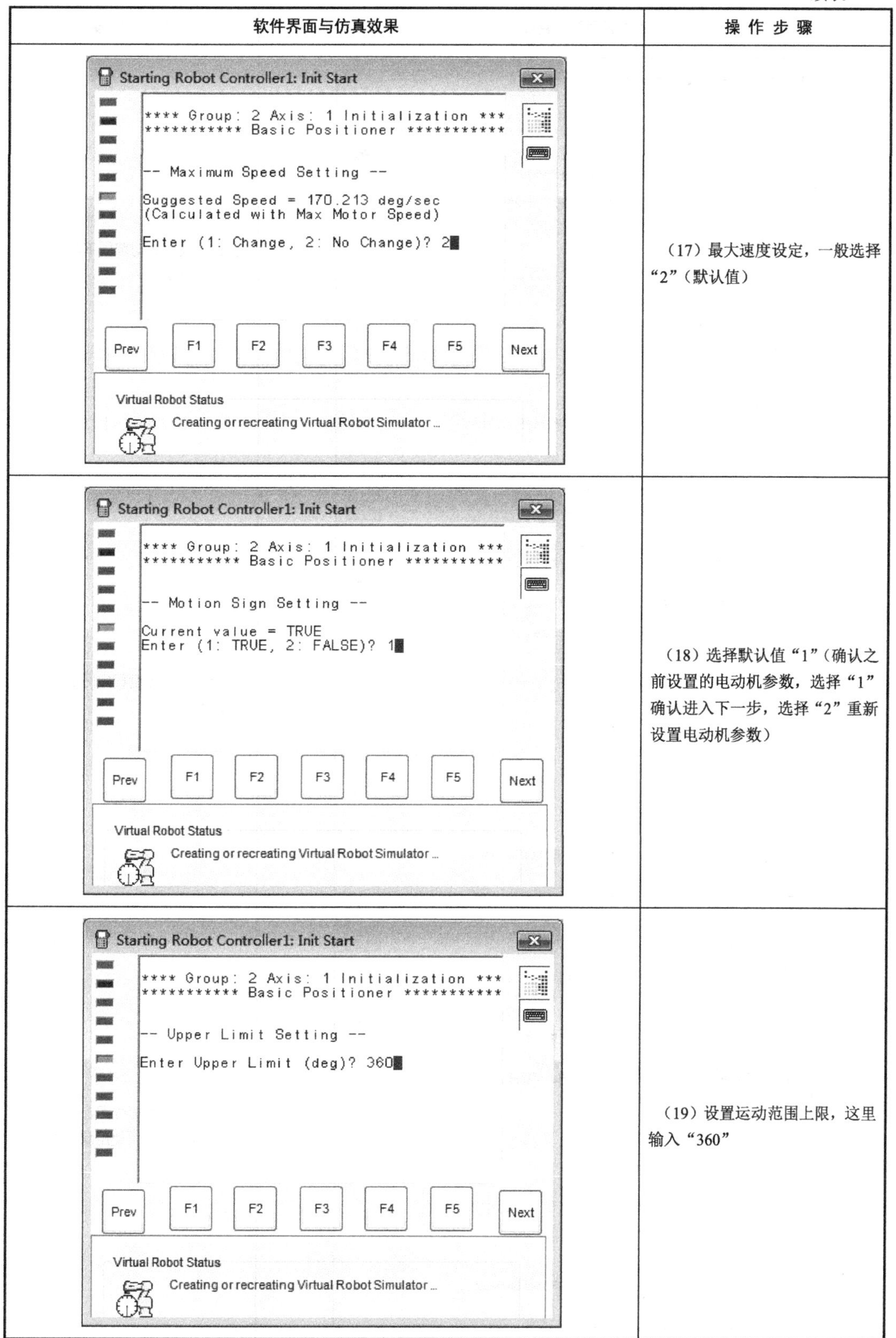

软件界面与仿真效果	操 作 步 骤
	（17）最大速度设定，一般选择“2”（默认值）
	（18）选择默认值“1”（确认之前设置的电动机参数，选择“1”确认进入下一步，选择“2”重新设置电动机参数）
	（19）设置运动范围上限，这里输入“360”

续表

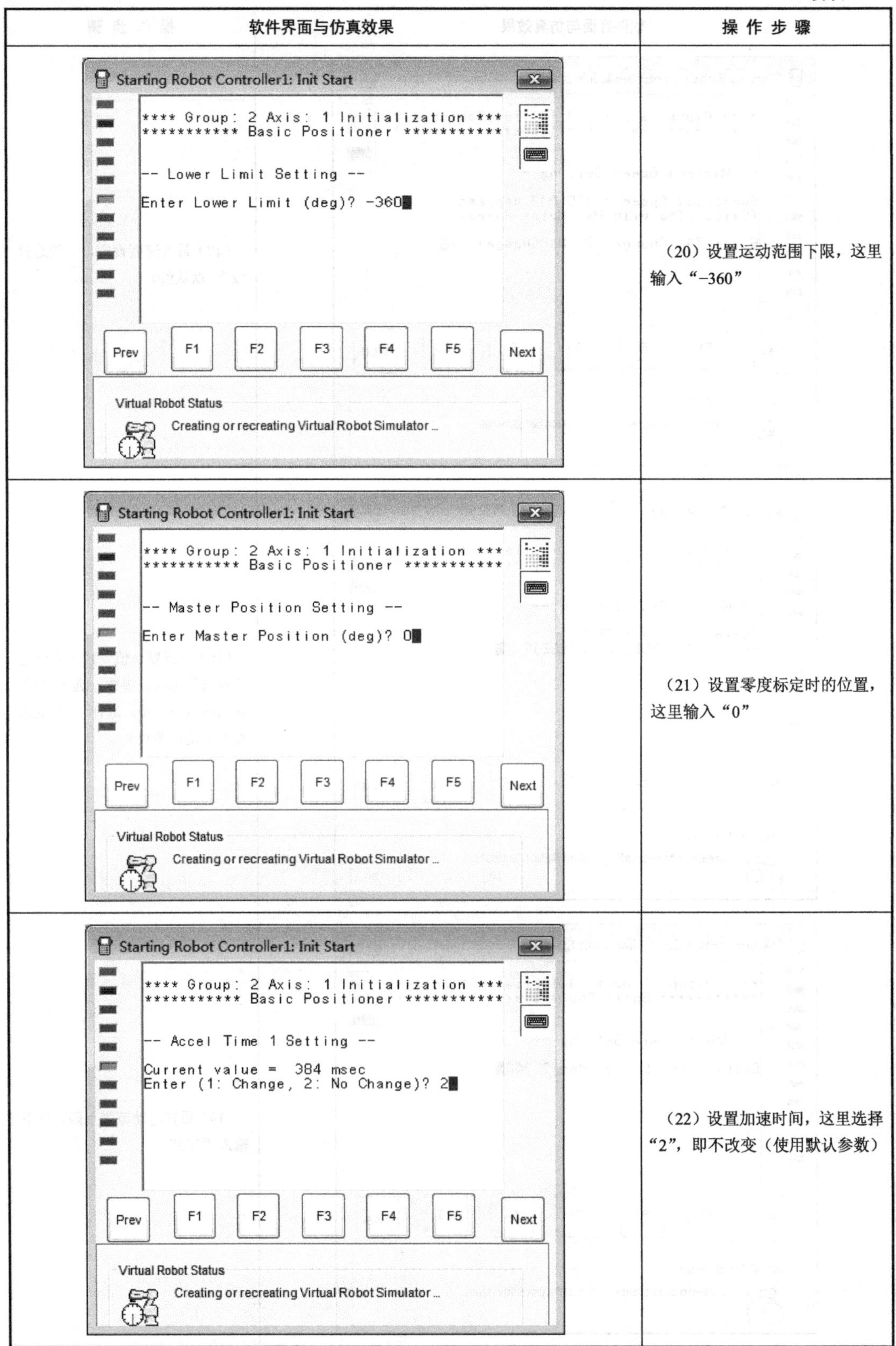

软件界面与仿真效果	操 作 步 骤
	（20）设置运动范围下限，这里输入“-360”
	（21）设置零度标定时的位置，这里输入“0”
	（22）设置加速时间，这里选择“2”，即不改变（使用默认参数）

续表

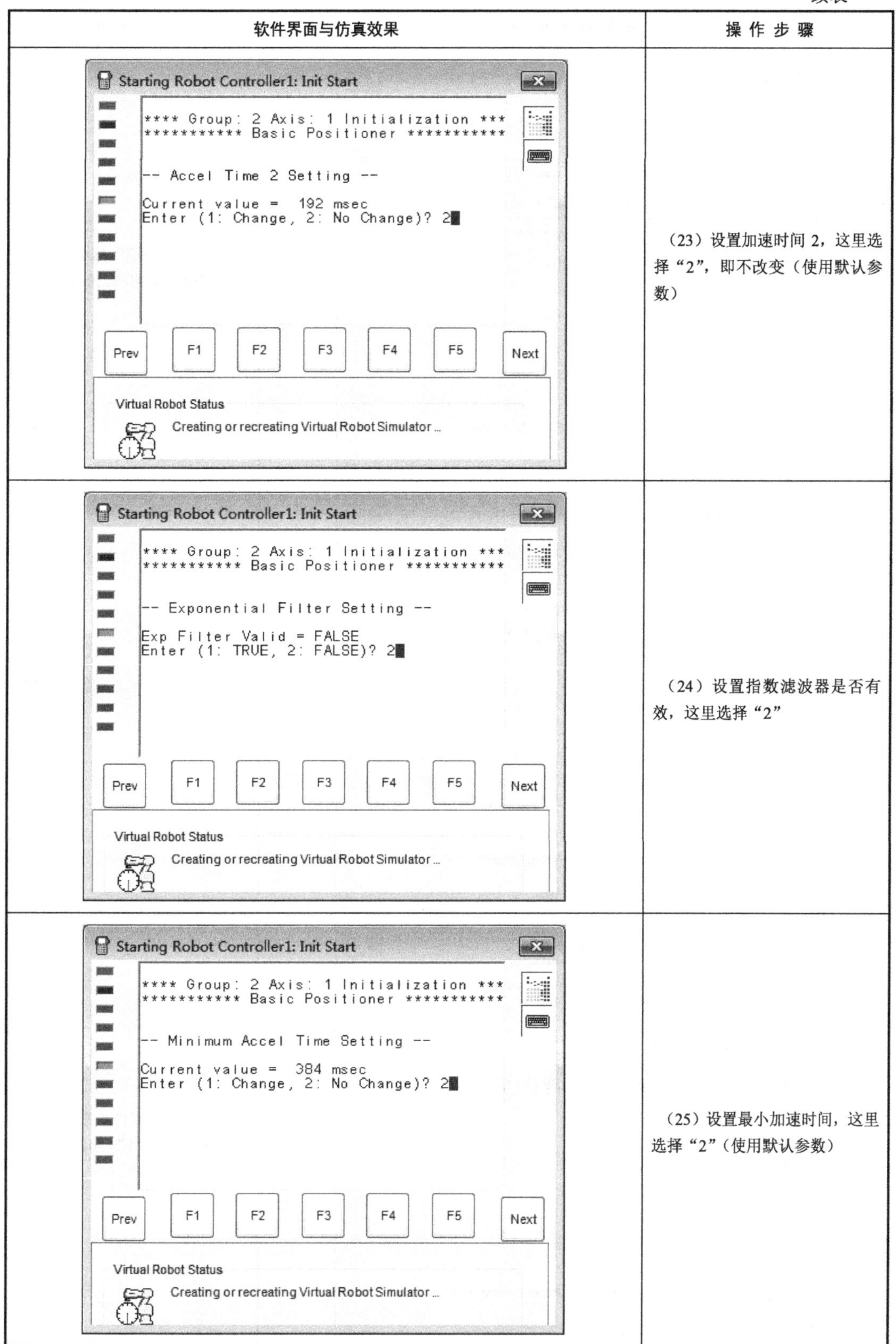

软件界面与仿真效果	操 作 步 骤
	（23）设置加速时间 2，这里选择“2”，即不改变（使用默认参数）
	（24）设置指数滤波器是否有效，这里选择“2”
	（25）设置最小加速时间，这里选择“2”（使用默认参数）

续表

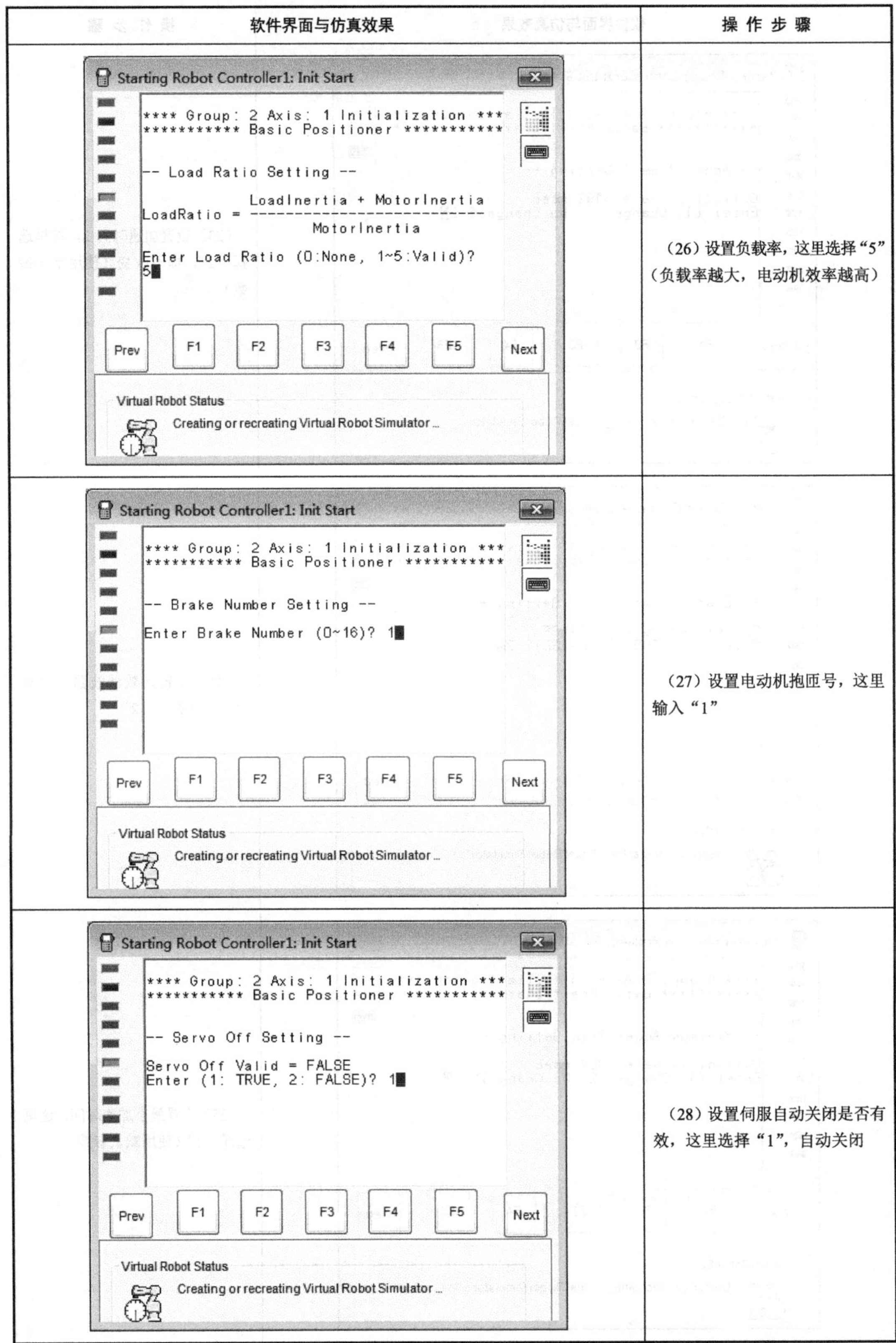

软件界面与仿真效果	操 作 步 骤
	（26）设置负载率，这里选择“5”（负载率越大，电动机效率越高）
	（27）设置电动机抱匝号，这里输入“1”
	（28）设置伺服自动关闭是否有效，这里选择“1”，自动关闭

续表

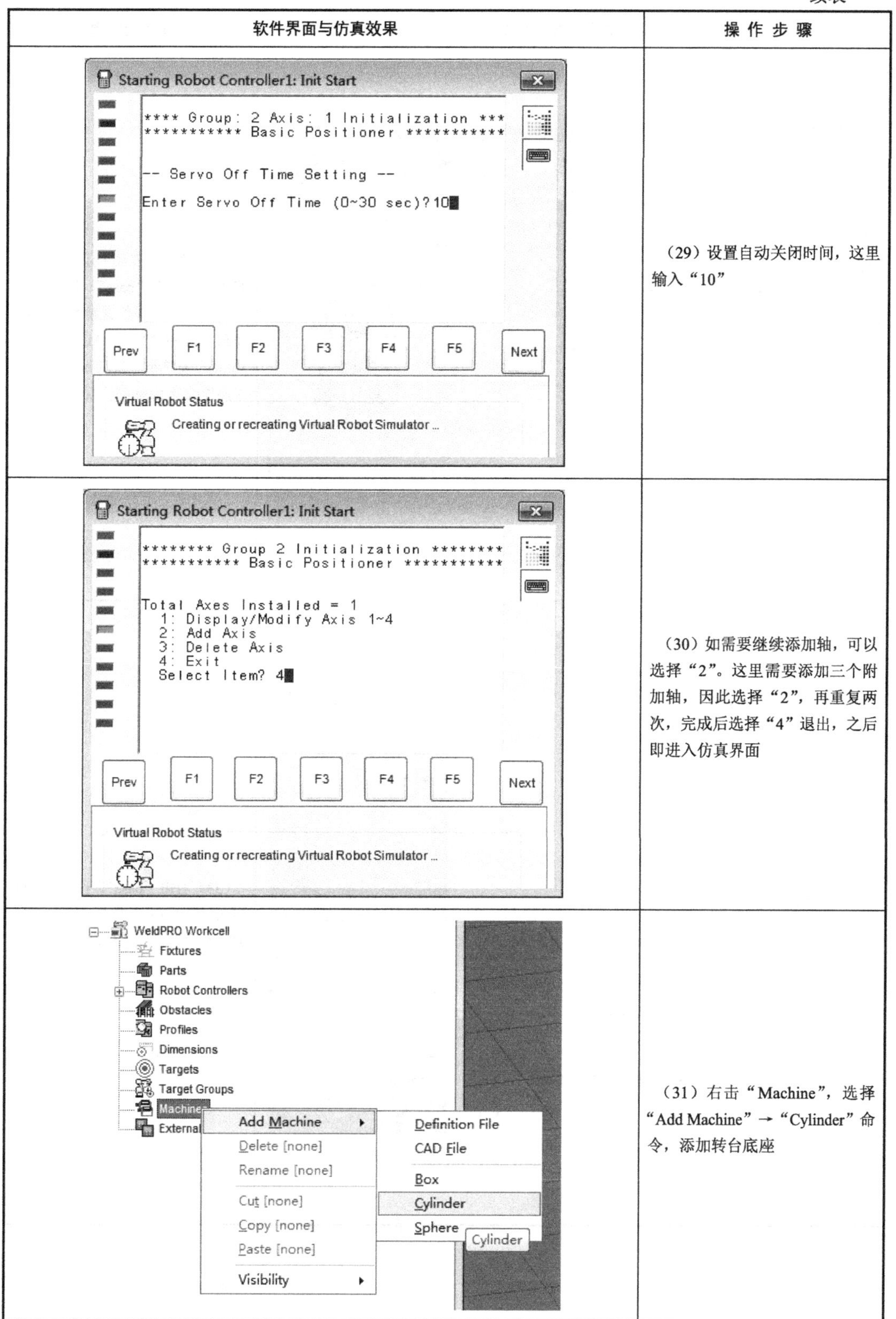

软件界面与仿真效果	操 作 步 骤
	（29）设置自动关闭时间，这里输入“10”
	（30）如需要继续添加轴，可以选择“2”。这里需要添加三个附加轴，因此选择“2”，再重复两次，完成后选择“4”退出，之后即进入仿真界面
	（31）右击“Machine”，选择“Add Machine”→“Cylinder”命令，添加转台底座

续表

软件界面与仿真效果	操 作 步 骤
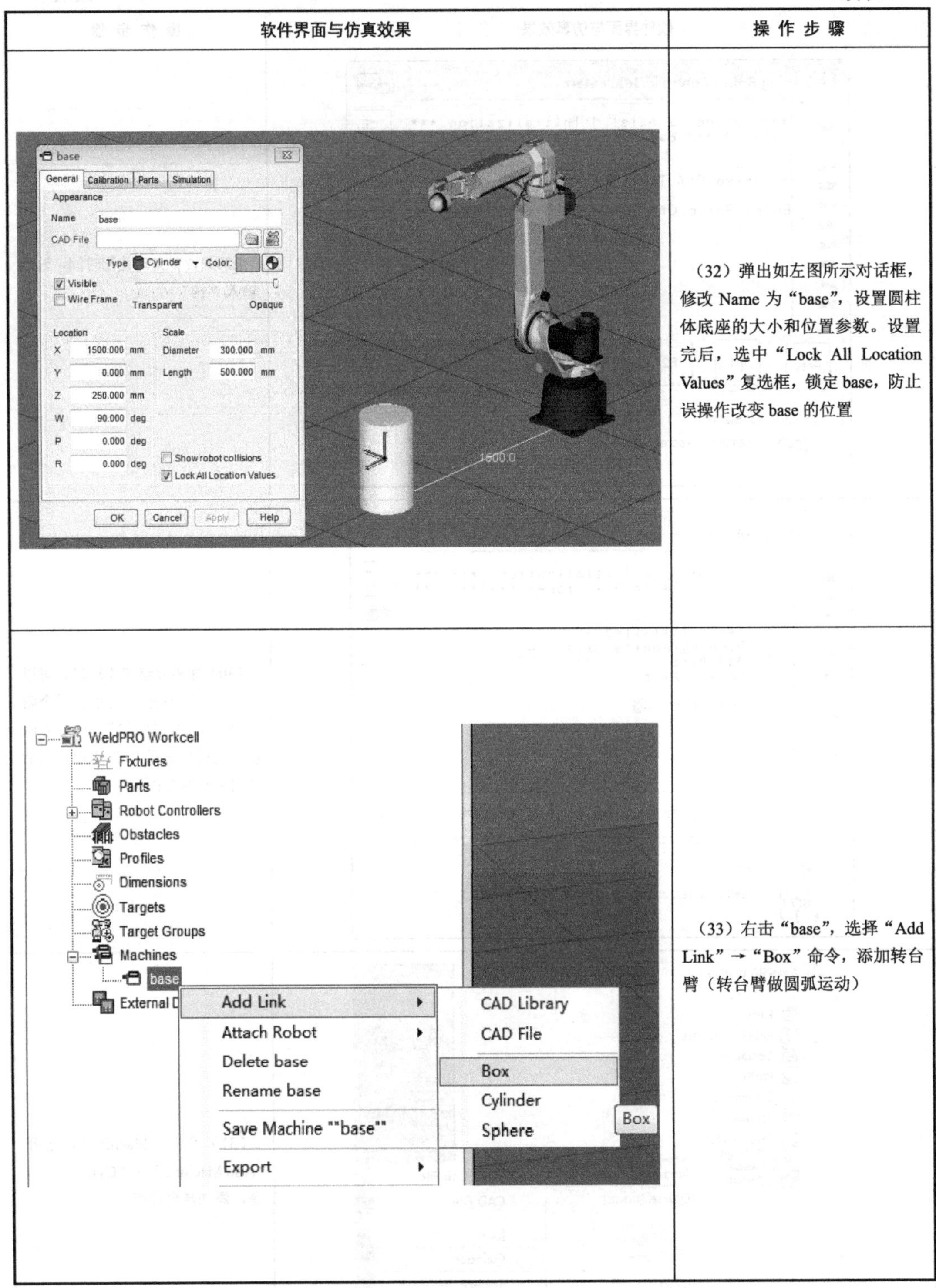	（32）弹出如左图所示对话框，修改 Name 为“base”，设置圆柱体底座的大小和位置参数。设置完后，选中“Lock All Location Values”复选框，锁定 base，防止误操作改变 base 的位置
	（33）右击“base”，选择“Add Link”→“Box”命令，添加转台臂（转台臂做圆弧运动）

续表

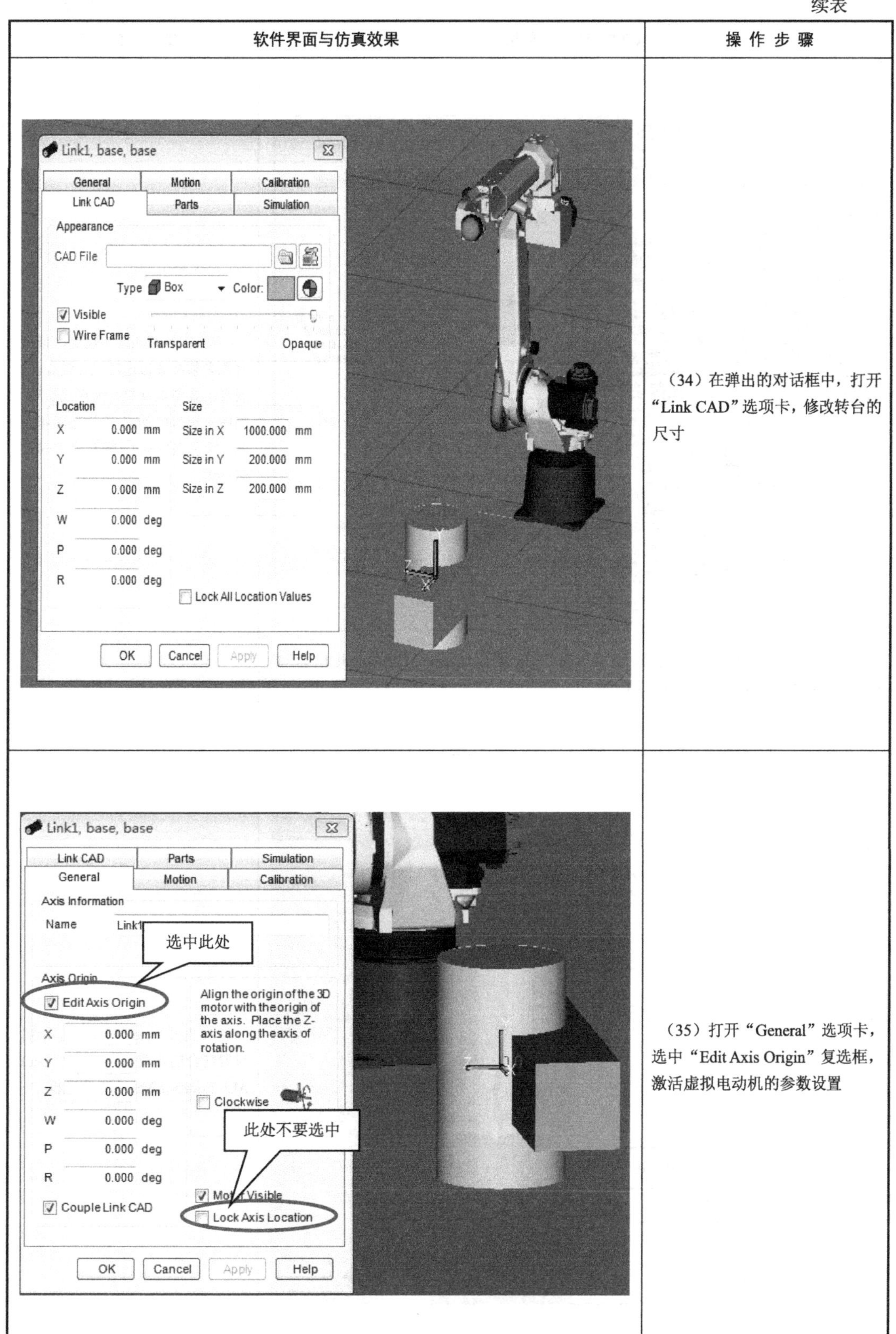

软件界面与仿真效果	操 作 步 骤
	（34）在弹出的对话框中，打开“Link CAD”选项卡，修改转台的尺寸
	（35）打开“General”选项卡，选中“Edit Axis Origin”复选框，激活虚拟电动机的参数设置

续表

软件界面与仿真效果	操 作 步 骤
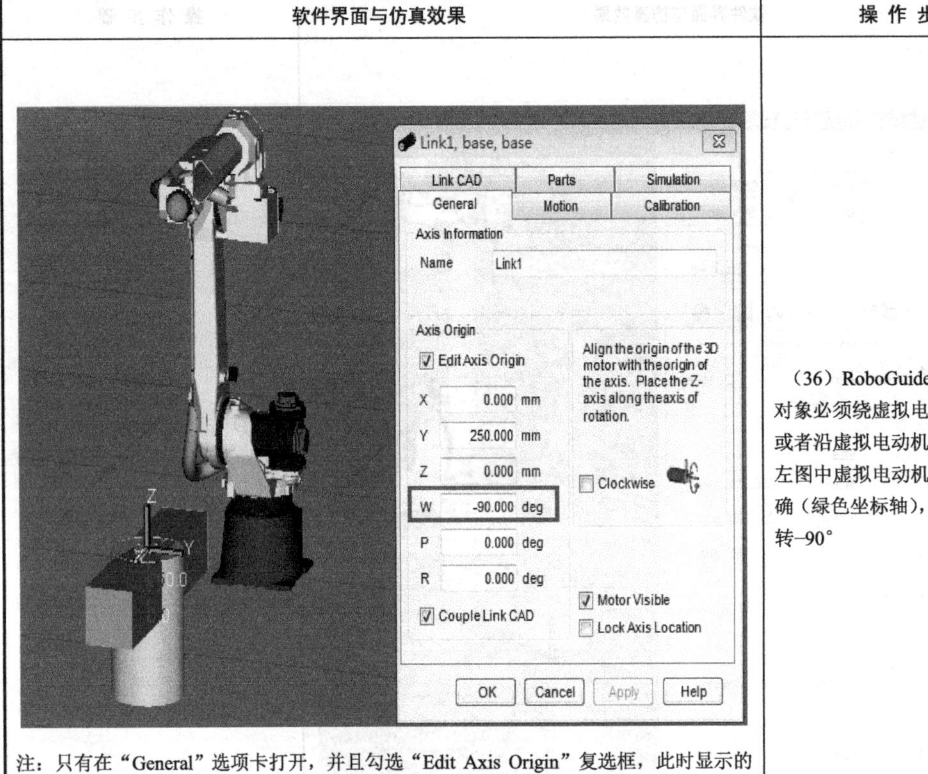 注：只有在“General”选项卡打开，并且勾选“Edit Axis Origin”复选框，此时显示的绿色坐标轴才是虚拟电动机的坐标轴	（36）RoboGuide 中规定，模型对象必须绕虚拟电动机 Z 轴旋转，或者沿虚拟电动机 Z 轴直线运动。左图中虚拟电动机 Z 轴显然不正确（绿色坐标轴），需要沿 X 轴旋转-90°
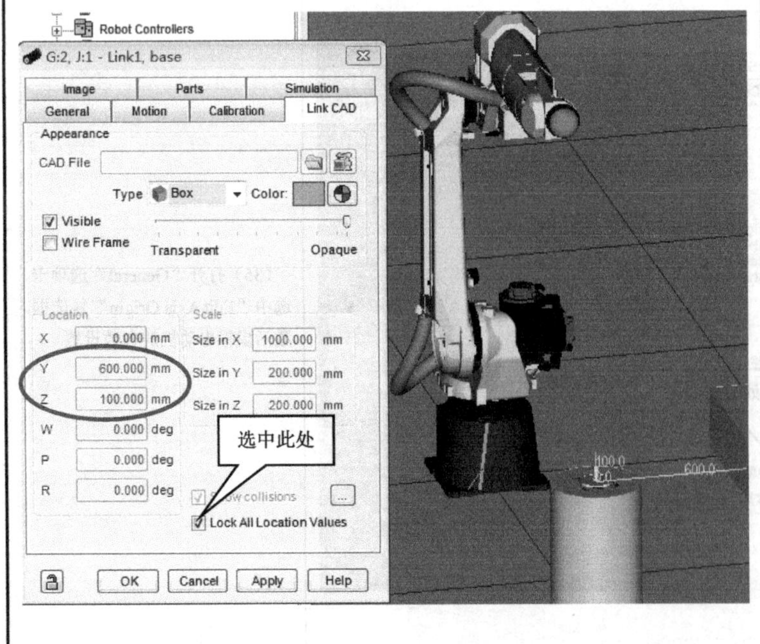 	（37）打开“Link CAD”选项卡，设置转台的物理位置，选中“Lock ALL Location Values”复选框

续表

<table>
<tr><th>软件界面与仿真效果</th><th>操 作 步 骤</th></tr>
<tr><td>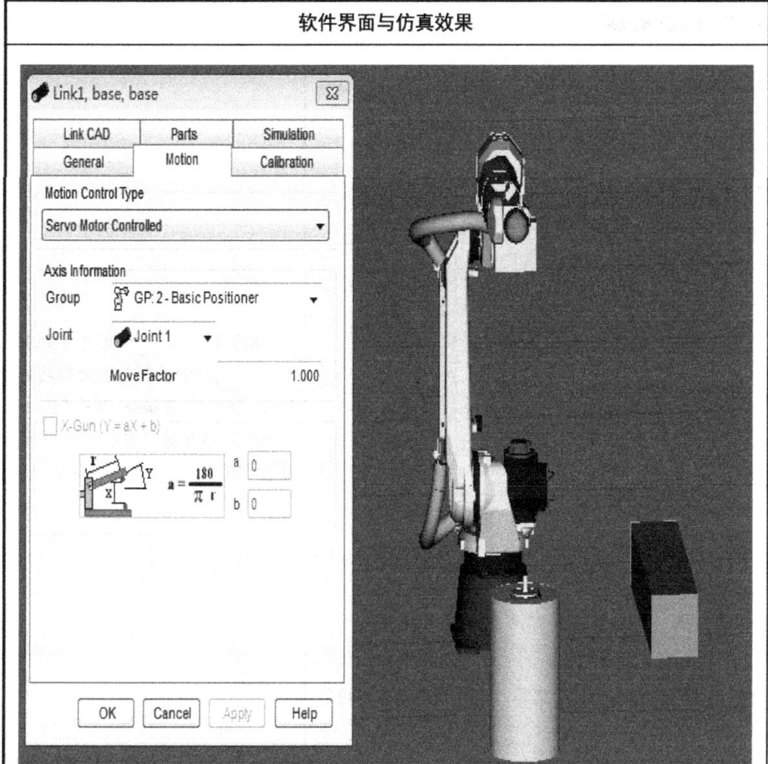

注：机器人默认为 GP：1（第 1 组），这里创建的变位机 Basic Positioner 为第 2 组 GP：2</td><td>（38）打开“Motion”选项卡，在“Axis information”中选择 Group 为“GP：2-Basic Positioner”，Joint 选择为“joint1”</td></tr>
<tr><td>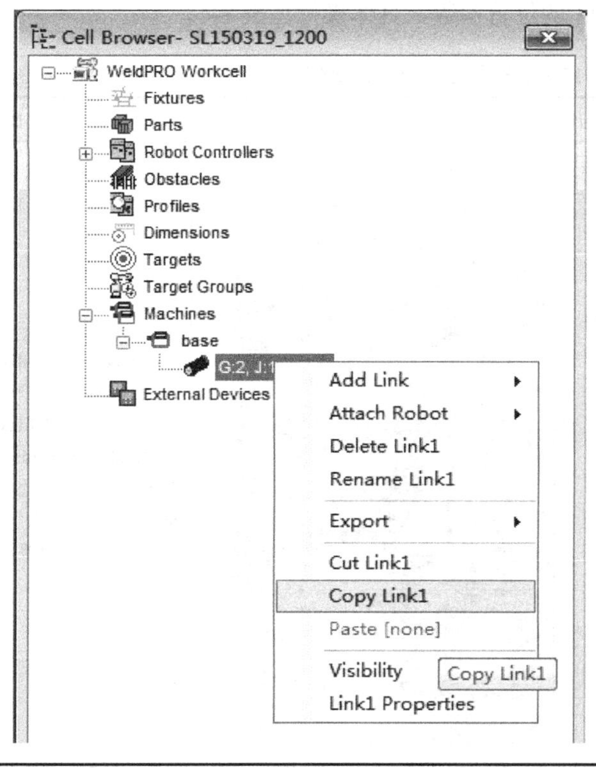
</td><td>（39）下面创建转台的另外一臂，右击“G：2，J：1-Link1”，选择“Copy Link1”命令，复制刚才创建的转台臂</td></tr>
</table>

续表

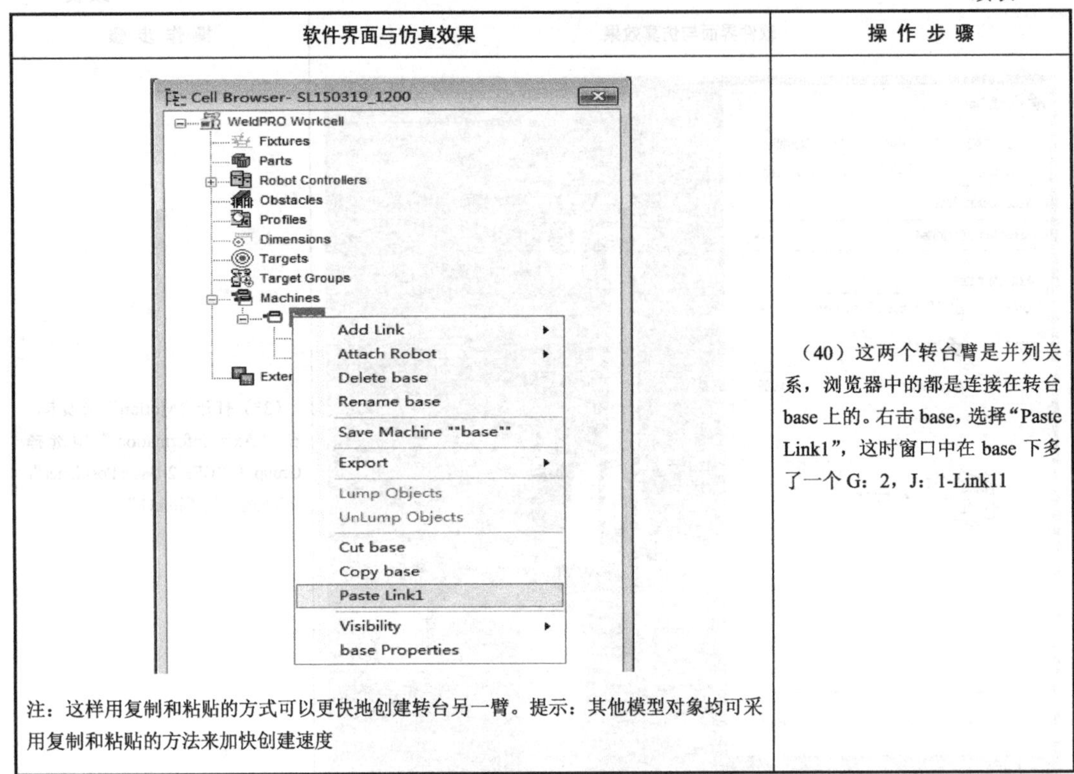

软件界面与仿真效果	操 作 步 骤
注：这样用复制和粘贴的方式可以更快地创建转台另一臂。提示：其他模型对象均可采用复制和粘贴的方法来加快创建速度	（40）这两个转台臂是并列关系，浏览器中的都是连接在转台 base 上的。右击 base，选择“Paste Link1”，这时窗口中在 base 下多了一个 G：2，J：1-Link11

由于选用了复制和粘贴的方式，Link11 的虚拟电动机参数与 Link1 的参数是一样的，所以无须再设置，只需设置 Link11 的位置参数，具体操作见表 8-4。

表 8-4 利用自建数模创建变位机的操作步骤（续）

软件界面与仿真效果	操 作 步 骤
	（1）设置 Link1 的属性。在“Cell Browser（用户库）”中右击“G：2，J：1-Link11”，选择“Link11 propertise”命令，弹出 Link11 的属性设置对话框，在“Link CAD”选项卡中设置 Link11 的位置并锁定

续表

软件界面与仿真效果	操 作 步 骤
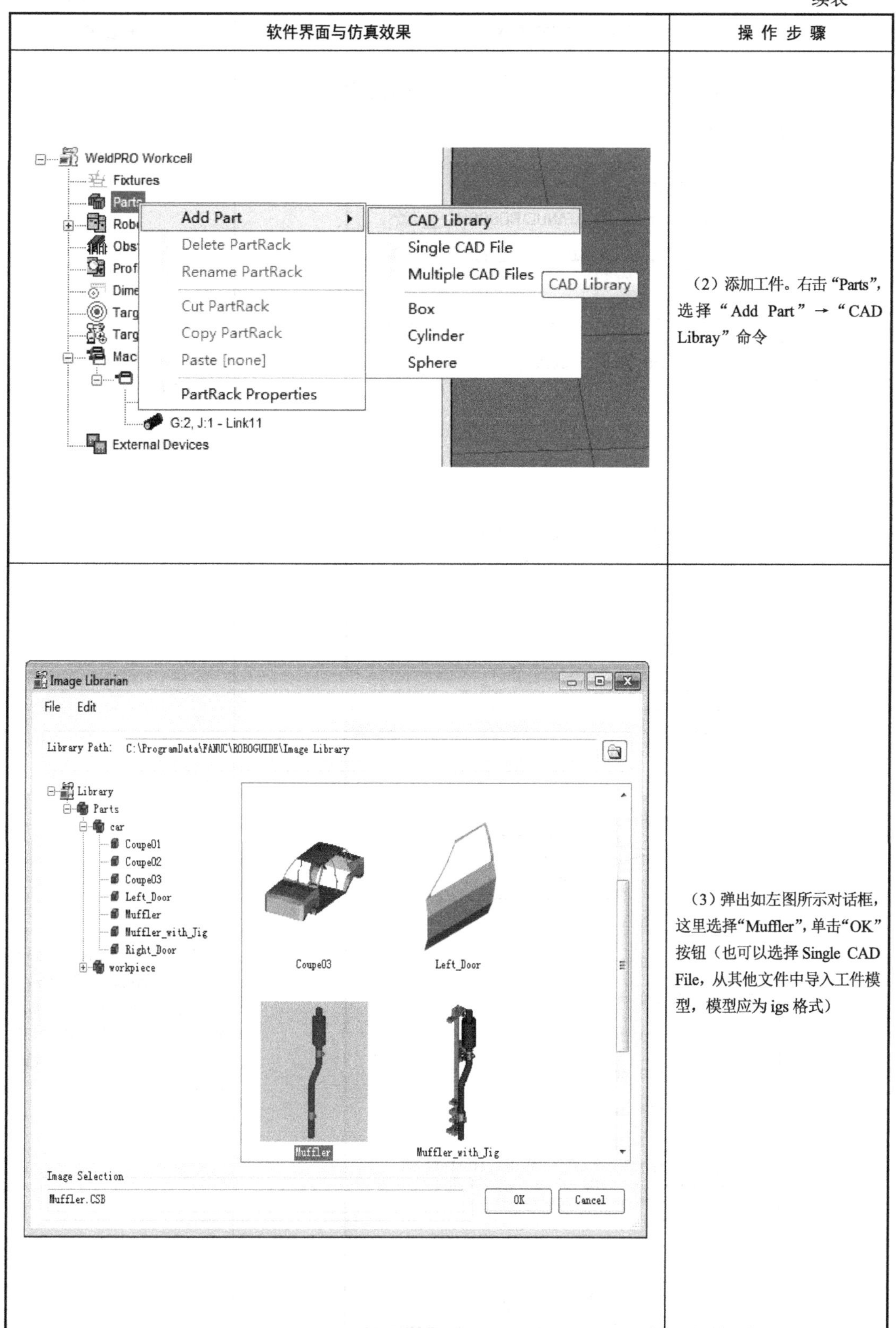	（2）添加工件。右击“Parts”，选择“Add Part”→“CAD Libray”命令
	（3）弹出如左图所示对话框，这里选择“Muffler”，单击“OK”按钮（也可以选择 Single CAD File，从其他文件中导入工件模型，模型应为 igs 格式）

续表

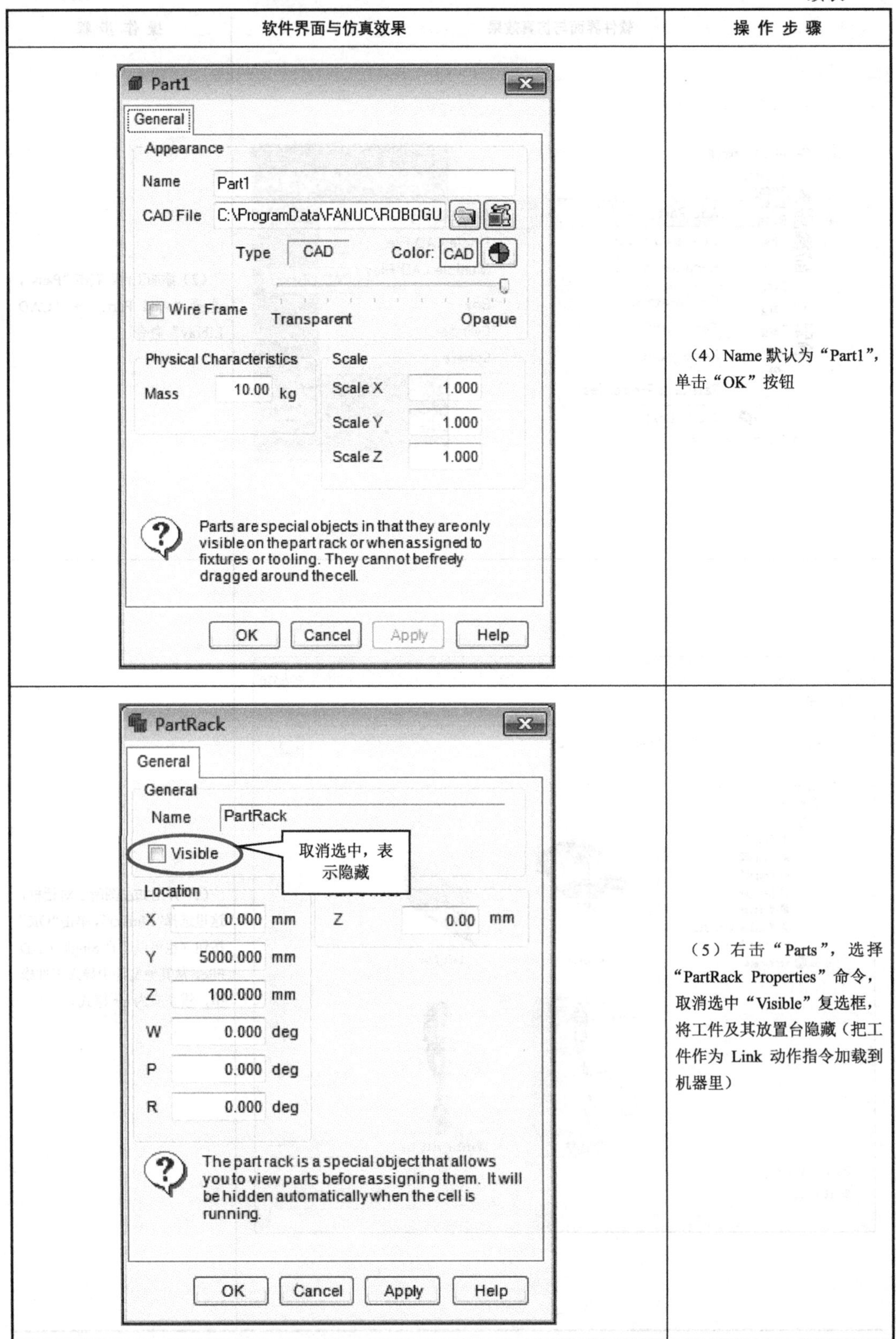

软件界面与仿真效果	操作步骤
	（4）Name 默认为“Part1”，单击“OK”按钮
	（5）右击“Parts”，选择“PartRack Properties”命令，取消选中“Visible”复选框，将工件及其放置台隐藏（把工件作为 Link 动作指令加载到机器里）

续表

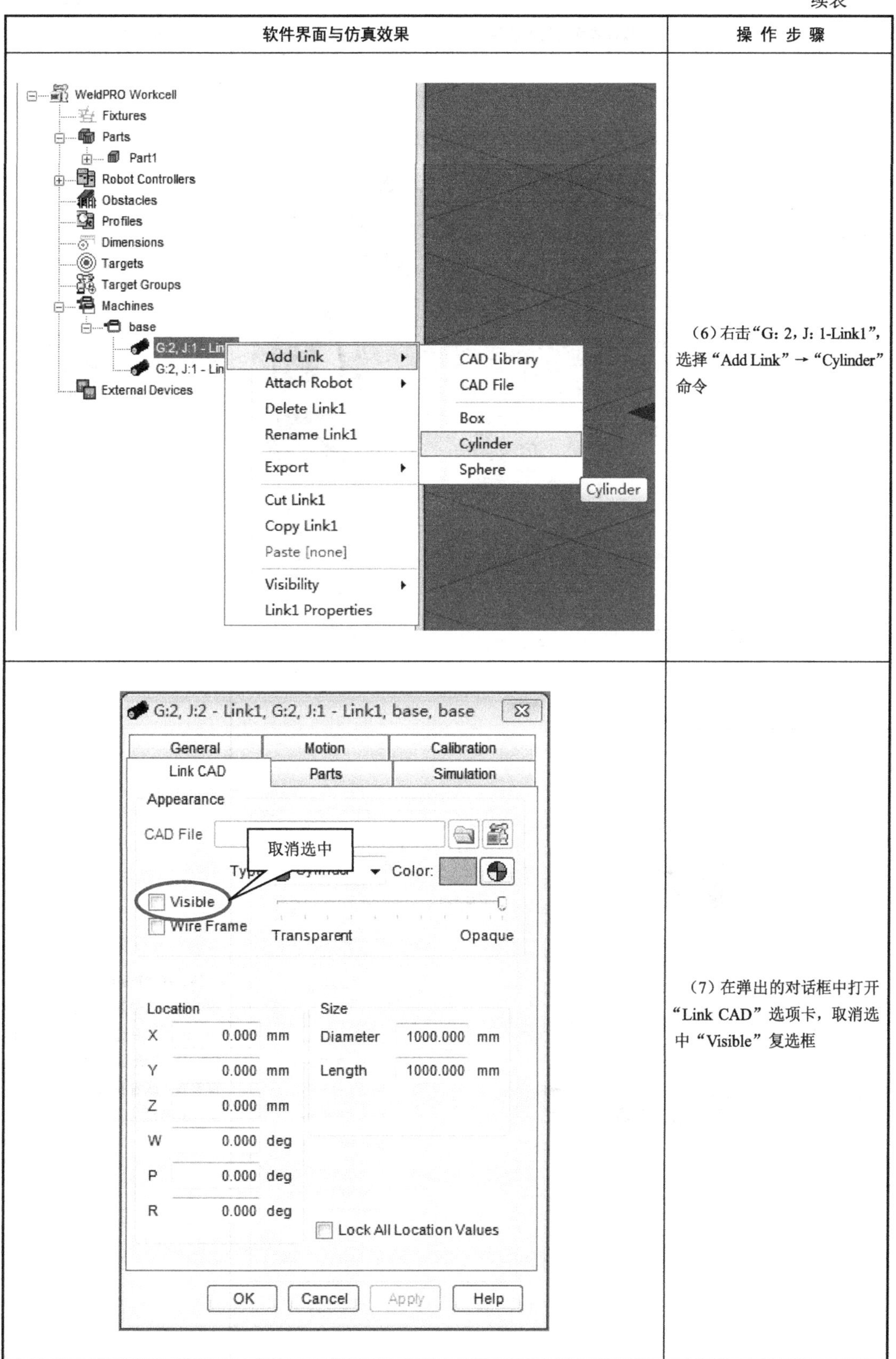

软件界面与仿真效果	操 作 步 骤
	（6）右击“G：2，J：1-Link1”，选择“Add Link”→“Cylinder”命令
	（7）在弹出的对话框中打开“Link CAD”选项卡，取消选中“Visible”复选框

续表

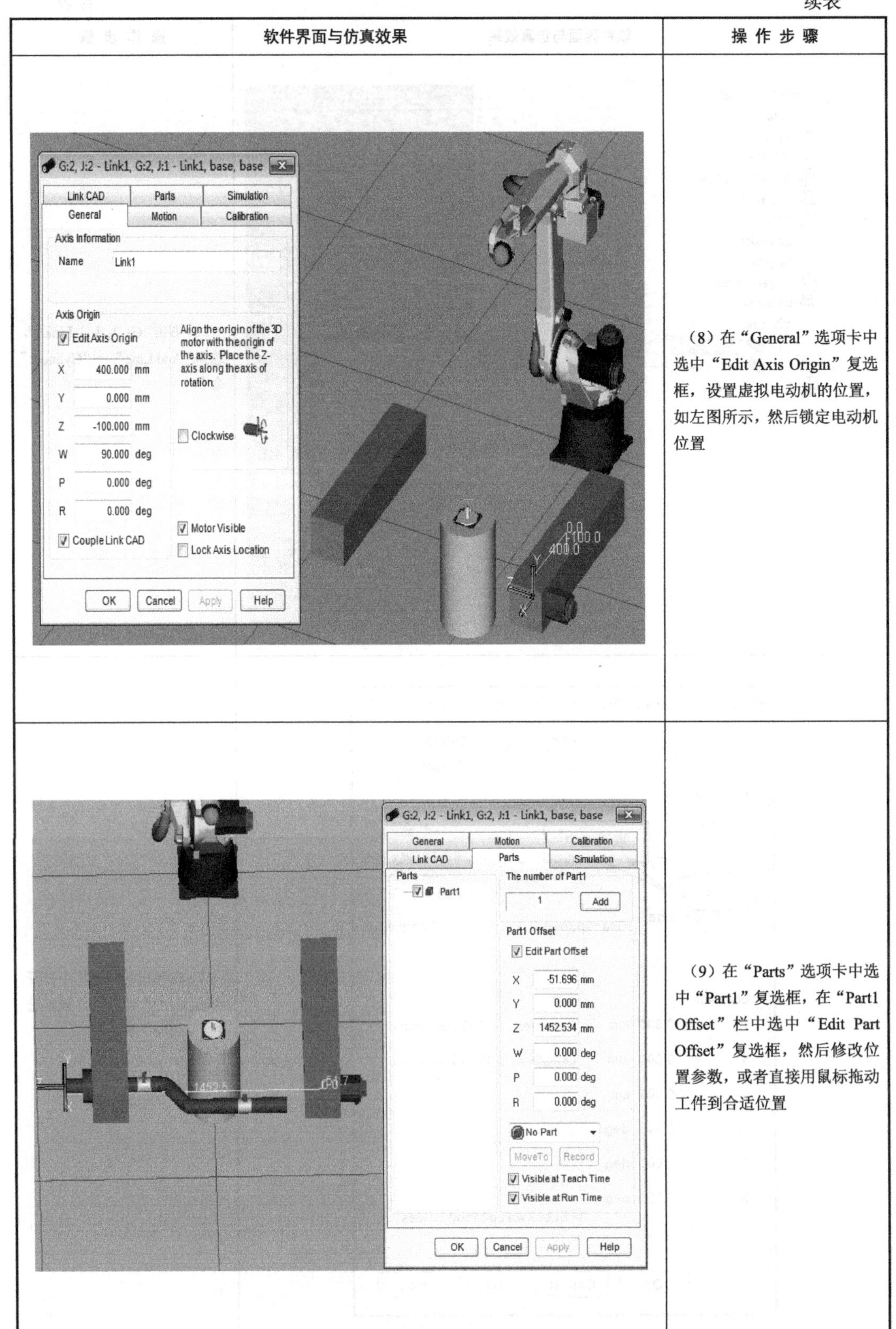

软件界面与仿真效果	操 作 步 骤
	(8) 在“General”选项卡中选中“Edit Axis Origin”复选框，设置虚拟电动机的位置，如左图所示，然后锁定电动机位置
	(9) 在“Parts”选项卡中选中“Part1”复选框，在“Part1 Offset”栏中选中“Edit Part Offset”复选框，然后修改位置参数，或者直接用鼠标拖动工件到合适位置

续表

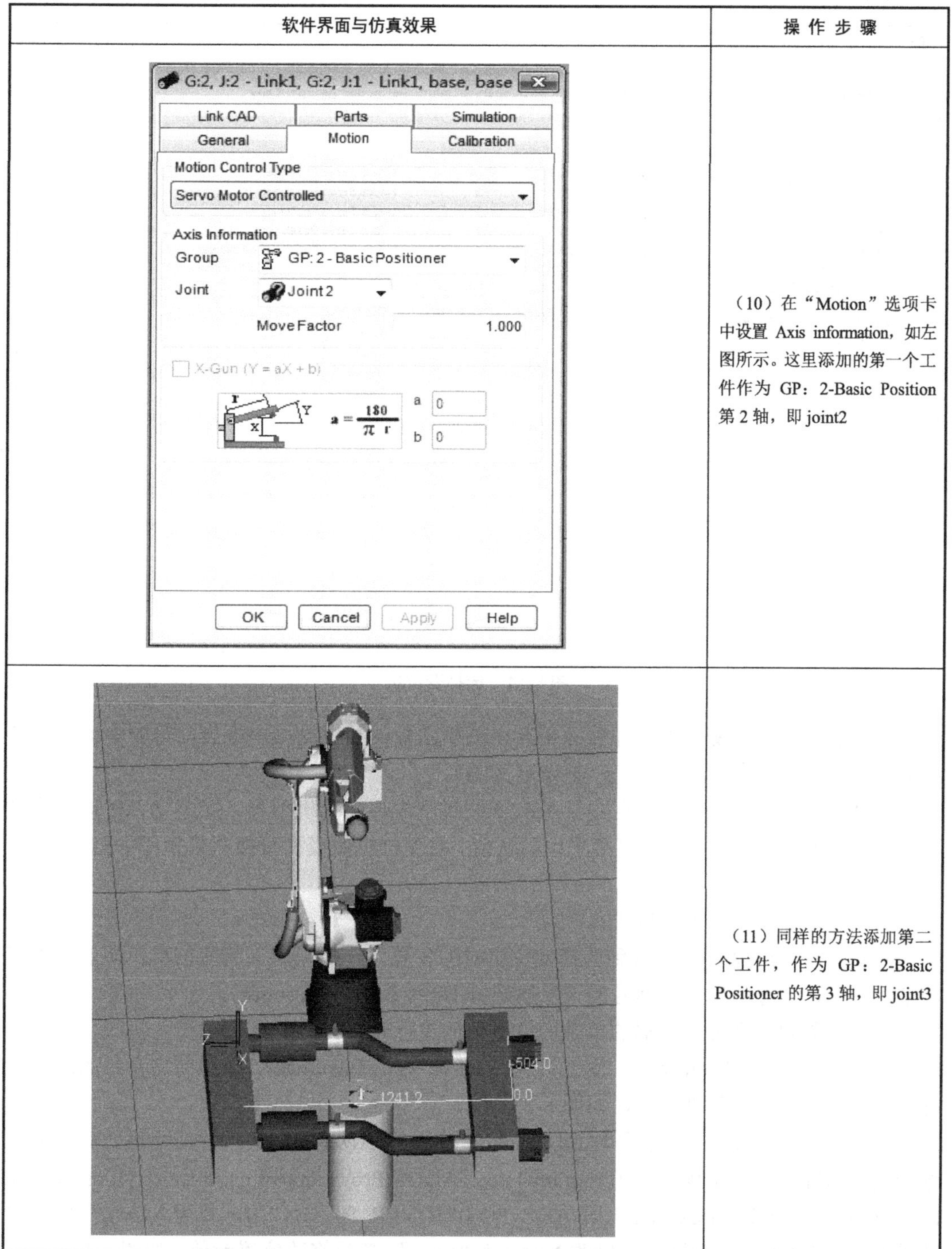

软件界面与仿真效果	操 作 步 骤
	（10）在“Motion”选项卡中设置 Axis information，如左图所示。这里添加的第一个工件作为 GP：2-Basic Position 第 2 轴，即 joint2
	（11）同样的方法添加第二个工件，作为 GP：2-Basic Positioner 的第 3 轴，即 joint3

任务二　利用模型库创建变位机

（1）导入默认配置的模型库变位机

创建一个新的 Workcell 文件，类型选择为 WeldPRO，文件名称为 Test2，选择的机器人型号为 M-20iA，选择变位机，如图 8-14 所示。

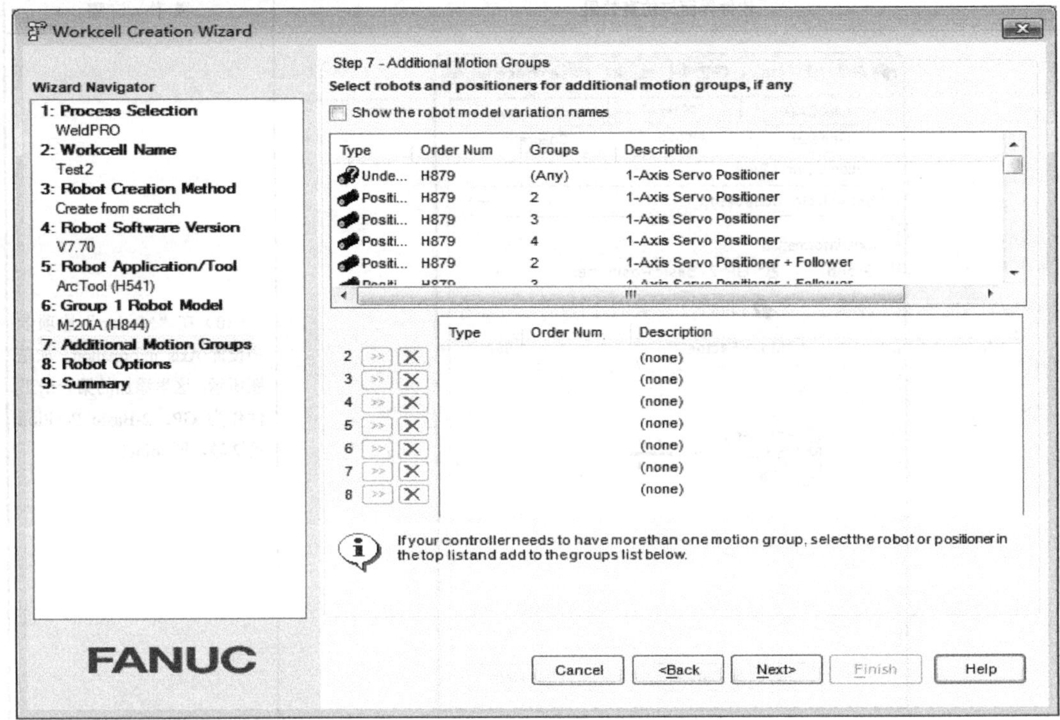

图 8-14　选择变位机

选择默认配置的变位机，即前面带有电动机图标，且电动机上不带问号的电动机（带问号的电动机图标表示无默认值，是未定义的）。

选择默认配置的变位机，在建立 Workcell 过程中，电动机型号、减速比、转动范围等许多的设置值都不需要设置，直接采用默认值。且变位机的模型直接从模型库中自动提出，并自动装配好，可以直接使用。

（2）手动装配模型库变位机

新建 Workcell 文件，一直到选择变位机时的步骤。选择未定义的变位机，即前面带有电动机图标，且电动机上带问号的（一般选择 H896 Basic Positioner）。

下面以创建一个带从动端的单轴变位机为例进行介绍。

①新建一个 Workcell 文件，变位机选择 H896 Basic Positioner，按照前文介绍的步骤进行操作，一直到出现仿真窗口，如图 8-15 所示。

②右击“Machines”，选择“Add Machine”→“CAD File”选项，在弹出的对话框中选择文件路径为 C（安装盘）：\Program Files\FANUC\Pro\Simpro\Image Library\Positioners\FANUC\1 AxisArcPositoner\1 AXIS_ARC_POSITIONER_BASE.CSB，将导入单轴变位机主动轴的基座 BASE。在对话框中修改 Name 为“base”，然后修改位置参数，如图 8-16 所示。

③右击“base”，选择“Add Link”→“CAD File”选项，在弹出的对话框中选择文件路径为 C(安装盘): \Program Files\FANUC\Pro\Simpro\Image Library\Positioners\FANUC\1 AxisArcPositoner\1 AXIS_ARC_POSITIONER_J1.CSB，将导入单轴变位机主动轴的转盘。之后修改位置，名称为 J1，如图 8-17 所示。

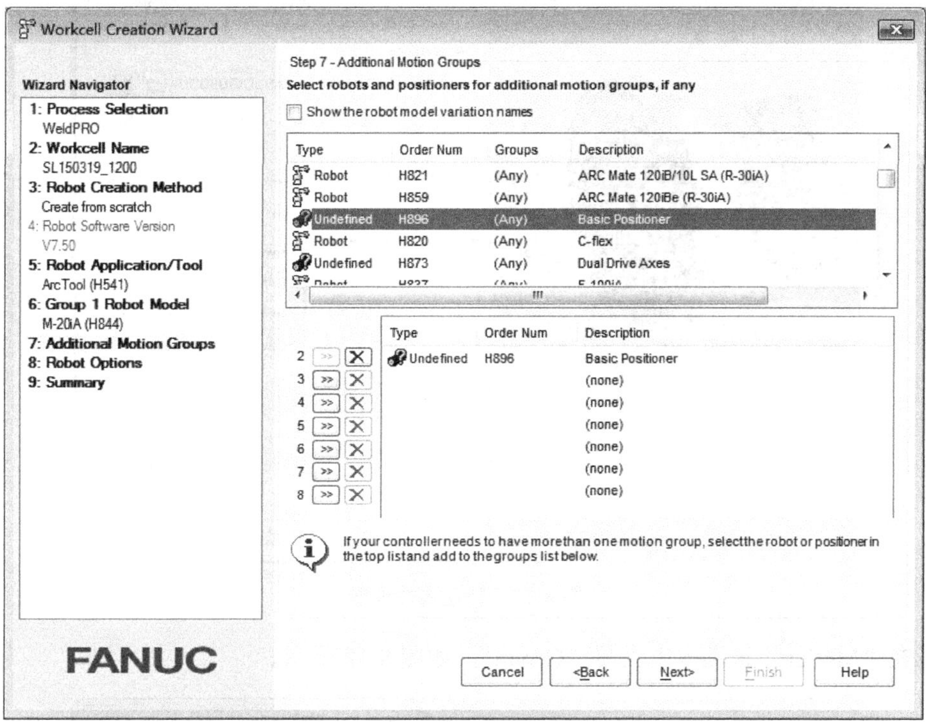

图 8-15　变位机 H896 Basic Positioner

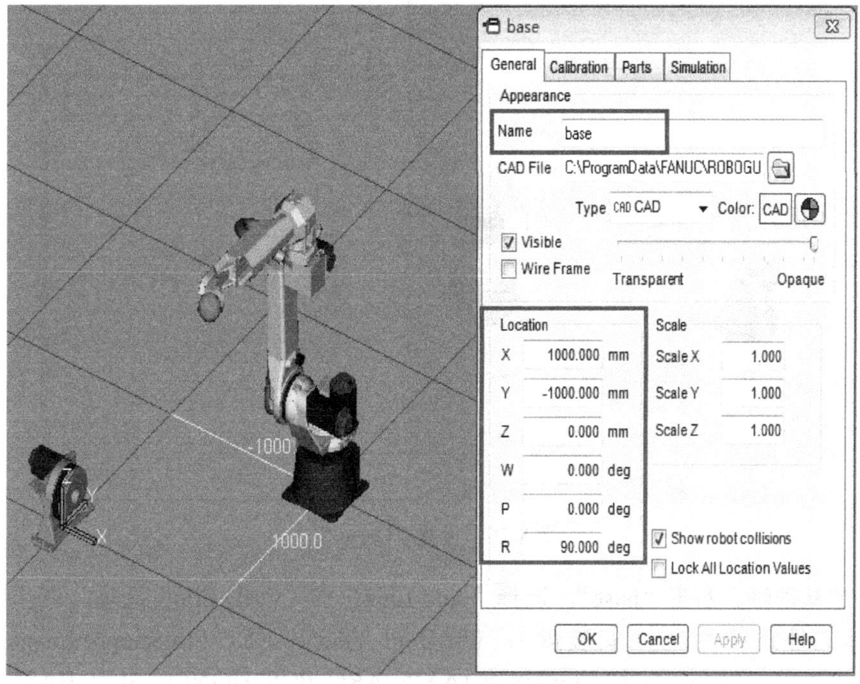

图 8-16　修改位置参数

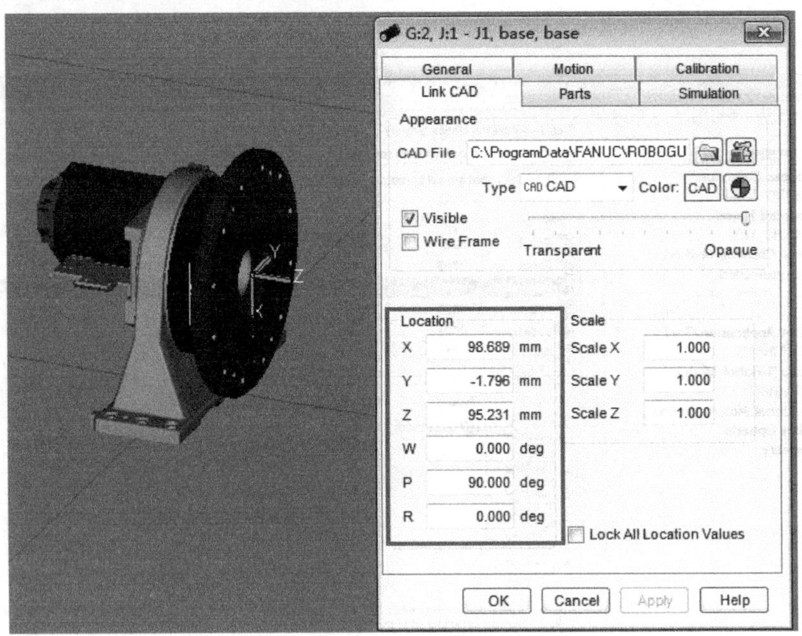

图 8-17　转盘属性设置

④在“Motion”选项卡中设置“Group”，如图 8-18 所示。

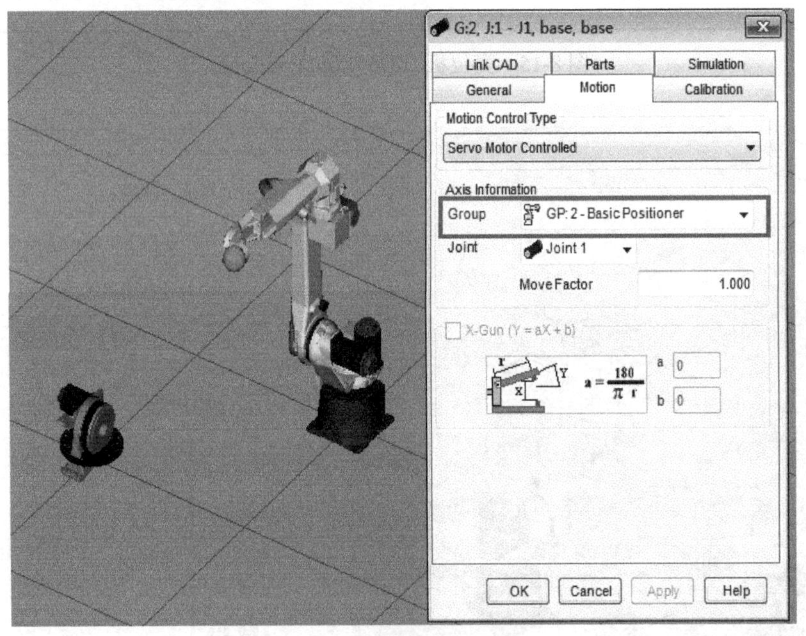

图 8-18　设置“Group”

⑤添加从动轴。右击“base”，选择“Add Link”→“CAD File”选项，在弹出的对话框中选择文件路径为 C（安装盘）：\Program Files\FANUC\Pro\Simpro\Image Library\Positioners\FANUC \1AxisArcPositonerSub\1AXIS_ARC_POSITIONER_SUB_BASE.CSB，在弹出的对话框修改 Name 为 SUB_BASE，设置位置参数。（注意：在“Motion”选项卡中 Group 选择为“none”）

⑥在“Motion”选项卡中设置“Group”，如图 8-19 所示。

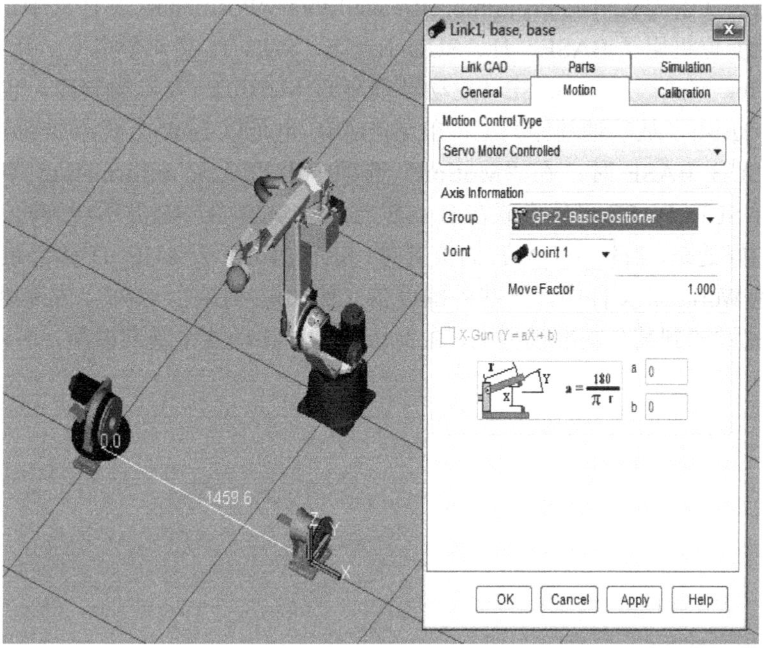

图 8-19　设置“Group”

⑦右击“SUB_BASE”，选择“Add Link”→“CAD File”选项，在弹出的对话框中选择文件路径为 C（安装盘）：\Program Files\FANUC\Pro\Simpro\Image Library\Positioners\FANUC\1 AxisArcPositoner\1 AXIS_ARC_POSITIONER_SUB_J1.CSB，将导入单轴变位机从动轴的转盘，修改 name 为 SUB_J1，设置转盘位置参数。“Motion”选项卡的设置如图 8-20 所示。

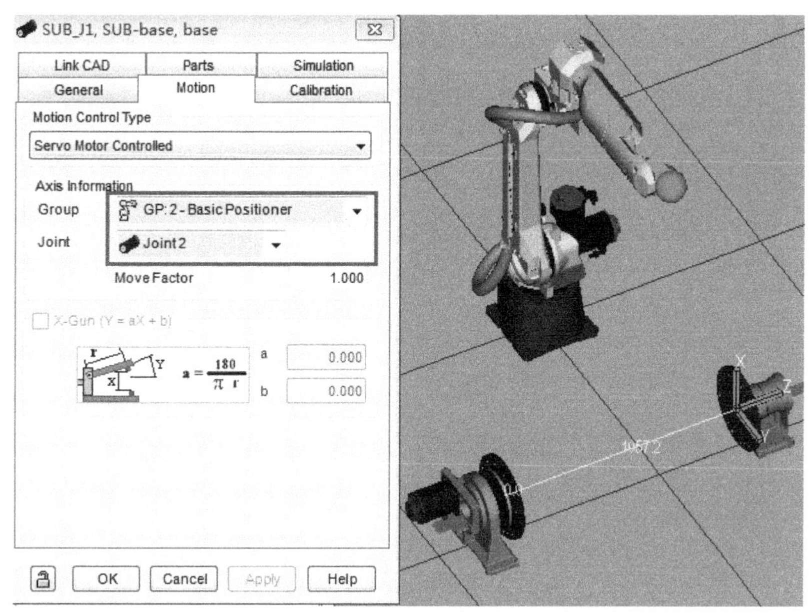

图 8-20　“Motion”选项卡的设置

这时，一个完整的单轴变位机就创建好了。其他形式的变位机库模型也都存放在 C（安装盘）：\Program Files\FANUC\Pro\Simpro\Image Library\Positioners 文件夹中。

提示：此变位机用了 BASE、J1、SUB_BASE、SUB_J1 共 4 个模型。其中，J1（主动轴转盘）以 Link 方式添加到 BASE（主动轴基座）；SUB_J1（从动轴转盘）也以 Link 方式添加到 SUB_BASE（从动轴基座）上；SUB_BASE 也是以 Link 方式添加到 BASE 上的，只是在设置 SUB_BASE 时，在“Motion”选项卡中的 Axis information 中 Group 选择“none”，这样 SUB_BASE 虽然串联在 BASE 上，但 SUB_BASE 并不会旋转。

这样做的好处是，当变动 BASE 的位置时，SUB_BASE 及 SUB_J1 都会跟着一起变动。因此，在其他 Workcell 文件中，一些外围设备（例如焊房围栏、焊机、控制柜等）都可以用 Link 的方式添加到某个基准模型上，由此可以通过移动这个基准模型，而移动整个与之相连的设备。